狩野彰宏・柏木健司
［編著］

朝倉書店

序　　文

本書の目的は，洞窟の成り立ちや生い立ち，そして洞窟の魅力を読者に伝えることです．

洞窟は，普段は体験できない未知の景色を私たちに見せてくれます．ライトアップされた洞窟は幻想的で，私たちは異世界に迷い込んだような感覚になります．また，私たちは洞窟を通じて，地質や自然，環境について学ぶことができます．洞窟内での地層，岩石や地形，特に，鍾乳石，地底湖，地下滝，溶岩流など，自然が長い時間をかけて作り出した造形物を観察することで，地球の歴史を知ることになります．

洞窟に魅せられた人たちは，地下空間を探検するための技術を身につけ洞窟探検家，すなわちケイバーとして活動します．洞窟探検は体と心の挑戦であり，狭い通路をくぐり抜けたり，登り降りすることで，日頃の生活では得られない体力やバランス感覚が養われます．地下空間での挑戦をやりとげたときの達成感，あるいは新たな洞窟空間を発見したときの感動は格別で，ケイバーたちはさらに洞窟へとのめり込むようになります．

洞窟がもつ特殊な環境と生態系，あるいは鍾乳石のような造形物は，科学研究の重要な対象でもあります．例えば，気候変動の歴史をひもとくうえで鍾乳石が貴重な情報を提供し，洞窟での考古学的研究が日本人の起源についての考え方を変えつつあるなど，洞窟は意外な形で私たちの社会ともつながっています．光のない空間にすむ生物の中には未記載の種も無数に残されていることでしょう．地球科学や生物学の研究者の中には洞窟に魅力的な研究テーマを見つけて，洞窟研究に深く関わるようになった人も数多くいます．洞窟研究の中には一流国際誌に掲載されるような重要な成果も多く，それを目指して洞窟研究者は調査と分析に明け暮れるようになります．

本書は洞窟研究者とケイバーが執筆したものです．執筆者の多くは大学や博物館などの機関に所属して洞窟研究に携わるか，ケイビング関連の団体に所属して頻繁に洞窟を探査しています．各々の執筆者が洞窟と関わってきた経緯は様々で，得意とする専門性も違います．こうした研究者と探検家がお互いの知識を補い合うことで，本書では洞窟に関連する幅広い内容を網羅することができました．

本書は11の章で構成されています．扱っている洞窟の多くは石灰岩洞窟（鍾乳洞）ですが，この他に海食洞，火山洞窟，チャート洞窟や花崗岩洞窟，風穴に加え，採石場跡を含む人工洞窟についても，著名なものを掲載しています．第1章「総説」では洞窟の定義や分類にはじまり，様々な研究分野の最新の話題について紹介しています．洞窟の分類については明確に定まってはいませんでしたが，関連文献を照らし合わせて，最も簡便なものを採用しています．その意味では，洞窟専門家の中には本書の定義や分類について異論をもたれる方もいるでしょう．国内には専門家が少ない海食洞の項目 1-3 などは，海外の書籍を参考に執筆することになりました．また，洞窟に関係する用語の数は膨大なものであり，限られた総説の紙面ではすべてを紹介するのは不可能でした．洞窟用語についてはいくつか日本語で書かれたものがあり，本書で紹介できなかった用語については，それらの文献を参照することをおすすめします．

第２～11章以降では，日本列島を北から南へと10の地方に分けて，総数106の項目で洞窟を紹介しています．その多くは観光洞であり一般の方も問題なく入洞できます．一方，その他の洞窟は特別な許可を得て安全に配慮して入洞することになり，その際の注意点についても記述しています．また，石灰岩地帯に関するカルスト地形や河川に発達する炭酸塩堆積物であるトゥファについても項目を設けて掲載しており，これも本書の特徴の１つです．各章の冒頭には地図を配置し，収録できなかったもののよく知られる洞窟の位置も示しています．また，47都道府県のうち，収録されていない青森県と徳島県の洞窟については，章冒頭のリード文で紹介しています．

巻末には，本文中で引用した文献のリストを示しました．文献の中には国内外の学術雑誌に掲載されたものもありますが，地方自治体やケイビング団体が発行した報告書も多く含まれます．こうして見ると，研究者以外の多くの方々が日本の洞窟調査に関わってきたことがわかります．

多くの章は狩野と柏木の２人が中心となってまとめましたが，高知大学の奥村知世さんには第9章「四国地方」の，東北大学の浅海竜司さんには第11章「沖縄地方」のとりまとめをお願いしました．また，多くの観光洞の管理者の方々には調査に関して便宜をはかっていただき，天然記念物に指定される洞窟を管轄する地方自治体の教育委員会や観光課，あるいはジオパーク活動に関わる方々には，洞窟に関する貴重な情報を提供していただきました．お世話になった方々につきましては，別途，「謝辞」をまとめさせていただきました．洞窟調査中にお世話になったすべての皆様に深く感謝します．今後も，洞窟という資源が適切に保全され，環境や地質などの教育の場として生かされていくことと期待します．

本書を手に取った読者は洞窟に関心をもっていたことでしょう．他書では得られない情報を網羅したものであり，洞窟を総合的に理解するという読者の皆様の欲求を満たせるものになっていると考えます．最後に，本書をまとめるにあたり編集作業を担当し，多くの有益なコメントを提供していただいた，朝倉書店の編集部に感謝いたします．

2025年３月

狩野彰宏・柏木健司

編著者・著者一覧

編著者

狩野 彰宏　東京大学大学院理学系研究科地球惑星科学専攻
柏木 健司　富山大学大学院理工学研究科地球生命環境科学プログラム

著者（五十音順）

浅海 竜司　東北大学大学院理学研究科地学専攻
阿部 勇治　多賀町教育委員会
岩井 雅夫　高知大学自然科学系理工学部門，高知大学海洋コア国際研究所
植村　立　名古屋大学大学院環境学研究科地球環境科学専攻
奥村 知世　高知大学総合科学系複合領域科学部門，高知大学海洋コア国際研究所
奥村 よほ子　佐野市葛生化石館
柿崎 喜宏　室戸ジオパーク推進協議会，高知大学海洋コア国際研究所
柏木 健司　富山大学大学院理工学研究科地球生命環境科学プログラム
加藤 大和　帝京科学大学教育人間科学部
香取 拓馬　フォッサマグナミュージアム，糸魚川ジオパーク協議会
狩野 彰宏　東京大学大学院理学系研究科地球惑星科学専攻
清川 昌一　九州大学大学院理学研究院地球惑星科学部門
公文 富士夫　高知大学海洋コア国際研究所，信州大学名誉教授
小竹 祥太　パイオニアケイビングクラブ（PCC）
髙島 千鶴　佐賀大学教育学部
高桒 祐司　群馬県立自然史博物館
近野 由利子　J.E.T（Japan Exploration Team）
林田　敦　パイオニアケイビングクラブ（PCC）
廣瀬 直樹　氷見市立博物館
藤田 祐樹　国立科学博物館人類研究部
堀　真子　大阪教育大学理数情報教育系
村田　彬　東京大学大学院理学系研究科地球惑星科学専攻 院生
吉田 勝次　株式会社 地球探検社，社団法人 日本ケイビング連盟，J.E.T（Japan Exploration Team）

目　　次

11. 沖縄地方

コラム

洞窟の状況を理解するために

本書では，第２章以降の各項目の冒頭に，扱っているそれぞれの洞窟についての情報欄を設けている．本文とともに，洞窟を安全に訪問するためにも参照していただきたい．

以下に，情報欄の内容について解説する．

【情報欄】　それぞれの洞窟の概要を知るうえで参考となる，所在地の住所，洞窟の母岩である地層や岩石の情報（地質帯，地層，年代），洞窟の広がりを示す規模，訪問の視点に基づく洞窟の区分，洞窟の管理母体，および天然記念物や史跡などの指定状況，といった情報を簡潔にまとめている．

洞窟によっては詳細な情報を掲載したサイトを設けているところもある．一部は本文中にも付記している（2024年12月に閲覧確認）．なお，地域の観光サイトや関係する自治体のサイトに関連する情報が掲載されていることもある．

【洞窟の区分】　読者が洞窟を訪問する際に参考となるように，洞窟を観光洞・管理洞・未整備洞の３つに区分している．

観光洞は，一般の人々が観光で訪れ楽しむために整備されている洞窟である．通路や階段，照明などが設置され十分な安全対策が施されているため，特別な準備をする必要がなく普段着のままで楽しむことができる．観光用に整備されていないコースを，探検ないし冒険コースなどと名づけて，ガイド付きのツアーを定期的に実施している観光洞もある．

管理洞では，行政機関などを含む管理者が洞窟への入出を管理しており，見学には事前の届け出や問い合わせが必要となる．洞内の状況は，一定の整備がなされている場合や，自然状態に近い状態であるなど様々である．洞内の環境保全と安全確保のため，ガイドが必ず同行して案内と説明をする場合や，行政が主体となり見学会を実施するなど，公開のやりかたはいろいろである．このほか，洞口周辺の内外を歩きやすく整備している離水海食洞や，洞内には入れないものの洞窟周辺が整備されて外から見学できるものも，管理洞に含めている．訪問や入洞に際しての問い合わせ窓口についても，適宜記している．

未整備洞は，洞内の安全対策を含む整備がまったくなされていないか不十分で，ほぼ自然状態に近い洞窟を指す．また，洞内が歩きやすく整備されているものの，照明が設置されておらず現地での管理もなされていない洞窟も，本書では未整備洞に含めている．ありのままの状態にある一部の未整備洞は，商用のケイビングツアーの対象としても活用されている．入洞が禁止されているものも多いので，事前に状況を十分に把握する必要がある．また，訪問や入洞が認められている場合においても，入出洞に関する連絡体制をたてるなど，自身で責任をもった十分な安全対策が必要である．

【管理】　観光洞の運営母体を，企業が運営するものを中心に管理を記し，行政主体の運営母体については一部を除いて記していない．

【指定】　それぞれの洞窟の指定状況は，その科学的視点と価値を知るうえで重要であり，洞窟環境の保全と保護についての理解を深めることに役立つ．ここでは国ないし市町村の天然記念物や史跡に加え，国定公園などを含む自然公園やジオパークなどについて，指定状況を記している．

洞窟には，地上とは異なる特異な地形と地質の諸現象，コウモリや地下性生物の生息場としての空間，安定した地下空間としてのヒトとの関わりなど，様々な側面が含まれる．それぞれの洞窟の指定の経緯の詳細については，文化庁 国指定文化財等データベース[1]，県や市町村の天然記念物や史跡に関するwebsite，およびジオパークのwebsiteなども参照されたい．

【狩野彰宏・柏木健司】

関連サイト

[1] https://kunishitei.bunka.go.jp/bsys/index

謝　　辞

素人では決して撮影できない貴重な洞窟の画像は，日本ケイビング連盟会長の吉田勝次さんと安家洞地底ガイドの大崎善成さんに提供していただきました．吉田さんは著名な洞窟探検家でもあり，本書でも執筆されています（1-6 10-16）．大崎さんには管理する安家洞 3-1 に関する情報も提供していただきました．多くの観光洞の管理者の方々には調査に関して便宜をはかっていただき，天然記念物に指定される洞窟を管轄する地方自治体の教育委員会や観光課，あるいはジオパーク活動に関わる方々には，洞窟に関する貴重な情報を提供していただきました．

【狩野彰宏・柏木健司】

以下では，お世話になった個人ないし団体名を，章（地域）ごとに記します．記して深く感謝します．

第1章　総　説

1-7　洞窟測量：　パイオニアケイビングクラブ（PCC）

第3章　東北地方

3-5　幽玄洞：　幽玄洞観光　渡辺和敏氏

第4章　関東地方

4-3　桐生の鍾乳洞群：　宮崎重雄氏（桐生市文化財調査委員）

4-4　下郷鍾乳洞：　下仁田ジオパーク

4-5　諏訪の水穴：　日立市郷土博物館

4-8　守谷洞窟：　小暮敏博氏（東京大学）

第5章　中部地方

5-1　大滝鍾乳洞：　河合徹氏（郡上観光グループ）

5-4　竜ヶ岩洞：　小野寺秀和氏

5-8　阿曽カルストの鍾乳洞群：　Japan Exploration Team（J.E.T）

5-9　伊勢志摩の鍾乳洞群：　伊勢市情報戦略局文化政策課

第6章　甲信越・北陸地方

6-2　大沢鍾乳洞：　五泉市商工観光課

6-3　広川原の洞穴群：　寺尾真純氏（長野県岩村田高等学校）

6-8　大境洞窟：　氷見市立博物館

第7章　近畿地方

7-1　河内風穴：　河内風穴観光協会

7-2　質志鍾乳洞：　質志鍾乳洞公園協力会

7-3　洞川の鍾乳洞群：　洞川財産区

7-6　竹野海岸の海食洞：　たけの観光協会

7-7　磐船神社：　西角明彦氏（磐船神社）

7-10　鳥毛洞窟：　南紀熊野ジオパーク

第8章　中国地方

8-12　幽鬼洞と竜渓洞：　松原慶子氏（出雲国ジオガイドの会）

第9章　四国地方

9-2　菖蒲洞：　高知市教育委員会，地元有志ガイドの方々

9-3　龍河洞：　（公財）龍河洞保存会，龍河洞みらい

9-4　猿田洞：　尾﨑誠一氏（日高村役場），日高村教育委員会，関 治氏

9-6　大﨑鍾乳洞：　土佐市教育委員会

9-7　穴神鍾乳洞：　村上崇史氏（美祢市文化財保護課），高橋 司氏，榊山 匠氏（西予市役所，四国西予ジオパーク推進協議会），川津南やっちみる会

9-8　羅漢穴：　村上崇史氏（美祢市文化財保護課），高橋司氏，榊山 匠氏（西予市役所，四国西予ジオパーク推進協議会）

9-9　安森洞：　安森鍾乳洞保存会，三島石油

第10章　九州地方

10-7　井坑：　出口健太郎氏（五島市地域振興部文化観光課）

10-15　昇竜洞：　知名町役場，おきえらぶフローラル株式会社

10-16　銀水洞：　沖永良部島ケイビング協会，沖永良部島ケイビングガイド連盟

10-17　水連洞，10-18　大山水鏡洞：　沖永良部島ケイビング協会

10-19　赤崎鍾乳洞：　赤崎鍾乳洞管理人様

第11章　沖縄地方

11-1　星野洞：　東和明氏（オフィスキーポイント），南大東村役場

11-2　サキタリ洞：　大岡素平氏（株式会社南都），沖縄県立博物館・美術館，株式会社南都（ガンガラーの谷，おきなわワールド）

11-3　玉泉洞：　大岡素平氏（株式会社南都）

11-4　ヤジヤーガマ：　久米島町観光協会

11-5　仲原鍾乳洞：　仲原鍾乳洞管理人様

11-6　サビチ洞：　伊原間観光開発株式会社

11-7　石垣島鍾乳洞：　株式会社南都

コラム

4　きらめく洞窟：　興野喜宣氏（栃木地学愛好会）

7　洞窟の名前：　芦田宏一（パイオニアケイビングクラブ）

1. 総 説

■岩手県安家洞 3-1 の探検コースに見られる鍾乳石群.

第１章では，洞窟の定義や分類について説明した後で，洞窟研究の概観を紹介する 1-1．洞窟を石灰岩洞窟 1-2，火山洞窟と海食洞 1-3 の２つのカテゴリーに分けて，洞窟の発達条件や発達過程について解説する．ここでは成因をもとに洞窟を分類しているが，横穴・竪穴といった地下空間の形状に基づく分類や，断層や亀裂沿いに発達する構造洞窟，侵食作用によってできる洞窟全般をさす侵食洞窟という言葉もある．

次に，個別の研究分野について解説する．古気候学 1-4 や古生物学 1-5 は過去の気候条件や生物についての情報を，洞窟から見出すことを目的とし，地質学に関連した分野である．洞窟探検 1-6 と洞窟測量 1-7 では，ケイビングに関する技術について解説する．近年，レーザを用いた3D 測量方法の汎用性と精度が格段に向上したことで，洞窟の測図がより生き生きとしたものに書き替えられつつある．洞窟生物学 1-8 では，遮光された高湿度で温度が安定した洞窟環境で生きる生命を扱う．外界と隔離された特殊な洞窟環境では，地上とは違う形で生物の適応と淘汰が起こり，多くの固有種による生態系が発達している．洞窟遺跡と考古学 1-9 では，日本列島に渡来してきた人類の営みについて解説する．琉球列島を島づたいに拡散した私たちの先祖は，縄文時代以降には多くの洞窟遺跡を残している．古代人は雨風をしのぐために洞窟や岩陰を生活の場とすることがあった．

洞窟を扱う研究分野はほかにもある．地下水文学は洞窟内の地下水の流れや水文学的特性を研究する分野である．石灰岩地域では雨水が地下へと浸透してしまうので，水資源の確保が問題になることが多いが，こうした研究は地下水資源の管理や活用に役立っている．洞窟歴史学は洞窟が宗教的活動の場として使われた史実を調べ，文化人類学や歴史学の分野に貢献している．

洞窟は地域社会にとって重要な観光資源でもある．その価値を観光に最大限に活用するため，自然や地形に関する教育的なプログラムを観光客に提供しているところも多い．また，地域住民や地元の事業者と協力し，特産品を開発・販売し，地元のイベントとコラボするなどして，観光地としての洞窟の経済効果を最大化する取り組みを進めている．【狩野彰宏・柏木健司】

日本の洞窟—洞窟のタイプと洞窟研究—

Caves in Japan

洞窟とは，地上とつながった地表面下にある空間で，洞穴とも呼ばれる．洞窟には厳格な定義はないが，一般的には，人が入れるだけの広さがあり，奥行きが幅よりも大きい地下空間を洞窟と呼ぶ．奥行きが小さいものは岩陰とかシェルターと呼ばれ，洞窟とは区別される．

洞窟のタイプ

本章では，洞窟をその母岩と形成課程から，①石灰岩洞窟（鍾乳洞），②火山洞窟，③海食洞の３つに区分して解説する．なお，鉱山跡や防空壕など人工的に掘られた洞窟は原則として対象としていない．

石灰岩洞窟　石灰岩を母岩とする洞窟であり，最も数が多い．石灰岩洞窟は主に石灰岩の溶解によって形成し，内部には鍾乳石が発達することが多い．鍾乳洞という言葉は厳密にはこのタイプの洞窟をいう．蒸発作用でできた石膏層や岩塩層などの蒸発岩にも，溶解作用による洞窟ができるが，日本にはこのようなタイプの洞窟はない．

火山洞窟　火山活動に関係してできた洞窟．溶岩流や火砕流の形成時にできた空洞，噴火口付近にある空間，溶岩に取り込まれた樹木が燃えてなくなってできた空洞，あるいはガスの逸脱や山体崩壊によってできた空間などが火山洞窟に含まれる．

海食洞　波浪の力による侵食作用でできる洞窟．海岸付近の崖に発達することが多い．母岩中に侵食されやすい地層や，断層・亀裂がある場所でできる．海岸に露出する火成岩には火山洞窟と海食洞が複合したものが見られる．また，風により作られる風食洞や，川の流れによりできた河食洞もある．これらは岩石の侵食作用によりできるので，侵食洞窟と一括して呼べる．

横穴と竪穴　洞窟をその形状から分類する場合は，大まかに横穴と竪穴に区分することができる．横穴は地下水面沿いに発達する石灰岩洞窟や，溶岩流による火山洞窟がとる形状である．一方，断層や亀裂沿いに発達する洞窟は竪穴の形状をとることもある．火山洞窟では，ガスや水蒸気の逸脱により竪穴的な洞窟ができる．

鍾乳洞では横穴的経路と竪穴的経路の両方をもつものも多く，複合型という言葉が用いられることもある．また，洞窟経路が分岐と合流を繰り返し，複雑なものを迷路型と呼ぶこともある．その例として，日本最長の鍾乳洞であるとされる岩手県の安家洞 3-1 がある．

洞窟研究

洞窟が科学的な研究対象となったのは，19世紀に入ってからのことであり，洞窟と地質や地形などの関連性が見出され，地理学，地質学，または考古学といった学問分野の一部として研究されてきた．

1879年にはフランスのロアール地方にあるラスコー洞窟の壁画が発見され，洞窟に関する学問的関心を高めた．洞窟に特化した研究は，エドワール・アルフレッド・マルテルによって始められた．マルテルは洞窟学を独立した研究分野とした開祖で，1895年に世界初の洞窟学会をフランスで設立している．この流れはヨーロッパと北米に波及し，20世紀になると人類学的に重要な発見が続く．1921年には北京郊外の周口店の洞窟と岩陰から，いわゆる北京原人の化石が見つかる．当時，北京原人は東アジア最古の人類とされ，火を使う文化をもっている点で特徴的であった．南オーストラリアにある洞窟も人類化石の産出で有名である．1937年にヨハネスブルク近郊にあるクマニスケルダー洞窟から，約200万年前のパラントロプスの化石が発見された．

このように，洞窟研究は人類学と考古学の分野で発展してきたが，同じ時期には地形学に関する研究も進んでいる．ヨーロッパや地中海沿岸の石灰岩地域では，岩石の溶食やカルスト地形の形成メカニズムについて研究がなされ，ドリーネやウバーレなどの用語が定義されるようになった．また，アメリカ地質調査所が中心となった研究では，洞窟システムでの地下水の水文学や化学についての理解が深まった．1941年に北米でアメリカ洞窟学会が設立されると，ケイビング技術や環境保全の分野が確立されるようになる．

1965年には，国際洞窟学連合が設立された．この学会は現在まで４年ごとに国際会議を開催し，洞窟に関する最新の研究成果と探査技術が話し合われ，貴重な情報交換の場になっている．これにより，洞窟研究は日本を含む欧米以外の国へと波及していく．研究者の間で，洞窟がもつ特殊な環境や生物，また鍾乳石のような二次生成物に関心がもたれ，洞窟生物学や古気候学のような，様々な分野での研究が始まった（図1）．

日本の洞窟の歴史

日本での鍾乳洞の存在は古代から知られており，住居として使われていたほか，宗教的な儀式や避難場所として利用されてきた．江戸時代には，水戸光圀などの著名人が洞窟を見学した記録もあるが，観光地としての利用はまだ限定的だった．

20世紀初頭から，観光目的での鍾乳洞の開発が進んだ．1907年に山口県の秋芳洞 8-14 が観光洞として正式に開放された．これは日本で最も古い観光鍾乳洞の１つである．

第二次世界大戦以降の高度経済成長期に入ると，交通インフラの発展とともに観光産業も大きく発展した．洞窟もその波に乗り，多くの洞窟が観光地として整備された．特に1960～1980年代にかけては，観光洞ブームがおこり，洞窟内に照明設備や歩道が整備され，観光客を受け入れる体制が整備された．さらに，テレビや雑誌などのメディアの発達により，洞窟の美しさや魅力が紹介され，その存在が広く知られるようになると多くの観光客が洞窟を訪れるようになった．

今世紀に入り，地球環境への意識が高まると，洞窟は単なる観光地ではなく，環境教育の場としても利用されるようになった．洞窟はエコツーリズムの観点からも注目され，貴重な洞窟環境の保全を意識した取り組みが行われるようになった．例えば，福岡県の千仏鍾乳洞 10-3 では，洞窟内の生態系保護を目的としたガイドツアーが行われている．

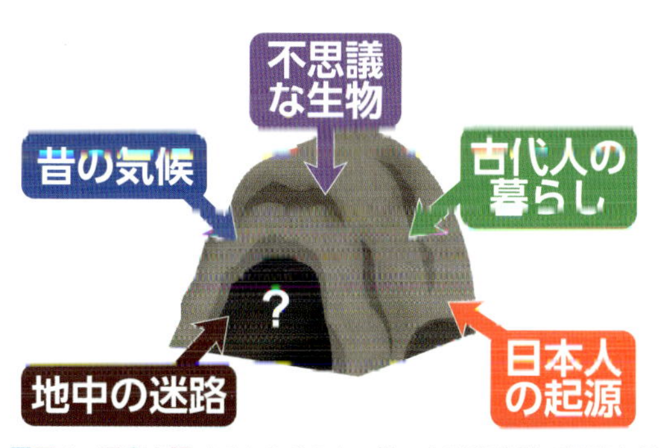

図1　洞窟を調べてわかること．様々な研究分野で洞窟を扱っている．

日本の洞窟関連団体

日本の洞窟研究を支えるため，いくつかの学会が設立されている（表1）．1975年に創設した日本洞窟学会は洞窟に関連した研究を広く扱う国内最古の学会であり，学術誌『洞窟学雑誌』や広報誌『ケイビングジャーナル』を刊行している．また，毎年学術大会を開催しており，最も活動的な洞窟関連学会である．日本ケイビング連盟など，ケイビングに関連した団体もいくつかできたが，日本洞窟学会と共同して活動する団体もある．火山洞窟学会は火山岩にできた洞窟に特化しており，火山洞窟の研究に加えて普及・啓蒙活動を行う団体である．また，地学関係の学会では日本地球惑星科学連合，日本地質学会，日本第四紀学会，日本堆積学会，日本考古学協会などが洞窟関連の研究に関わっている．さらに，岩手県龍泉洞 3-2 では日本洞穴学研究所のような独自の研究機関を設置しているものもある．

観光資源としての洞窟に着目した団体もある．国内９つの鍾乳洞の管理者が集まって結成した日本観光鍾乳洞協会は，毎年持ち回りで「日本鍾乳洞サミット」を開催しており，鍾乳洞の環境保全や観光資源としての活用方法について情報交換を行っている．

多くの洞窟ではホームページを作成するなど，広報活動に力を入れている．また，洞窟の発見や開発にまつわる書籍なども出版されている．

【狩野彰宏・柏木健司】

表1　洞窟に関連する国内の主な学会と団体

学会／団体名	URLなど
日本洞窟学会	https://www.speleology.jp/ 定期刊行物に『洞窟学雑誌』『ケイビングジャーナル』．
NPO法人 火山洞窟学会	https://volcanocave.kitakaruizawa.net/ 前身は富士山溶岩洞穴研究会．
社団法人 日本ケイビング連盟	http://www.caving.jp/ 職業ケイビングガイドの育成なども行う．

石灰岩洞窟と鍾乳石のできかた

(せっかいがんどうくつ しょうにゅうせき)

Formation of Limestone Cave and Stalactite

石灰岩の特徴

洞窟がよく発達する地域には，たいてい石灰岩の地層が広く分布している．そのような場所として，日本国内では岩手県の安家カルスト，岡山県の阿哲台 8-1，山口県の秋吉台 8-13，それに琉球列島が挙げられる．世界的にみると，石灰岩の分布域はさらに広く，中国南部，北アフリカ，ブラジルなどに巨大な石灰岩地域がある（■図1）．

これらの地域では，かつて暖かいサンゴ礁が広がっており，そこに棲むサンゴなどの生き物が炭酸カルシウムの殻を分泌し，石灰岩のもととなる堆積物をつくった．炭酸塩堆積物は速ければ数千年程度で固まり，石灰岩の地層になる．

サンゴ礁は大別すると，①海洋火山島を取り囲むように発達した環礁と，②隆起した島の周辺に発達した裾礁がある．前者は現在の南北大東島に見られる．また，秋吉台や阿哲台の石灰岩も石炭紀（約3.5億年前）の火山島の上に発達したサンゴ礁堆積物である（Sano and Kanmera, 1988）．一方，現在の琉球列島に発達するものは裾礁にあたる（井龍ほか，1992）．

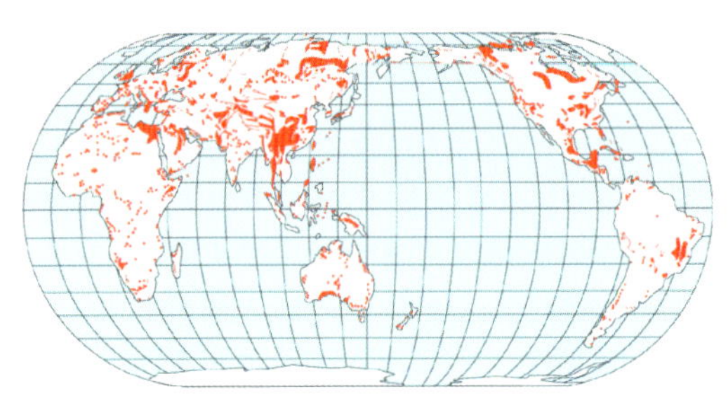

■図1　炭酸塩岩の分布（赤色）．炭酸塩岩は全堆積岩の15～20%を占め，世界中に広く分布している．その総量は5×10^{17}トンにも及ぶ．

石灰岩を構成する炭酸塩鉱物は主に方解石であるが，アラレ石やドロマイトが含まれることがある．これらの鉱物は他の造岩鉱物に比べて水に溶解しやすい．そのため，石灰岩には洞窟が発達しやすい．

石灰岩はセメントの材料や製鉄の副原料としての用途があり，採掘の対象になっている．日本でも多くの石灰石鉱山があり，石灰岩はほぼ自給できる唯一の鉱業資源になっている．

石灰岩の溶解

洞窟の発達と鍾乳石の形成を理解するためには，まず石灰岩地帯での化学反応が重要である．石灰岩の溶解と沈澱は簡便に次式で表される（■図2）．

$$CaCO_3 + CO_2 + H_2O \rightleftarrows Ca^{2+} + 2HCO_3^-$$

上の式で反応が右側に進むと石灰岩が溶解し，左側に進むと炭酸カルシウムが沈澱する．石灰岩の溶解にはCO_2を含む水が必要である．雨水には大気由来のCO_2が少量含まれるが，土壌層を通過することでCO_2濃度を大きく増やす．植物や微生物がCO_2を排出することで，土壌層でのCO_2分圧は大気

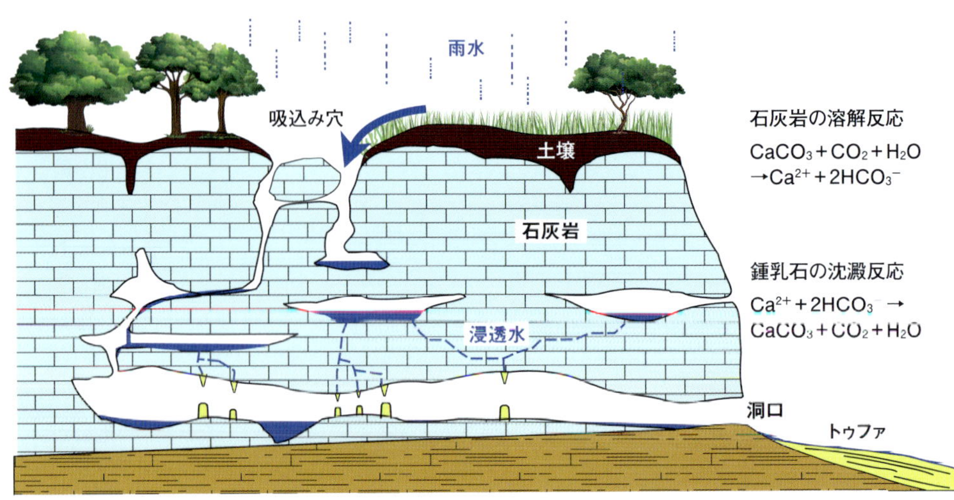

■図2　洞窟システムでの水の流れ方と化学反応（狩野，2012）．黄色い部分は炭酸カルシウムの沈澱物．

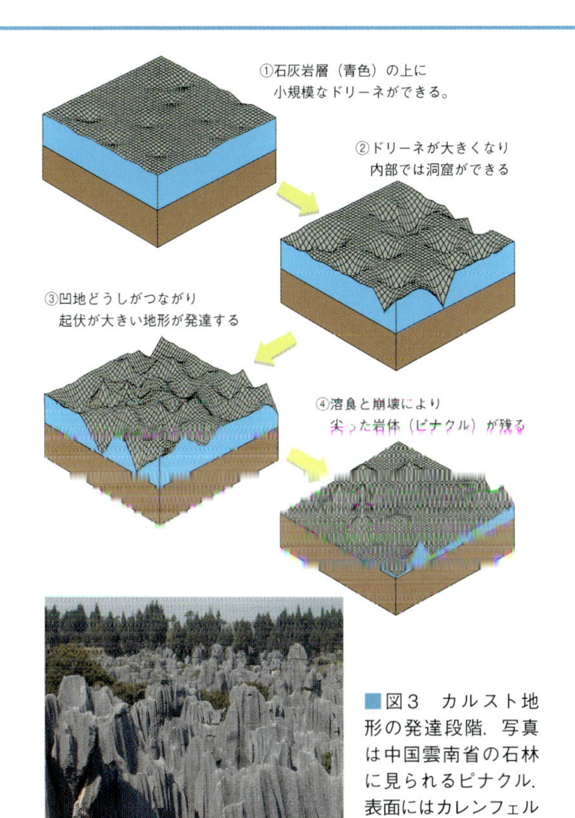

■図3　カルスト地形の発達段階．写真は中国雲南省の石林に見られるピナクル．表面にはカレンフェルトが見られる．

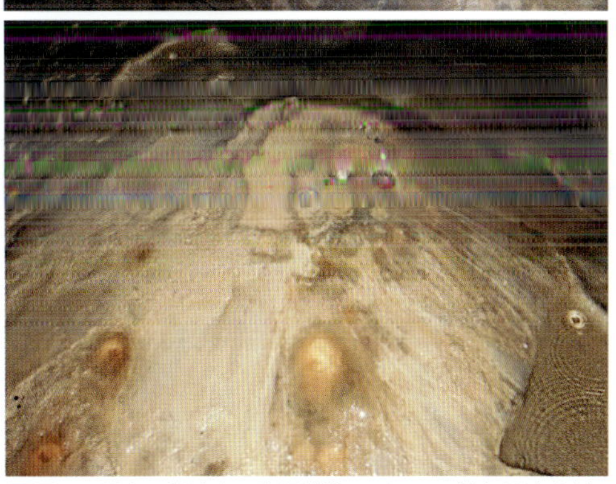

■図4　洞窟に発達する溶解構造．スカラップ（上，関東山地・ケイ谷洞）とピットホール（下）．

の100倍（pCO$_2$=4%）に達することもあり（Ford and Williams, 1989），このような土壌を通過した雨水は高い濃度（2 mM以上）で炭酸カルシウムを溶解することができる．

雨水は石灰岩を溶かしながら流れる．吸込み穴（■図2）のようなところでは，水は急速に地下河川まで流下し，炭酸カルシウムをあまり溶かし込まず，洞窟内に大量の堆積物を流し込む．また，堆積物中には吸込み穴に落ち込んだ動物の骨が保存されることもある．一方，石灰岩層をゆっくりと浸透する水は溶解平衡に達するまで炭酸カルシウムを溶かし込む．このような水は洞窟の壁や天井からゆっくりと滲み出してくる．

石灰岩の溶解により，特徴的な地形が発達する（■図3）（漆原編，1996）．これらはカルスト地形と呼ばれ，カルストという言葉はスロベニア南西部からイタリア東北部に広がる石灰岩地域の地名に由来している．溶解作用を効果的にしているのは，岩石が地上に露出する際に生じる亀裂や空隙である．そのため，石灰岩層の上部は，堅牢な下部に比べて多孔質になり水の浸透性が高くなる．この多孔質な部分はエピカルストと呼ばれる．

石灰岩層が地上に露出すると，地層の亀裂のような脆い部分から溶解が進行し，ドリーネと呼ばれる凹地ができはじめる（■図3①）．溶解の進行によりドリーネが大きくなると（■図3②，直径数kmほどの凹地はポリエあるいはウバーレと呼ばれる），凹地どうしが連結して起伏の大きい地形が発達する（■図3③）．石灰岩層の内部には洞窟が発達するようになる．石灰岩の溶解はその後も進行し，洞窟では天井の崩壊が進む．この溶解の最終段階ではピナクルと呼ばれる尖塔型の地形が残される（■図3④）．また，崩落を免れた洞窟の天井はアーチ状の自然橋になる．このような地形は岡山県の阿哲台 8-1 や広島県の帝釈峡 8-8 で観察できる．

石灰岩の溶解によって発達する小規模な構造もある．地下河川沿いの急速な溶解作用が働くと，二枚貝が重なったような模様をもつ溶食構造（スカラップ，■図4上）ができる．未飽和な滴下水が長期間同じところに落ちると石灰岩の表面に円形の穴（ピットホール，■図4下）ができる．地上でも，雨水の流れによりできる溝型のくぼみ（カレンフェルト，■図3）が石灰岩の表面に発達する．

石灰岩地域では，雨水が地層の亀裂から吸い込まれるか地層中に浸透していくので，地表での河川はほとんど発達しない．そのため，石灰岩地域では人々の生活用水や農業用水の確保がしばしば問題になる．特に，琉球列島の石灰岩に覆われた島（宮古島など）では，近くに水の供給源がないので水不足になりやすい．そこで，いくつかの島では石灰岩中の地下空間に水を貯蔵するための地下ダムを作ることで水不足を解消しようとしている．

炭酸カルシウムの沈澱

図2に示した化学式が以下のように進むと，

$$Ca^{2+} + 2HCO_3^- \rightarrow CaCO_3 + H_2O + CO_2\uparrow$$

水から二酸化炭素が脱ガスして炭酸カルシウムが沈澱する．この反応は石灰岩層の中でも起こるが，水が石灰岩層から洞窟空間へと湧出するときに最も起こりやすい．概して，洞窟空間でのpCO_2は土壌層よりも低く，洞窟の天井や壁から浸み出した水はCO_2を脱ガスし，炭酸カルシウムに対して過飽和になる．さらに，水が天井から滴下する場合には，物理的な衝撃作用がCO_2の脱ガスを促し，過飽和度をさらに高める（図2）．

過飽和になった水からは多様な鍾乳石が析出する（図5）．鍾乳石は10〜100年に1 mmくらいの速度で成長する．天井から浸み出た水からはストローやつらら石が析出する．ストローは初期段階にできるもので直径1 cm以下の中空の管として下に伸びていく．ストローが太く成長したものがつらら石である．ストローやつらら石から水が床へと滴下すると，そこから石筍が上へと成長する．石筍は先端へと細くなる円筒型のものが多い．下へと成長するつらら石と上へと成長する石筍がつながったものが石柱である．石柱ができると，水はその側面を流れるようになり，縦縞模様の沈澱物を作りながら太くなっていく．このような石柱は岩手県の安家洞（図6）や山口県の秋芳洞 8-14 などで見られる．洞窟の壁や天井にある線状の亀裂から水が浸み出る場所では，板状のベーコンやカーテンと呼ばれる鍾乳石ができる（図5）．

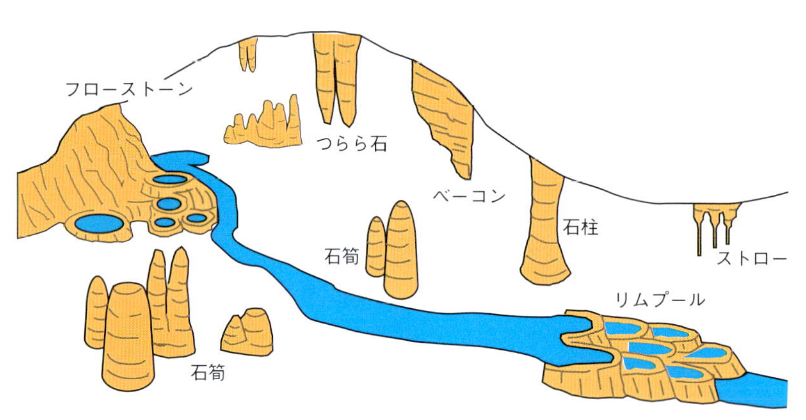

図5　洞窟中に発達する多様な鍾乳石．

地下河川を流れる水からも鍾乳石はできる．流路に沿ってマウンド状に沈澱するものはフローストーンと呼ぶ．また，棚田状に小さな水溜まりが連続してできたものはリムプールであり，幅が広くゆるやかに傾斜した流路沿いに発達する．その例は山口県の秋芳洞や岡山県の満奇洞 8-3 で見られ，どちらも千枚田と呼ばれている．

その他，洞窟特有の沈澱物もある．ムーンミルクは湿った壁面に固結していない泥状の沈澱物である．水溜りにできた直径1 cm〜数mmの球体は洞窟真珠（図7，ケイブパール）と呼ばれる．これら2つはいずれも微生物が沈澱に関与したとされる（Portillo and Gonzalez, 2011）．

図6　岩手県安家洞に見られる鍾乳石（写真は安家洞地底ガイド 大崎善成氏の提供）．

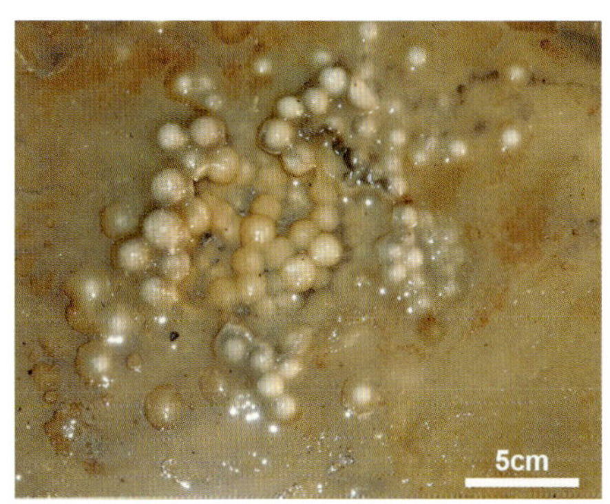

■図7　洞窟真珠（スロベニア国ポストイナ鍾乳洞）．

■図8　トゥファに見られるリムプール構造．A) スロベニア国北部の沢に見られるトゥファ．B) 中国四川省の黄龍（ファンロン）に発達した棚田状のリムプール．

トゥファ

水が鍾乳洞から湧出すると，低いpCO_2をもつ大気に触れるため，二酸化炭素の脱ガスが進み，さらに炭酸カルシウムの沈澱が進む．このような地上河川でできた炭酸塩堆積物はトゥファと呼ばれ（■図2），国内でも愛媛県城川町 9-10，岡山県新見市 8-7，鹿児島県徳之島 10-14 などで見られる（吉村ほか，1996；中ほか，1999）．

トゥファは基本的に河川の流路沿いで発達するので，フローストーンやリムプール（■図8A）のような構造ができやすい．洞窟内とは違って日光が当たるので，トゥファのフローストーンやリムストーンの表面にはシアノバクテリアのような光合成微生物が付着する．トゥファは一年間に数mmの速さで成長し，内部に年縞構造を作る（Kano et al., 2003）．

海外の広大な石灰岩地帯では規模の大きいトゥファが発達する．中国四川省の九寨溝や黄龍（■図8B），トルコのパムッカレなどでは壮大なリムプールが発達し，人気の観光地になっている．

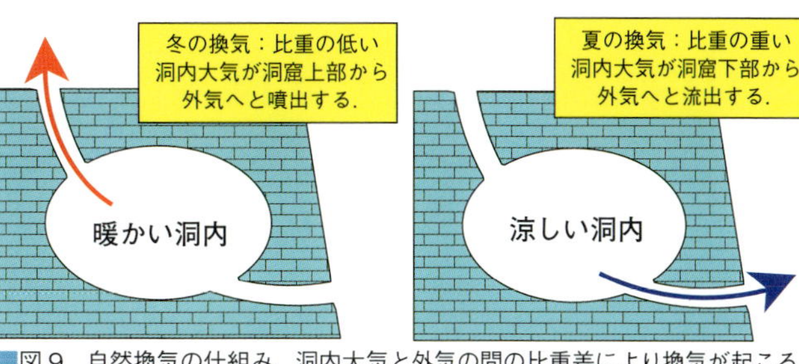

■図9　自然換気の仕組み．洞内大気と外気の間の比重差により換気が起こる．

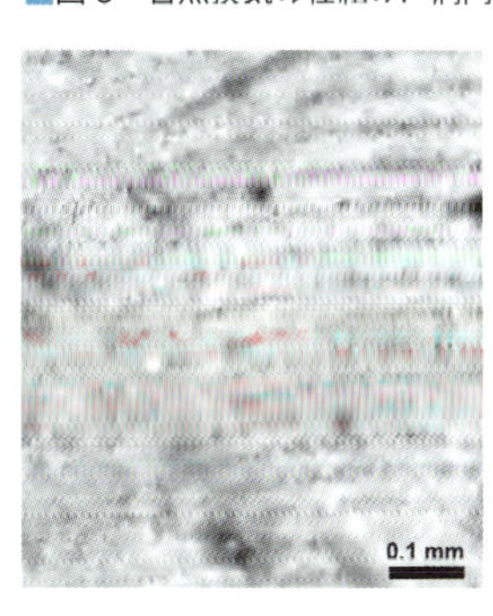

■図10　新潟県の石筍に発達していた年輪構造（顕微鏡画像）．石筍の成長速度が0.1 mm/年以下であったことがわかる（Sone et al., 2013）．

自然換気

洞窟内部の温度は年間を通じて安定しており，その土地の年間平均気温になることが多い．夏に洞窟に入ると涼しく，冬に入ると暖かく感じるのはそのためである．しかし，洞窟にも季節的に変化する現象があり，その1つが自然換気である．

自然換気とは洞窟内の空気と外気との比重差によって起こる空気の交換である（■図9）（Quinn, 1988）．自然換気は冬に活発に起こる傾向があり，洞内の暖かい空気が洞窟上部の開口部から噴き出し，その替わりに冷たい外気が下部から入ってくる．これに対して夏には，冷たい洞内の空気が洞窟下部の開口部から噴き出し，暖かい空気が洞窟上部から入り込む（■図9）．この現象が活発に起きている洞窟では，内部の気温が安定せず，外気と同様に季節的に変化する．

自然換気は洞内大気の二酸化炭素分圧を低下させ，鍾乳石をできやすくする効果がある．自然換気の季節的変化は炭酸カルシウムの沈澱速度に反映される．これは鍾乳石に年輪（■図10）が発達する原因の1つである（Baker et al., 2008）．【狩野彰宏】

火山洞窟・風穴・海食洞

(かざんどうくつ・ふうけつ・かいしょくどう)

Volcanic Caves, Wind Holes and Sea Caves

火山洞窟

火山洞窟は，火山活動の噴火過程で形成された洞窟で，溶岩洞窟，火口洞窟，気泡孔連結洞窟，溶岩瘤などを含む（小川，1991；鹿島，2008）．これらのうち，溶岩洞窟は最も一般的な火山洞窟で，流動性の高い玄武岩質溶岩に由来する玄武岩中によく見られる．より流動性が低い安山岩や溶結凝灰岩にも洞窟が知られているが，数は少ない．

溶岩は，噴火口から流出して地形的な低地に沿って流れ，次第に分岐しながら拡がっていく．溶岩流は外気に触れる外側の部分から冷却して固結し，その内側では高温の溶岩が流動している．なんらかの原因で，地表に接する固結部に割れ目や空洞が生じると，そこから流動する溶岩が地表に流れ出て，取り残された空洞として溶岩洞窟が形成される（■図1）．火山の傾斜や斜面上の微地形，溶岩の粘性や温度などに応じて，溶岩洞窟は複雑に分岐融合する．なお，溶岩洞窟は溶岩チューブや溶岩トンネルと呼ばれることもある．

溶岩流は，地表を流れる際に立ち木や倒木を巻き込み，それら樹木の表面は溶岩クラストに覆われる．樹木は高温のマグマにより燃焼し，また一定の時間を経て朽ちることで，溶岩中に樹木の直径と長さに応じた様々な形状の溶岩樹形が形成される．溶岩洞窟と溶岩樹形は，富士山麓の溶岩流で数多く知られ，その数は50以上に達する（濱野ほか，1980）．本書では溶岩洞窟として富士山麓の鳴沢氷穴 6-4，富岳風穴 6-5，西湖コウモリ穴 6-6，山形県高畠町の火山洞窟群 3-9，島根県大根島の竜渓洞と幽鬼洞 8-12，長崎県五島列島の井坑 10-7 を紹介している．この他，五島列島では玄武岩質溶岩中に黄島溶岩トンネルが知られている．

火口洞窟は，火口からマグマが流出することで形成される空洞である．空洞の天井が崩壊することで形成される陥没火口洞窟や，火山性の地溝帯にできた割れ目噴火口洞窟などが知られ，一般的に垂直的な洞窟になる．

火山性ガスが半固結の溶岩中で加圧し，ブリスターと呼ばれる泡を形成することがあり，それが大きくなると溶岩瘤になる．火山ガスを多量に含む火砕流が流出する際，火山ガスの空洞が形成され，空洞の周囲は冷却殻で被覆される．これらガス空洞が連結することで，溶結凝灰岩中に気泡孔連結洞窟が形成される．気泡孔連結洞窟は，九州において大規模なカルデラの形成に伴う火砕流堆積物を起源にもつ溶結凝灰岩中で数多く知られる．例えば，鹿児島県の黒川洞穴などがある（小川・鹿島，1989）．また，九州の阿蘇山や霧島山の安山岩溶岩中での報告されている．例えば，阿蘇山カルデラ火口壁にある西湯浦穴，霧島山の和気穴などがある（小川ほか，1997）．本書では，溶結凝灰岩中の洞窟として，鹿児島県の溝ノ口洞穴 10-12 を紹介している．

火山洞窟の場合，石灰岩洞窟に一般的に見られる鍾乳石のような二次沈澱物は，あまり形成されない．対馬と韓半島の間に位置する済州島では，洞外の白色貝殻砂丘層を起源とする重炭酸カルシウム溶液が洞内に浸透し，ストロー，畦石や洞窟珊瑚を含む，

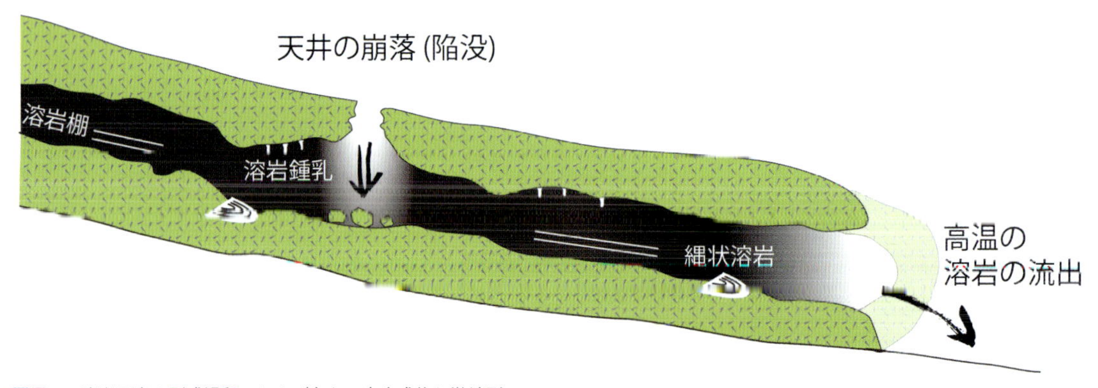

■図1　溶岩洞窟の形成過程，および主な二次生成物と微地形．

多様な二次生成物が形成されている（鹿島・徐，1984）．また，火山洞窟の場合，溶岩洞窟の洞床や洞壁，天井には，流動するマグマに起因する特徴的な微地形が発達する．洞床の縄状溶岩は，その凸方向へのマグマの流下を示す．洞壁にしばしば数段にわたり発達する溶岩棚は，地下空間を流下したマグマのレベルに一致する．天井の溶岩鍾乳は，天井から垂れ下がるマグマが固結したものである．北海道西部の忍路半島では，水中で噴出した玄武岩質溶岩中に形成された小規模な溶岩洞窟中に，ドラベリー，つらら石，および滴石類似の構造物が報告された（Yamagishi, 1991；熊谷ほか，2018）．これらの微地形は，富岳風穴，西湖コウモリ穴，竜端洞 0-12 に見られる．

有史以降の噴火により形成された火山洞窟では，古文書などの文字記録からその形成年代を推定できることがある．例えば，富士山北西麓の青木ケ原に数多く知られる火山洞窟の形成年代は，青木ケ原溶岩の噴出年代（小山，1998）に一致し，今から約1160年前である．一方，先史時代に形成された火山洞窟の年代は，一般的にその母岩である火山岩の放射年代測定で推定される．例えば，島根県大根島の竜渓洞と幽鬼洞は，K-Ar年代測定で約19万年前に形成された火山洞窟である（■図4）．

風　穴

風穴は，“夏に山の斜面から天然の冷風が吹き出す穴，またはそうした現象”と定義され，斜面上に発達する比高差をもつ崖錐堆積物の末端に見られることが多い．その分布は日本列島の広範囲にわたり，長野県と群馬県に多い傾向にある．明治から大正時代に至り，養蚕産業にかかる蚕種の保管に多大な貢献を果たした（清水・澤田編，2015）．

群馬県下仁田町の荒船風穴は，地すべり地形に形成された比高差約100 mの崖錐堆積物の末端から吹き出す冷風を，石積みの貯蔵庫に貯めることで，蚕種の保管に用いられた（下仁田町歴史館編，2017）（■図2）．荒船風穴では，冷風を貯めた石組みと巨礫が累積する様子を，散策路を巡り間近に見ることができる（■図3）．

風穴の母体となる崖錐堆積物を構成する岩塊は，その地域の地層とそれを構成する岩石の硬軟を反映し，風穴ごとに様々な岩型を示し，火山岩類が多い傾向にある（清水・澤田編，2015）．例えば，荒船風穴の崖錐堆積物は，約340万年前の火成活動を起源とする，玄武岩岩脈に由来する径数mの岩塊群である（下仁田町歴史館編，2017）．富山県魚津市の頓滝

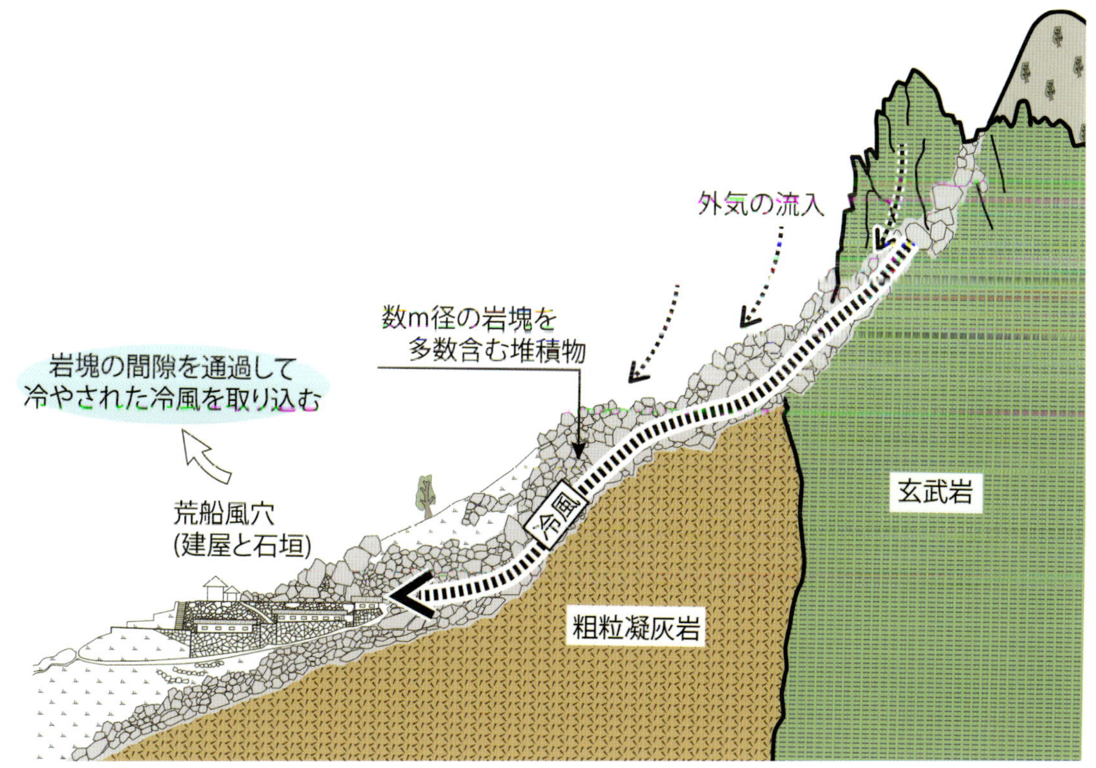

■図2　風穴の模式図．荒船風穴（群馬県下仁田町）を例に，下仁田町歴史館編（2017）を基に作成．

■図３　荒船風穴の石積み（群馬県下仁田町）．石積みの隙間から噴き出す冷風を貯めていた．

■図４　風穴．数ｍ径の岩塊が累積する間隙（標尺の右下）から，冷風が噴き出している（富山県魚津市平沢）．

近くで知られる風穴は，中新世の安山岩を起源とし，累積する岩塊の間隙に形成されている（■図4）．一方，愛媛県では変成岩である緑色片岩の岩塊からなる崖錐堆積物中に風透の穴が知られ，かつて蚕種の保存に用いられた（半井，1869）．本書では，風穴の一例として秋田県男鹿半島の風穴 3-8 を掲載している．

海食洞

海食洞は，海食崖が波浪による侵食で部分的に削られてできた洞窟であり，侵食洞窟で最も普遍的かつ多数を占める型である．なお，侵食洞窟は営力の相違に依り，風食洞，河食洞，湖食洞，海食洞に大別される（鹿島，2008）．

日本列島は四方を海で囲まれ，海食崖を構成する地層は堆積岩や火成岩，変成岩など多様な岩盤からなる．海食洞は，波浪作用により形成されることから，その母岩は様々であり，海岸地域の各地に見られる．ただし，海食洞が形成されるためには，母岩そのものが侵食に対して抵抗性の低いこと，ないし母岩中に節理や断層のような侵食されやすく連続性のよい割れ目が含まれている必要がある．波浪による侵食作用は，岩盤中の弱い部分で選択的に進み，結果的に海水準付近に洞窟空間が形成される．

海食洞の発達段階を■図5に示す．岩盤中の割れ目や強度的に弱い地層から侵食が始まり，時間の経過とともに空洞が拡大し洞窟になる．直接的な波浪に加えて，海水の注入により洞窟中の空気が圧縮されることで，岩石は侵食されやすくなる．侵食が母岩の反対側からも進行している場合，2つの空洞はつながり貫通洞（洞門）となる．貫通洞は通常，岬の先端や幅の狭い半島に形成されるため，天井を構成する岩盤はしばしば自然橋になる．その後，侵食と崩壊により天井の橋梁が崩落すると，洞窟のあった空間は峡谷状の地形を形成し，一方には柱状の岩体が残される．

山陰海岸国立公園は近畿から中国地方の日本海側に位置し，多くの海食洞の存在で特徴づけられる（竹野海岸の海食洞 7-6，浦富海岸の海食洞群 8-11）．海食洞のほとんどは割れ目に沿って発達している．凝灰角礫岩や礫岩からなる母岩では，相対的に軟質な基質が侵食により削られ，硬質な礫は抜け落ちることで，母岩の後退が促進されたと考えられている（池辺，1963）．日本三景の松島の長寿穴（宮城県松島町）は，典型的な貫通洞として知られていたが，その母岩は新第三系の砂質岩で岩盤強度は弱く，2011年の東日本大震災の際に大規模に崩落した．

離水海食洞は，過去に海面付近で形成された海食洞や貫通洞が，その後の地盤の隆起や海水準の低下，

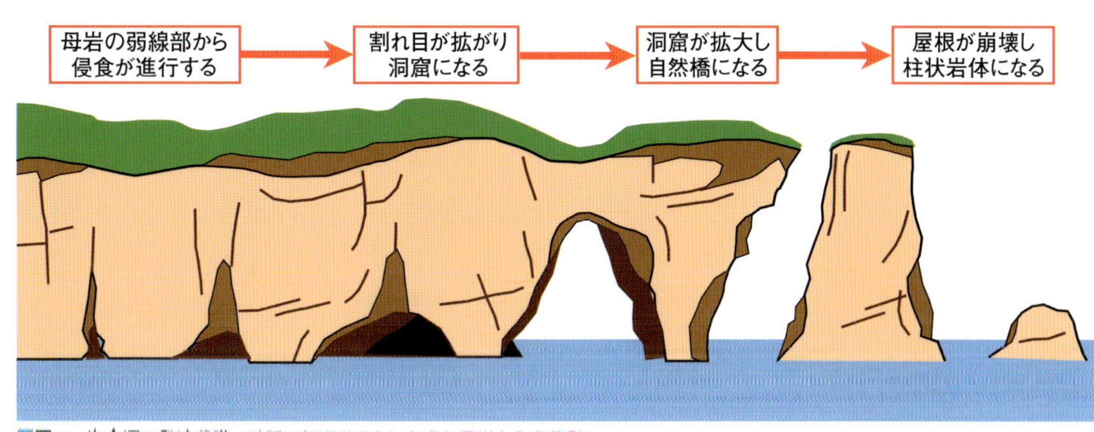

■図5 海食洞の発達段階. 時間の経過とともに左から右の方へと進む.

ないしその両方が作用して, 現海水準から高位に位置する海食洞を指す. 海岸線沿いの好立地にあり, 縄文時代から弥生時代に至る人類遺跡が各地で知られている(例えば, 富山県の大境洞窟 6-8).

石灰岩洞窟と同様に, 海食洞でも雨水による溶解も働くことがある. 母岩が石灰岩でない場合には, CO_2よりも土壌由来の有機酸が溶解に働く. 高濃度のイオンを含む雨水が浸透すると, 海食洞でも沈澱物が形成されることがある. 福井県越前海岸の海食洞群 6-10 では固結した海浜礫層が洞壁に付着し(山本ほか, 2010), 和歌山県の九龍島の海食洞では石灰質生物遺骸を起源とするアローハトーン類似の二次生成物が形成されている(後, 2009).

本書では, 秋田県男鹿半島西部のカンカネ洞 3-7 , 千葉県房総半島の守谷洞窟 4-9 と大房弁財天洞穴 4-10 , 神奈川県の江の島岩屋 4-11 , 富山県の大境洞窟 6-8 , 福井県越前海岸の離水海食洞と離水貫通洞 6-10 , 三重県の鬼ヶ城海食洞 5-10 , 和歌山県の三段壁洞窟 7-9 と鳥毛洞窟 7-10 , 佐賀県の七ッ釜 10-5 (■図6) などを紹介する.

【柏木健司・狩野彰宏】

■図6 七ツ釜(佐賀県唐津市屋形石). 柱状節理の見事な玄武岩中に発達する海食洞である.

古気候研究

こ き こうけんきゅう

Paleoclimate Research

背　景

地球温暖化などの気候変動は現代社会にとって重要な問題である.「将来の気候はどうなるのか」という予測を行うため，過去の気候条件を知ることで重要なヒントが得られる.

この社会的要請に応じて，過去の気候（古気候）の研究は2000年代になって盛んになってきた．古気候研究には様々な試料が用いられる．深海から採集された堆積物からは海水温や海水準が，南極から採集された氷のコアからは高緯度地域の気温変動が読み取られている．人が多く住んでいる温帯・熱帯地域では，湖の堆積物，サンゴの骨格，巨木に加え鍾乳石が用いられ，過去の気温や降水量が復元されてきた（図1）.

石筍の利点

古気候研究では，石筍などの鍾乳石がよく用いられる．洞窟の天井からの滴下水から沈澱する石筍は，条件がよければ数万年間も継続して同じ位置で成長する．その成長速度は1 μm～1000 μm/年であり，長さ10 cmほどの石筍に数万年間の気候条件が記録されることもある.

石筍は連続的に成長することに加え，2つの利点をもっている．1つはウラン-トリウム（U-Th）法で正確な年代が求められることである．この方法では50万年前の試料であれば誤差1％以下の精度で年代が決定できる．長さ10 cmくらいの石筍から，数点を選んでU-Th法で年代を決め，石筍のレベルと年代の関係式（年代モデルとも呼ばれる）を得る.

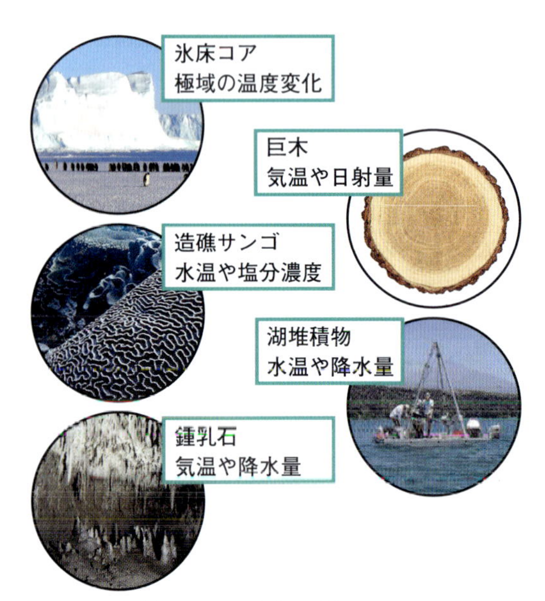

図1　古気候学で用いられる研究試料.

表1　石筍古気候学で用いられる化学プロキシと復元される気候条件.

化学プロキシ	気温	降水量	植生
酸素同位体	○	○	
炭素同位体		○	○
Mg/Ca比	○	○	
成長速度		○	
炭酸凝集同位体	○		
蛍光強度		○	○

古気候プロキシ

2つ目の利点は，石筍の主成分である炭酸カルシウム（$CaCO_3$）には気候条件の指標（古気候プロキシ）となる要素がいくつか含まれていることである．これを分析することで，過去の気候が復元できる.

石筍研究で最もよく用いられるプロキシは酸素同位体比である．これは質量数18の酸素（^{18}O）と質量数16の酸素（^{16}O）の比である．炭酸カルシウムの酸素同位体比は，①鉱物沈澱時の温度と②環境水の酸素同位体比に関係しているので，気温や降水量の指標になる（狩野，2012）．そのほか，炭素同位体比（$^{13}C/^{12}C$）やマグネシウムやストロンチウムのような微量元素含有量が古気候プロキシとして用いられる（表1）.

石筍の研究方法

石筍から古気候情報を得るためには，いくつかのステップが必要である．まず，試料となる石筍の採集である．石筍は学術的試料である前に，重要な自然遺産であるので，洞窟の管理者に許可を取る必要がある．また，天然記念物などに指定されている洞窟に関しては，管理者に加えて文化庁などの関係官庁からの許可を得たうえで，調査と試料採集を行う.

次に，採集した石筍を成長軸に沿って半分に切断

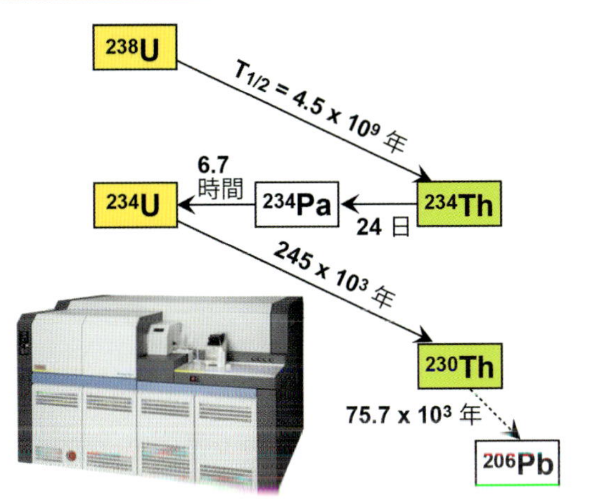

■図2　石筍の年代測定に用いる ^{238}U 系列の放射壊変．画像は測定に用いる質量分析計．

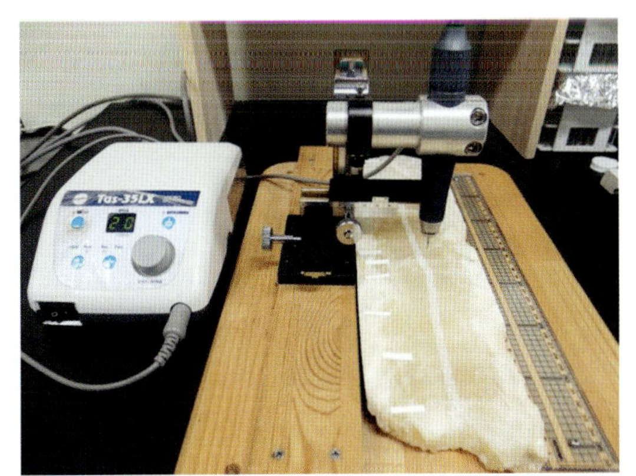

■図3　石筍から分析試料の分割に用いる歯科用マイクロドリル．

する．その後，切断面を研磨し，成長線などの組織を観察する．この時，成長線が乱れているものは途中で成長が中断した可能性がある．

半割研磨面上で，成長中心線沿いに，多数のサンプルを分析試料として分割する．サンプルはその同位体・微量元素組成が測定され，古気候プロキシとして用いられる．

それに加えて，U-Th年代が測定され，石筍に時間軸が与えられ，気候変動のイベントのタイミングと大きさが復元される．

中国での研究

石筍を用いた古気候研究として特に有名なのは中国での研究である．南京師範大学の研究グループは中国南部の三宝洞などで多数の石筍試料を採集し，64万年前までさかのぼる気候変動のデータを復元した．彼らが提示したデータでは，酸素同位体比（$\delta^{18}O$）が降水量を表す指標であると解釈された．その変化の周期は地球の公転軌道の周期（ミランコビッチサイクルと呼ばれる）と同調しており，北半球の夏の放射量が増えると，アジアモンスーンの強度が高まり降水量が増えるとされた（■図4）．

国内での研究

2010年代に入ると日本国内でも石筍が古気候研究に用いられるようになった．東北大学，東京大学，富山大学，名古屋大学，大阪教育大学などのグルー

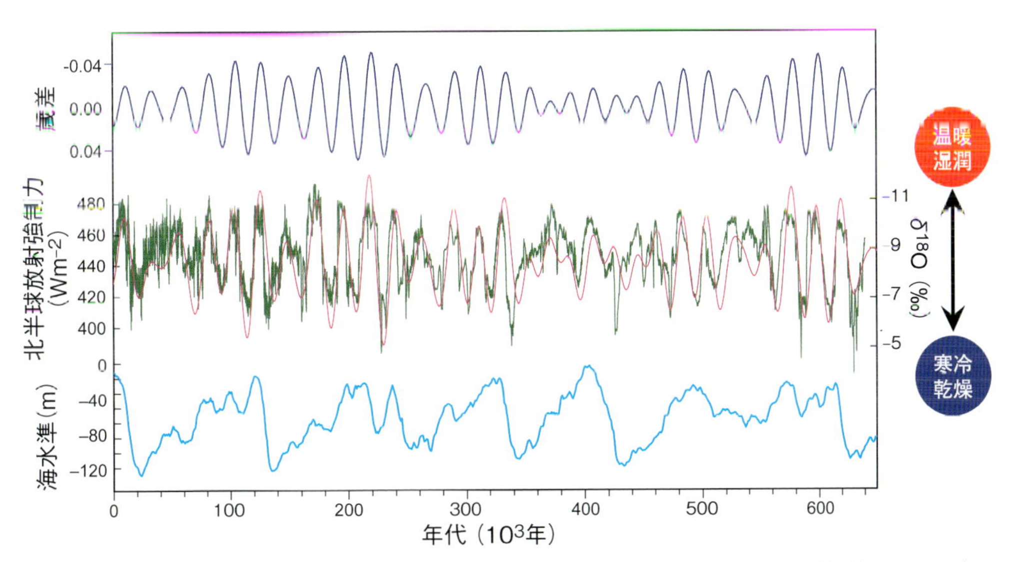

■図4　中国南部の石筍の記録（Cheng et al. 2016）．緑色の線が酸素同位体比であり放射強制力（赤線）と同調して変化する．放射強制力は地球の公転軌道の歳差周期（上）とよく相関する．緑線が上の時に温暖湿潤，下の時に寒冷乾燥と解釈された．

のプが研究に携わり，現時点で■図5に示す洞窟から古気候記録が報告されている．

最初の重要な研究は広島県の幻の鍾乳洞 8-10 で行われたものである．ここで採集された石筍は過去18,000年間に形成したものであり，その酸素同位体比は中国の石筍から報告されたものと類似しており，中国と同様の気候変動があったことが示唆された（■図6，Shen et al., 2010）．この石筍では炭酸凝集同位体温度計を用いた研究も実施され，完新世と最終氷期の気温差が8℃ほどであることが示されている（Kato et al., 2021）．

これに対して，冬に降水量が多い新潟県の研究ではまったく異なる結果が得られた．糸魚川市の福来口（ふくがぐち）鍾乳洞 6-1 で採集された石筍の酸素同位体比記録は，中国大陸からのダスト量など冬のモンスーン強度とよい相関を示す．そこで，この記録は冬の降水量の変動を示すと解釈された（Sone et al., 2013）．また，約2万年前の最終氷期には，閉鎖された日本海からδ^{18}Oが低い水蒸気が供給されたことも示された（Amekawa et al., 2021）．

三重県の霧穴 5-8 からは8万3千年間の酸素同位体記録が報告されている．この石筍のδ^{18}O記録の特徴は太平洋の海水のδ^{18}O記録と同調することにある．海水は日本の太平洋側では主要な水蒸気ソースなので，それが石筍記録へと受け継がれたと思われる．また，霧穴の記録は中国の記録と相同性が低く，気温

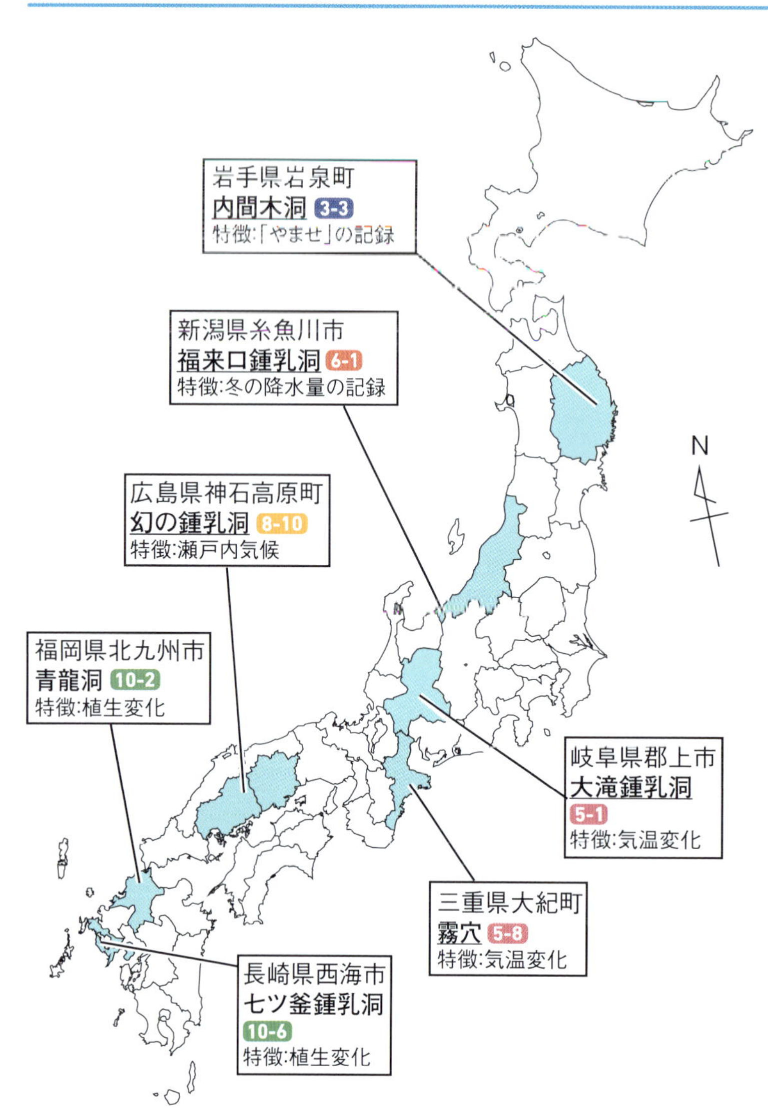

■図5　日本国内で古気候研究が実施された主な洞窟．加えて沖縄本島でも研究が行われている．

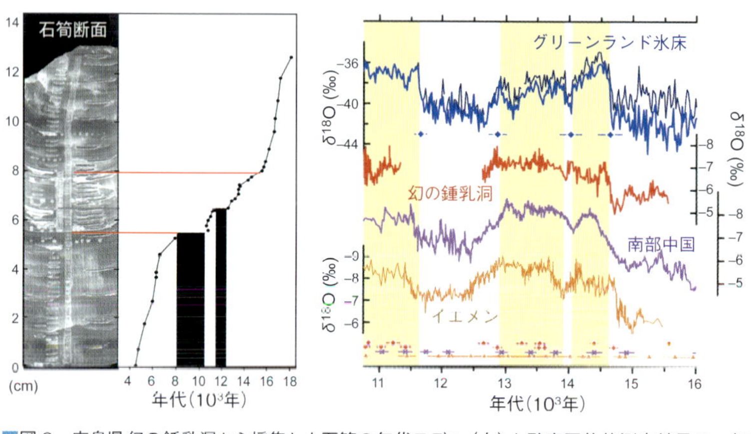

■図6　広島県幻の鍾乳洞から採集した石筍の年代モデル（左）と酸素同位体測定結果の一部（右，Shen et al., 2010; Hori et al., 2013）．幻の鍾乳洞の結果（赤線）はグリーンランド氷床や中国・イエメンの石筍記録と同じように最終氷期以降の温暖化を示している．

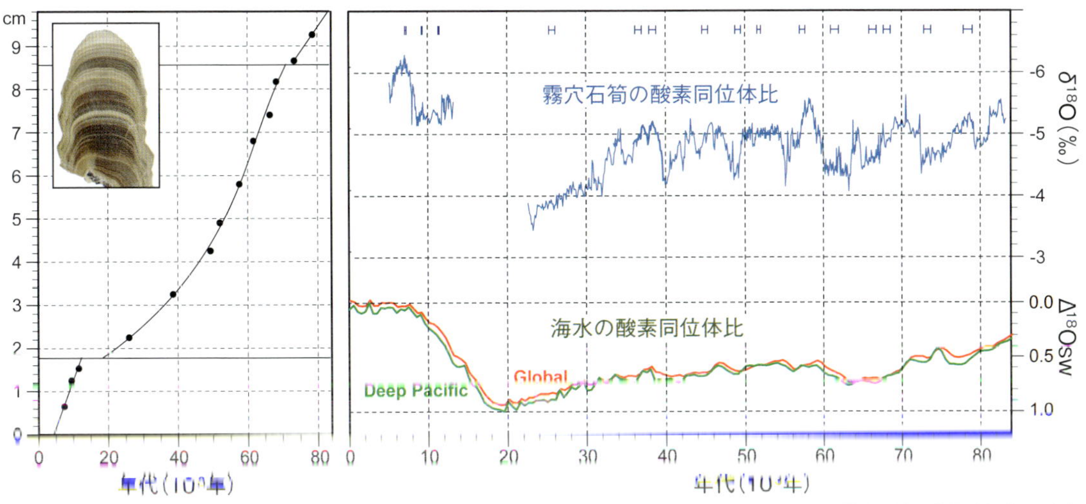

■図7 三重県霧穴から採集した石筍の年代モデル（左）と酸素同位体測定結果（右，Mori et al., 2018）．霧穴石筍の結果（青線）は海水の酸素同位体比（赤＝全海洋平均，緑＝太平洋，REF）と同じような長期的変化を示す．長さ9 cmの石筍に過去8.3万年間の記録が保存されている．

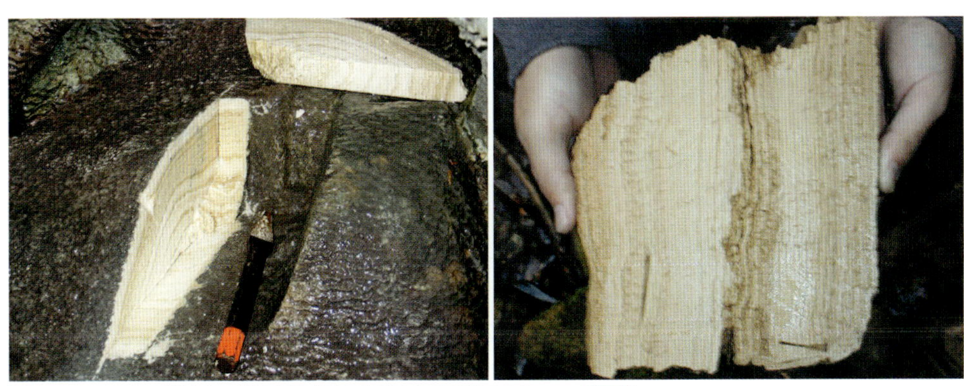

■図8 トゥファに発達する縞状組織（岡山県新見市の下位田のトゥファ 8-7）．

変化を反映しており，最終氷期（約2万年前）は中期完新世よりも8℃ほど気温が低かったと復元された（Mori et al., 2018）．また，最新の研究では，中期完新世では降水量が今よりも多かったことが示唆されている．

トゥファを用いた古気候研究

陸上で形成するトゥファも古気候研究の題材として可能性をもつ．トゥファの利点は内部に木の年輪のような年縞をもち，成長速度が速いので（数mm／年，■図8），より解像度のよい分析ができる点にある．

日本のトゥファでは，水温が高い夏に明るい色の層が，冬には暗い色の層ができるので，その構造をもとに，現在から過去に時間をさかのぼることができる．

トゥファを用いた環境復元の研究は愛媛県西予市や岡山県新見市などで行われてきた．これまで，酸素同位体比が水温の季節変化を（Matsuoka et al., 2001），炭素同位体比が水量変化を（Kawai et al., 2006），粘土含有量が大雨の記録を反映していることが示されている（Kano et al., 2004）．

トゥファを用いた研究で示された古気候記録の長さは，今時点では数十年間にとどまっている．今後は年代測定方法の改善により，より長期間の古気候復元が望まれる．　【加藤大和・狩野彰宏】

洞窟古生物学

どうくつこせいぶつがく

Paleontology of Caves

概　要

炭酸塩岩（石灰岩，ドロマイト，石灰質砂岩など）中に胚胎する洞窟は，一般的に石灰岩洞窟ないし鍾乳洞（以下，石灰岩洞窟と総称）と呼ばれ，そこでは脊椎動物遺骸・化石の豊富かつ保存良好な状態での産出が知られる．これは，炭酸塩岩の化学的性質に加え，洞窟の形成過程と洞内の気象環境が大きく関係する．加えて，石灰岩洞窟は洞窟探検（ケイビング）の主たる対象で，洞窟探検家（ケイバー）の多くの目を通して，脊椎動物遺骸・化石が発見されやすい下地がある．このような状況を反映して，石灰岩洞窟は本邦において，第四紀（258万年前～現在）脊椎動物遺骸・化石の主たる産地，かつ極めて重要な研究場に位置づけられている．なお，脊椎動物遺骸・化石の示す年代は第四紀の特に完新世（1万年前～）がほとんどを占め，更新世後期（13万～1万年前），更新世中期（78万～13万年前）と相対的に産出が少なくなり，更新世前期（258万～78万年前）を示すものはごくわずかである（河村，2007）．

以下では，石灰岩洞窟における生物遺骸の保存場としての環境，洞内への導入過程と化石化過程について，脊椎動物を中心に記す．本邦における洞窟古生物学の研究史については，当該分野を長年にわたりけん引する長谷川善和と河村善也による論文と総説（河村，1982，1999，2009；長谷川，1986）を参照されたい．

石灰岩洞窟の環境

天然の溶食過程で形成された石灰岩洞窟では，洞口を境に洞内外で環境が大きく変化する．洞窟の特徴として，洞口付近を除き真の暗黒が広がり，洞内気温は洞外に比較して相対的に安定し，湿度は100％近い環境にある．洞床は，周囲の母岩が炭酸塩岩であることから，アルカリ土壌で被覆されている．地下水面から離水した環境では，様々な鍾乳石が天井や洞壁，そして洞床にしばしば発達する．

洞内の相対的に安定な環境とアルカリ土壌の存在は，主にリン酸カルシウムで構成される脊椎動物の骨体の保存に大きく寄与し，地表とは比べものにならない量と質の骨体の保存を可能とした．本邦における第四紀脊椎動物遺骸・化石の産地として，鍾乳洞が極めて重要な産地である所以である．なお，脊椎動物遺骸・化石は一般に哺乳類が多くを占め，鳥類，爬虫類，両生類，魚類などを伴う場合がある．加えて，無脊椎動物化石として軟体動物門腹足綱の陸産貝類化石もしばしば共産する．

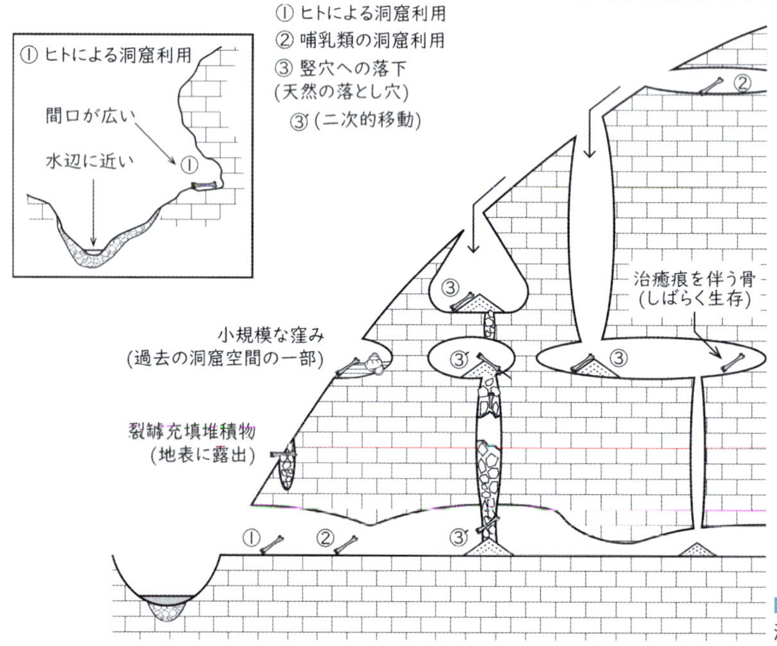

図1　脊椎動物遺骸の石灰岩洞窟への導入過程概念図．

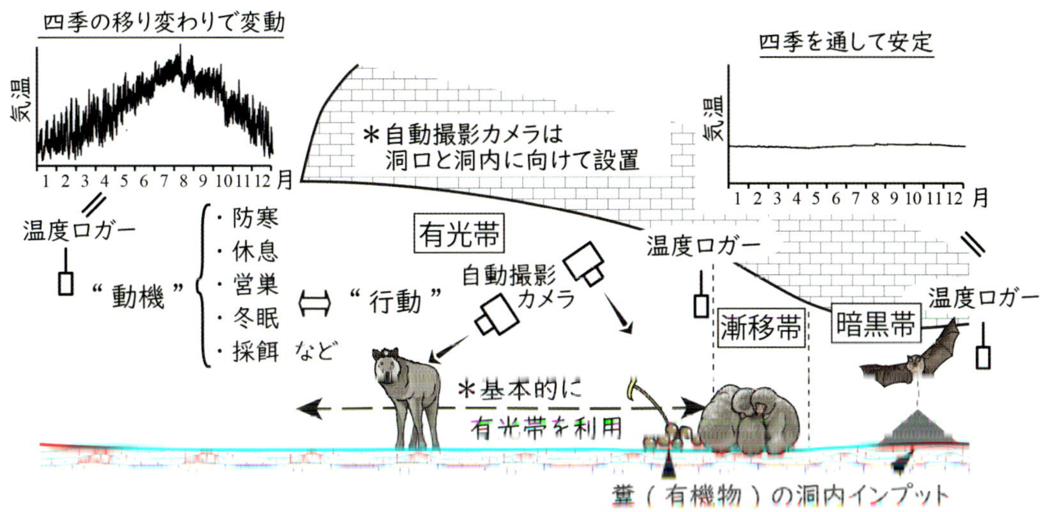

■図２ 哺乳類の洞窟利用の概念図.

洞窟への脊椎動物遺骸の導入

脊椎動物遺骸・化石が洞窟に導入される過程として，以下が知られている（■図1，2）；①ヒトによる洞窟利用（洞窟遺跡），②哺乳類（ヒトを除く）による洞窟利用，③竪穴への落下（天然の落とし穴）．これらのほか，流水による流入や糞内容物としての導入がある．

①ヒトによる洞窟利用は，いわゆる洞窟遺跡でよく研究されている．ヒトが洞窟を居住場や一時的滞在場として利用することで，ヒトが生物遺骸の集積に主体的に関与する．（■図1）そのため，洞窟遺跡の研究は考古学分野が主たる対象となる．一方，ヒトを介して集積される生物遺骸は，洞窟とその周辺環境の生物相の一端を反映し，当時の生活面が層位として認識されることで，条件次第で堆積物に地層累重の法則の適用が可能となる．人為的集積の生物遺骸群集は，そのサイズや資源としての利用可能性に依存して偏りが生じるものの，当時の生物相の復元や特定の生物種の形態解析，地域絶滅などのイベント層準の認定において，極めて重要な情報を提供する．

②哺乳類の洞窟利用は，中・大型哺乳類を中心に国外の様々な地域で，化石種と現生種で報告されている（Brain, 1981）．一方，本邦における同様の研究は，十分には進んでいない．■図2に，中・大型哺乳類の洞窟利用の概念図，およびその調査手法を示す．最近，ニホンザルによる厳冬期での防寒を目的とした避難場としての利用（柏木ほか，2012b；Kashiwagi et al., 2018），ニホンカモシカによる洞内での休息を目的とする利用（柏木ほか，2021）が報告された．洞窟利用を介して死亡した個体は，洞内の原位置で白骨化し二次的移動を被らなければ，しばしば保存良好の状態で産する．例えば高い保存割合，関節状態の保持，薄く脆弱な部位の保存（頭蓋など）などが挙げられる．（柏木ほか, 2021）．加えて，洞窟利用を介して排泄された糞や自身の死体は，イベント的にインプットされた有機物源として，そこを中心に特有な洞内生態系の形成に寄与する（■図2）．

小型哺乳類のげっ歯類は，しばしば石灰岩洞窟に入り込む．中・大型哺乳類の骨体中に残される齧り跡（gnawing mark）の痕跡は，彼らの目的の一つが骨を齧ることを示唆する（不動穴洞穴団体研究会，2022）．

中・大型哺乳類が，洞窟利用に際して洞内で排泄する糞を介して，小型脊椎動物遺骸が洞内へ導入される．洞口付近の外光の届く，ないし外光を視認可能な範囲で，洞床に確認される場合が多い．富山県黒部峡谷の洞窟では，洞床に残されたテンの糞中に骨体が視認され，糞内容物解析を通してアカガエル類の骨が確認された（柏木，2013）．糞内容物ではないが，鳥類のフクロウが洞口付近の営巣場の直下にペリット（未消化の胃内容物）の集積を形成する．ペリット集積層は，フクロウが洞窟周辺で採餌した小型哺乳類の骨片を多数含み，付近の小型哺乳類相を知るうえで重要な情報を提供する（Brain, 1981）．

③竪穴への落下（天然の落とし穴，natural trap）

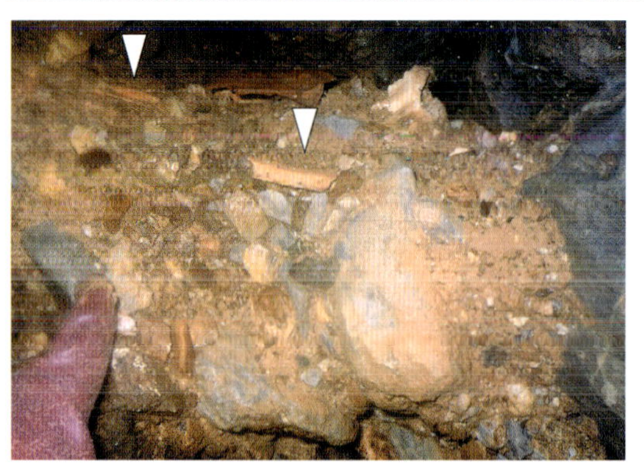

■図3　地下河川により運搬され，摩耗し破損した骨体．霧穴（三重県大紀町）（柏木ほか，2009）．

は，斜面に開口した竪穴に，様々な大きさの脊椎動物が誤って落ち込む現象である（■図1）（Martin and Gilhert, 1978）．洞窟周辺に生息する様々な種，年齢，性別が混在し，しばしば脊椎動物遺骸・化石が密集して産する．なお，すべての竪穴に脊椎動物遺骸・化石が豊富に産するわけではなく，竪穴への落ち込みは，その洞口が位置する地形場の特徴に加え，周囲からの洞口の視認しやすさに本質的に依存する．

地表流を介して生物遺骸が洞内にしばしば流入する．洞内への流入に引き続き，地下河川を介して運搬される過程で，生物遺骸は様々な程度の破損や摩耗を被る．そのため，洞内を流れる地下河川性の礫層中に含まれる骨体は，一般的に破損や摩耗を伴う不完全な状態で産する（■図3）．

脊椎動物遺骸・化石の産状

洞窟とそれに関連する裂罅や窪みに産する生物遺骸・化石の産状は，洞窟環境と周囲の炭酸塩岩の性質を反映して，非炭酸塩岩中の堆積物中に含まれるそれらに比較して，ときに特異な産状を示す．

洞内では，中・大型哺乳類種の骨体が，堆積物にほとんど被覆されない状態で，洞床の表面に見られることがある．これは，安定した気温と湿度，および降雨や風雪などの影響を直接的に受けない洞内環境に加え，洞口付近を除いて空間が完全暗黒であること，さらには炭酸塩岩に由来するアルカリ土壌が，骨体の風化と変質を妨げるとともに保存を促進する作用をもつためである．例えば，炭酸カルシウムに飽和した洞内水は，骨体に浸透しそれを硬化させることで，骨体の保存可能性を高める．サル穴（富山県黒部市）では，ニホンザル化石がほとんど堆積物に被覆されない状態で産し（■図4），一部の骨体では硬化が進展していた（柏木ほか，2012 a）．脊椎動物の骨体は，しばしば鍾乳石に被覆されることで，外部からの物理的破壊や化学的溶脱から保護される．群馬県の不二洞 4-2 では，後期更新世と推定されるヒグマ化石を含む哺乳類化石が固結した礫質堆積物中に覆われて，石灰華に被覆された状態で発見された（■図5，1 a，5，1 b）（髙桒ほか，2007）．三重県の霧穴では，フィルム状の二次生成物に部分的に被覆され，骨自体も硬化した，ニホンカモシカの右大腿骨が報告された（■図5.2，5.3）（柏木ほか，2009）．

洞床堆積物から，一見して肉眼では確認できないものの，数千年をさかのぼる小型哺乳類遺骸・化石が産することがある．小型哺乳類遺骸・化石は一般に，数mm～十数mmと微細で，その場での視認が難しい場合も多い．そのため，堆積物を採集して，流水と篩を用いて泥質分を洗い流し，篩上に残った残渣から骨体を取り出すwashing and screening method（河村，1992）が，小型脊椎動物遺骸・化石の抽出に一般的に適用される．七久保の道穴（群馬県下仁田町）では，洞床の表層付近の堆積物から，スミスネズミに近似の種類 *Phaulomys* cf. *smithii* (Thomas) の下顎骨が得られた（■図5.4）（柏木・増山，2023）．本種は後期更新世～完新世を示す化石種かつ絶滅種である（Kawamura, 1988；河村，1991）．

石灰石採石場で，掘削壁面に現れた裂罅（れっか）を充填する角礫質堆積物中に，豊富な脊椎動物遺骸・化石の産出が日本各地で知られている．例えば，敷水層（愛媛県大洲市）（長谷川ほか，2015），谷下採石場（静岡県引佐町）（河村・松橋，1989），葛生層（栃木県）（鹿間，1933），尻屋鉱業所（青森県）（長谷川ほか，1988）な

■図4　洞床表面における骨体の産状．富山県黒部市のサル穴（柏木ほか，2012）．

どがある．高知県の猿田洞 9-4 では，洞内の洞壁に脊椎動物遺骸・化石を含む裂罅堆積物が，確認された (川瀬ほか, 2012)．このような裂罅充填堆積物は，しばしば更新世中・後期にさかのぼる，多くの絶滅種を含む多様な脊椎動物化石群集を含むことが知られ，古生物学的研究の重要な対象となっている．

陸産貝類遺骸・化石の産状

石灰質の殻をもつ陸産貝類は，炭酸塩岩が広く露出するカルスト地域に数多く生息するとともに，高い種多様性を示し，しばしば特産種の産出も知られる．そのため，洞口付近の堆積物中には，洞外に生息する陸産貝類の死殻が含まれることが多い．また，裂罅充填堆積物中でしばしば陸産貝類遺骸・化石が脊椎動物のそれと共産する．葛生（栃木県）の裂罅充填堆積物から化石として新種記載されたホラアナゴマオカチグサ (Suzuki, 1937) は，その後，真洞窟性の本邦唯一の現生陸産貝類種であることが判明した (Habe, 1942)．なお，ホラアナゴマオカチグサは洞窟ごとに別種である (亀田ほか, 2008) ことから，最近では日本各地から産する本種について，ホラアナゴマオカチグサ近似種と区別されている (早瀬・岩田, 2024；柏木ほか, 2024)．

洞内で産する中・大型哺乳類遺骸・化石の周囲の堆積物中から，ホラアナゴマオカチグサをはじめとする微小陸産貝類遺骸・化石が産することがある (柏木, 2012)．これらは，一般に数mmの大きさに満たず，小型哺乳類遺骸・化石と同様にwashing and screening methodを用いた抽出が効果的である．洞外の石灰岩岩壁の所々に見られる，数十cmから数m程度の広がりをもつ小規模な窪みの堆積物から，ホラアナゴマオカチグサ近似種の死殻が産することがある．現在は外光が入り込み，洞窟環境下ではないものの，その空間が元々は閉じた完全暗黒の洞窟環境下にあったことを示唆する．加えて，薄く鍾乳石に被覆された陸産貝類の死殻が，地表に露出する石灰岩露頭を穿つ裂罅において，堆積物にまったくないしほとんど被覆されていない状態で発見されることもある (柏木, 2010)．

生物遺骸・化石の保管庫としてのカルスト地域と洞窟系

石灰岩洞窟を胚胎するカルスト地域は，地下空間である石灰岩洞窟のみならず，その地表面も含み，生物遺骸の保存可能性が高い地域である．ここでは割愛したものの，地下水流が地表に流出した場で発達するトゥファ（洞外石灰質堆積物）では，しばしば陸産貝類の殻が堆積物中に取り込まれ，植物葉の形質が印象として堆積物中に記録される (佐藤, 1956)．また，洞窟内の生物遺骸・化石を含む堆積物が，母岩である石灰岩の侵食の過程で，洞外の急崖に露出することも珍しくない (■図1の小規模な窪み)．洞窟古生物学は，主たる研究場の洞窟は勿論のこと，周囲のカルスト地域の広範囲を研究場とし，その地域の生命史を様々な側面から包括的に探究する学問といえる．【柏木健司・髙桒祐司】

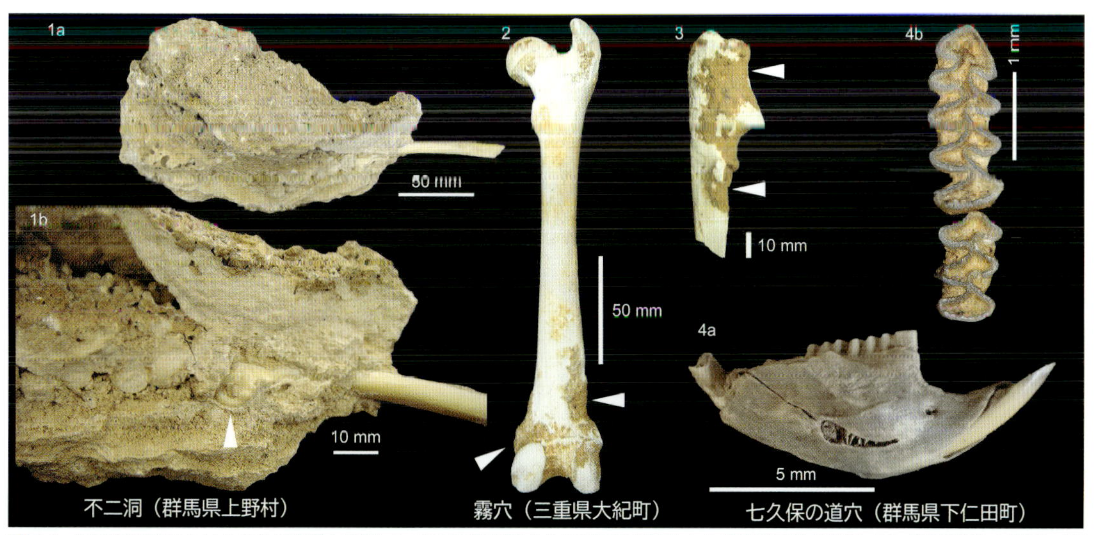

■図5　石灰岩洞窟における骨体の特異な産状. 1 ab) 石灰岩角礫を含む石灰華に覆われた哺乳類四肢骨化石. 不二洞 (群馬県上野村). (髙桒ほか, 2007)；写真提供：群馬県立自然史博物館. 2, 3) ニホンカモシカの大腿骨と尺骨で，茶色を呈する薄い鍾乳石で，部分的に被覆されている (矢印). 霧穴 (三重県大紀町). (柏木ほか, 2009). 4) スミスネズミの近似種の右下顎骨 (4a) および臼歯の咬合面 (4b). 七久保の道穴 (群馬県下仁田町) (柏木・増山, 2023).

洞窟探検とは—洞窟探検を楽しもう—

(ふりがな: どうくつたんけん)

Caving in Japan

洞窟に入り，地底の世界を体験することを洞窟探検（ケイビング）と呼ぶ．ケイビングほどの衝撃や感動を味わえるアウトドア・アクティビティを，私たちは他に知らない．地底の奥深く，未踏の空間に実際に足を踏み入れたとき，そのあまりにも非日常の風景に圧倒され，さらにその先にどんな風景が待っているのかと思うと，期待と恐怖で胸がいっぱいになる．

洞窟探検で出会う風景とは，目で見るだけの風景ではない．天井から垂れ下がる無数のつらら石を避けて腰をかがめて歩き，青い地底湖に出会えば水を避けて壁つたいに進み，行き止まりに見えてルートが上層に続いていれば，クライミングで上層への壁を登るなど，風景の中に飛び込むように体感し，さらに帰り道を忘れないように振り返って確認すると，逆の視点から風景を楽しめる．当然，常に自然の風景や生物へのダメージは抑えながら探検しなければならない．

前人未踏の洞窟に行くだけが洞窟探検ではなく，洞窟探検の楽しみ方は様々である．洞窟探検のフィールドとしては，一般によく知られている観光鍾乳洞や，存在は知られているが人が入れるように整備されていない洞窟，さらには誰も足を踏み入れたことのないような山奥にある洞窟もある．どんな洞窟であっても，入る人が探検心をもって体験すれば，それは洞窟探検といえるだろう．洞窟探検に情熱をもち，頻繁に洞窟に行く人をケイバー（caver）と呼ぶ．

洞窟探検は，日本ではとてもマイナーな活動である．ヨーロッパやアメリカでのほうがケイビング人口は多く，洞窟探検で使用される道具は，ほとんどが欧米で開発・製造されており，日本では販売すらされていないものも多い．私が洞窟探検を始めた30年ほど前から，その状況は変わらないので，日本ではまだ知られていないから人口が少ないのではなく，単に人気がないように思える．洞窟探検ほどの非日常の衝撃は求められていないのかもしれない．

洞窟探検の世界で，洞窟のタイプを説明する言葉としてよく使われるのが横穴と竪穴である．文字通り横に続いている洞窟が横穴，縦に続いている洞窟が竪穴である．竪穴になるとロープを使用する必要があることから，横穴に行くよりも危険で難易度が高く，より多くの技術と経験が必要とされる．しかし実際には，多くの洞窟が横穴と竪穴からなる竪横複合型洞窟であるため，竪穴に必要な技術を習得しないうちは，洞窟探検の活動範囲はかなり狭まる．また横穴だから危険でないとはいえず，洞窟探検ではほかのアウトドア・アクティビティと比べても独特の訓練と経験を積むことが要求される．

最も手ごろな洞窟探検の場は観光鍾乳洞である．観光洞窟は世界中にあり，舗装路と手すりが整備され，安全に地底の世界を観察し探検できるため，初めて洞窟に行く人におすすめである．経験豊富なケイバーでも，手軽にそのエリアの洞窟の特徴を観察できるため，未踏の洞窟を探しに行く前に，下見として周辺の観光洞窟へ行くことがある．

さらに活動的な洞窟探検を経験したい場合は，商業ガイドが運営する洞窟探検ツアーに参加するのも一つの方法である．自然のままの洞窟を体験でき，泥で汚れたり水に濡れたり，急斜面を自分の力で登ったり，狭い隙間に体をねじ込んで進むなど，観光鍾乳洞にはないフィジカルな要素が一気に加わる．当日必要な道具はレンタルでき，リスクマネージメントはガイドが責任をもってくれるなど，当人の経験とスキルの不足はガイドに補ってもらうことができる．また，観光洞窟の中には，一般観光ルート以外の整備されていない部分を一部開放し，ガイドが案内する探検コースを運営しているところもあり，観光洞窟と洞窟探検ツアーの両方を楽しめる．

さらに経験と技術を積みたいのであれば，ケイビング団体に所属することになる．数は多くないが，日本各地に社会人ケイビングチームがあり，ホームページなどで入会者を募集している．大学生であれば，洞窟探検を活動の一つとしている大学探検部に入部するのもよい．

洞窟探検の道具

洞窟探検には，登山やクライミングなどのアウトドアスポーツの要素も含まれ，技術や道具も共有できるが，洞窟に特化した道具や，他のアウトドアスポーツとは異なる使い方をする道具もある．必須となるウエアや道具のほかに，事故や遭難を想定しエマージェンシーキットが必要な点も，他のアウトドアスポーツと共通する．洞窟の奥で事故があったときには，洞外に出るまでに時間がかかるため，十分に対策を講じることが大切である．

ほとんどの洞窟は，天井から滴下水が滴り落ち，加えて地下に水流がある場合も多く，気づかないうちに着ているものが濡れてしまう．当然だが，洞窟内は暗黒，かつ湿度は100％に近いため，濡れると乾かないので，寒さ対策が重要になる．行く洞窟の気温が事前にわかればよいが，わからない場合は，その地域の年間平均気温に近いと考えてよい．四季により暑い日もある日本だが，本州の洞窟はほとんどが気温15℃を上回らないため，洞窟探検は寒さとの戦いになる．そのほかにも洞窟探検のフィールドは様々な特徴をもち，行く場所により使う装備も異なる．

基本装備

ヘッドライト，サブライト，ヘルメット，ケイビングスーツ，ケイビングバッグ，グローブが基本装備である（図1）．洞窟で使用するものは，すべて泥にまみれ，水浸しになり，岩に擦れてボロボロになることを前提として用意する．丈夫なものを選ぶと同時に，すべてが消耗品であることを認識しつつ，毎回の使用後に洗浄とメンテナンスをすることで少しでも長持ちさせる．

ヘッドライト，サブライトは最も基本的な装備である．明るさも大切だが，防水性の高さのほうが重要で，IP67等級を目安に選択したほうがよい．メインのヘッドライトに不具合が生じることもあるので，サブライトは首にかけ，すぐに切り替えて使用できるように携帯する．ヘルメットはクライミング用でよいが，ヘッドライトを取り付けた状態で長時間連続着用するので，自分に合ったサイズを選択し，頭を上下に動かしたときヘルメットがズレないようにしっかり調整すること．洞窟内だけでなく，洞窟への行き帰りでも，登山道のない山中で急斜面を歩く場合などは，ヘルメットの着用が必須である．

ケイビングスーツは，保水性の低い厚手のナイロン生地製のツナギで，匍匐（ほふく）前進や狭い洞窟内での移動が多いことを考慮して，表面にひっかかりがないようにデザインされている．ケイビングでは地面や岩に手をつく場合が多いため，グローブがあると躊躇せずに手を使うことができる．グローブは特に摩耗が激しいので，安価な作業用ゴム手袋を利用するのが一般的である．

ケイビングバッグはPVC製やポリウレタン製の筒型で，洞窟内ではバッグを引きずったり，吊るしたりして運ぶことも多いために，表面にひっかかりが少なく，背負いやすさよりも丈夫さに重きをおいた作りとなっている．靴は，長靴，登山靴，キャニオニングシューズなど，好みで選択できるが，保水性が低く，靴底のグリップが良いものが使いやすい．

非常時のためのエマージェンシーキットとして，エマージェンシーシートが必須である．移動中は使用しないが，待機時間などで使用できる．空腹対策

図1　横穴の基本装備の一例（ヘルメット，ライト，サブライト，つなぎ服，ハイカットの靴など）．右がグローブやケイビングバックを使用した姿．

には，個包装のスナックバーやキャンディ，ナッツ類など，行動中に効率よくカロリー補給できる食料を携帯するとよい．疲れたときの気分転換にもなるので短時間のケイビング計画でも食料は用意すべきである．飲料水も用意するとよいが，少量で十分である．洞窟内は湿度が高いため，喉が渇きにくい．また，水を飲みすぎると排せつの頻度が高くなる．洞窟内の環境保全のため，排せつ物は持ち帰る必要があり，持ち帰るための容器も用意することになるため，水分補給は最低限にとどめる．

食料，飲料水やエマージェンシーキットは，ケイビングバッグの中に収めるが，防水対策と同時に狭い場所でバッグが押しつぶされても崩れないように，専用のハードケースに入れることを勧める．キャンディなど固いものなら，すぐに取り出せるようにケイビングスーツのポケットに入れておける．

■竪穴装備（ロープを使用する洞窟で必要な道具）

ケイビングで竪穴の昇り降りに使用している技術は，シングルロープテクニックと呼ばれ，仕組みとしては一本のロープを伝って昇り降りするものである．ロープを昇降するためのシステムの種類によって，必要な道具が異なる．道具を購入または使用する際は，経験者からのアドバイスと指導を必ず受ける必要がある．竪穴では危険がつきもので，十分な指導と練習なしに挑戦すべきではないので，具体的な道具の細かい説明はここでは省く．■図2は，現在一般的なフロッグシステムで，ケイビングスーツの上に装着している装備が竪穴装備である．

洞窟は上から下へ入って行く場合が多く，ロープが岩や壁に接触せずに真下に降りられるように設定するが，ロープの設置は難しいため，経験者から先に下降していく．竪穴の昇降だけに必要な最低限の装備でも2 kg前後で，それだけでも身に着けていると重さを感じるのだが，ロープを設置する先行者はさらにロープとカラビナ以外にも，ロープを固定するための支点作りの道具も持って下降する．間違いがあると本人だけでなく，後続のメンバーにも危険が及ぶため，ロープの設置は，経験だけでなく体力と集中力を要する作業である．

■水への対策

洞窟ができる過程で水が関係するため，洞窟の中に水流や地底湖があることは多い．洞窟の外でも，海や川では水難事故が多いのだ．洞窟内ではさらに注意して対処しなければならない．着衣のままで泳ぐ場合は，水着で泳ぐより動きにくく，また，いったん濡れると太陽のない洞窟の中では体が冷えやすい．好奇心で水の中に入りたいときも，気持ちを抑えて安全を優先することが重要だ．

■図２　竪穴装備のフロッグシステム．

水流が穏やかであれば，ゴムボートを持ち込み，水流の向こうへ行くこともできるが，ボートを使用するときもライフジャケットを着用する必要がある．当然だが，流れが速い場所は避けるべきである．

洞窟の中の水量は，洞窟の外の気象状況に左右されるため，洞窟探検に行くときも通常の登山などと同様に天気予報を事前に確認し，洞窟探検の数日前や当日に雨が降り続いた場合は，洞窟内の水量も増えていると考えるべきで，増水の程度によっては計画を中止するべきである．また，洞窟の中だけでなく，洞窟の行き帰りの道中への天候の影響も考慮するべきである．

洞窟探検の流れ—J. E. Tの場合—

洞窟探検の流れについて，私たちが所属するケイビングチーム J.E.T の活動を例に紹介する．ただし，洞窟探検は自由な活動であり，ここに紹介するものがすべてではない．

1996年に結成された J.E.T（Japan Exploration Team）[1] は，2000年に三重県で大規模な洞窟を発見し，その年5月から探検を始め，17年もかけて探検を行うこととなった．結成したばかりのJ.E.Tが手探りで探検と測量を進め，この洞窟を，地元で呼ばれていた名前「霧穴」（■図3）として発表し，『ケイビングジャーナル』などで報告してきた（Japan Exploration Team編，2002；吉田・稲垣，2010）．2016年12月までに追加された測量結果は，測量総延長2003.9 m，高低差202.25 mで，2023年7月現在，日本第6位の深さである．

J.E.Tは，三重県大宮町の阿曽カルスト 5-8 内にある霧穴を発見する前から，周辺のいくつかの洞窟で探検・測量を行い，地元に報告書を提出するなどの活動を行っていた．私たちが活動を通じて認識しているのは，一つ洞窟があれば，周辺の類似の地形には他にも洞窟がある可能性が高いということである．

まず，よく知られている洞窟に行き，その周辺に他にも洞窟がないかを探し，運よく発見できれば洞窟探検が始まる．カルスト地域で洞窟を探索することを「山狩り」と呼び，J.E.Tの定番の活動の一つとなっている．同時に，付近に洞窟らしいものがないか聞き込みによる情報収集も行う．思ったように情報が得られないこともある．しかし，聞き込みから得た情報から，未探検の洞窟へたどり着くこともあり，ふだん山中を歩きまわって洞窟を探している私たちにとっては，体力と時間を節約できる幸運な経験である．

当時のJ.E.Tメンバーは，阿曽カルスト 5-8 内にある八重谷の湧水にある看板に注目していた．看板の説明文によると，湧水は山頂の洞窟から涸れ谷の地下を通り湧き出しているという．その看板には具体的な情報はなかったが，私たちにとっては十分魅力的な内容であった．そこで，周辺で情報収集を行い，その洞窟がある山の管理者を紹介してもらい，二度の訪問後に洞窟に案内してもらえることとなった．

初めて霧穴の奥へ入ったのは，吉田勝次と及川元の2名で，2000年5月のことであった．霧穴の洞口は竪穴で，当時のJ.E.Tのメンバーでは最もスキルと体力がある2名が先鋒として様子を見に行くことになった．

数十mの竪穴を下降した後，横穴形状になり，いったん吉田と及川はそれぞれ違うルートへ進むが，吉田は来た道がわからなくなり，しばらく迷った末に及川と再会した．メインルートをさらに進むと，ライトの光が届かないほどの巨大なホール（■図3）が現れ，吉田と及川は感動で抱き合って喜んだ．この探検以来，J.E.Tによる集中的な霧穴探検が17年にわたって行われた．

霧穴探検では，探検と測量を同時に進めた（■図4）．規模が小さい洞窟の場合，まずは探検を行い，全貌を把握してから測量を始めるのが効率的なのだ

■図3　霧穴の巨大ホール．

図4　測量の様子.

図5　洞内泊の様子.

が，規模が大きな霧穴では探検のために地図が必要となった．探検したところから順に測量と製図を進めることで，少しずつ全貌を把握し，次の探検計画を立てていった．

洞窟内で長期間のキャンプ（洞内泊，図5）をするようになったのも霧穴が最初である．洞窟の奥へ探検が進むにつれて，週末だけでは測量の時間を十分に確保できなくなった．特に，霧穴は洞口が約40 mの竪穴で，当時のJ.E.Tメンバーに技術や体力が不足していたこともあり，探検の参加者が多いときは，竪穴部分の通過に半日以上を費やしていた．そこで，正月や盆休みの長期休暇を利用して，一週間以上の洞内泊をすることで，洞窟の奥までの行き帰りの時間を短縮した．そのため，大量の食料やキャンプ道具を持ち込むことになった．洞窟内ではゴミを捨てられない，トイレがないなどの条件があり，できるだけゴミを出さないように食材を用意し，持ち帰る荷物を減らし，排せつ物は匂いが漏れないよう二重にした保管袋に入れて持ち帰るなど，洞内泊ならではの方式を確立していった．

霧穴探検では，ルート開拓のために様々な方法を試行した．洞窟内の広いホールの天井に空間が見えるとき，アンカーを打って確保を取りながら少しずつクライミングで登る，人工登攀という方法を使う．重力に反して壁を登っていくのは重労働であると同時に，危険を伴う手法であるが，登り切ったときの達成感に加えて，クライミングのスポーツ的要素に魅力があるため，好んで挑戦するケイバーもいる．

上に登ることによるルート開拓がほとんど終わった頃，洞窟の一番深いところを掘ることに注力しはじめた．霧穴は，広いホールの奥でYの字に分かれていて，西側の最奥地点は落盤で埋まっており，東側の最奥地点は狭い水流と泥で埋まって行き止まりになっていた．石や泥で埋まっているところを掘って進むことをディギングと呼び，何年も両方の最奥地点でディギング作業を続けた．

西側は，落盤の向こう側を覗き込むと空間があるように見え，少しずつ岩を取り除き，向こう側の空間へ行こうとした．しかし，下の岩を取り除くと，その上に積みあがった岩が崩れてきて，危険が大きいと判断して諦めた．

東側は，天井の低い水流が続いており，その水流の周辺は泥で埋まっていた．洞窟では水流があればその方向に続いているので，こちらのディギングは西側よりも長期間にわたって続けた．はじめは水流沿いに掘り進めたが，最後は頭が入らないほど天井が低くなり，それ以上は掘れなくなった．この頃から霧穴探検は J.E.T の副隊長が指揮を引き継ぎ，水流の横の泥を少しずつ掘り進め，天井の低い泥のルート（■図6）を約25 m進んだのち，ようやく向こうの空間へと抜けた．これによって，霧穴の全長は100 m長くなったが，その先は今度こそ狭くて進めない空間となり，これ以上は進めないと判断し，このディギングによる成果を最後に，霧穴の探検は終了とした．しかし，洞窟探検は決定的な終わりがないといえる．今は狭すぎて行けないと判断したルートも，さらにチャレンジする隊員がいて突破できれば，また探検の再開となるだろう．

霧穴探検以降は，岐阜県の洞窟の記録をまとめた報告書（梶田，1970；梶田ほか，1971，1972，1973）に記載の洞窟を巡りながら，周辺を山狩りし未探検の洞窟を発見し，調査を行った．霧穴ほどの大きな洞窟は見つかっていないが，足しげく山狩りに参加したメンバーなら1つは洞窟を見つけられるほど，岐阜のカルスト地域は洞窟が豊かだ．カルストの山を歩き，石灰岩の岩盤の隙間に小さな洞口を見つけたときの興奮は，一度味わうと癖になる．

すばらしい洞窟探検

ここでは洞窟探検について紹介しているが，すべての人に洞窟探検を勧めてはいない．洞窟に行かずに済むなら，太陽の下で爽やかなアウトドア・アクティビティを楽しむことをお勧めする．洞窟の中は，暗くてジメジメしており，泥で汚れたり水に濡れたりと不快で，岩登りや滑りやすい泥の上を歩くなど危険なことも多い．テレビなどで見て，一度も体験せずに洞窟探検を始めたいといって連絡をくれる方もあるが，装備などを購入する前に，まずはツアーなどでケイビングを体験するようにお願いしている．

洞窟探検で，実は一番重要なのが仲間である．様々なマイナス条件をもってしても，洞窟探検をやりたいといって，装備を購入し，体力を蓄えて，一緒に洞窟探検へ行ってくれる仲間がいなければ，一人では洞窟探検はできない．重い荷物を協力しての運搬，ロープワークやディギング，測量などの作業分担など実用面でも当然仲間が必要である．さらに，お互いの経験や探検技術を活用し，励まし合い，ときには喧嘩しながらも，仲間と無事に探検を遂行できた感動と満足感は，一人では得られないものである．

【近野由利子・吉田勝次】

[1] 本節は，著者が所属する洞窟探検チーム J.E.T での活動経験，中でも日本での洞窟探検を基準としてまとめられたものである．J.E.T は，1996年から洞窟探検を楽しみたいメンバーを募り，国内外で活動を続けてきた．国内第6位の深さを記録した霧穴の探検をはじめ，海外での洞窟探検も多い．
J.E.T Webサイト http://jetpower.jp/

■図6 天井の低いルート．

洞窟測量（どうくつそくりょう）

Cave Mapping

概　要

洞窟の形状は，一般的に洞内測量を通じて測図として整備される．測図は，平面図と縦断面図，横断面図から構成され，これらを組み合わせることで，洞窟の三次元空間の形状や広がりを表現する．洞窟空間の広がり，洞床の傾斜方向と角度，洞内堆積物の層相，鍾乳石の分布と種類，洞内の微地形，裂罅の連続性，地下河川と地底湖の流下方向と水深，生物遺骸（化石）の分布，および測線と測点などの情報は，記号（凡例）を用いて測図中に記される．洞窟測量は，洞窟の測図作成と命名・記載に重要であり，洞窟学の重要な研究分野の一つに位置づけられている．

記号		記号	
	開口部		つらら石　ℓ：d：
	光の限界		鍾乳管　ℓ：d：
	高低差		石筍　h：d：
	床の勾配，水平		つらら石と石筍
	上下二層		石柱　ℓ：d：
	天井の高さ		泥筍　h：d：
	たて穴（煙突）高さ		ヘリクタイト　ℓ：
	たて穴（井戸）深さ		ヘリグマイト　ℓ：
	入洞不能部		洞穴さんご
	断層		石花
	水流，滝		鍾乳泡
	涸れている流れ		樹根管
	プール，水深		フローストーン
	トラップ部（サイフォン）		カーテン，壁，天井
	甌穴		リムストーンプール リムストーン
	壁，天井からの湧水		厚いリムストーン ケイブダム
	空気の流れ		チョーク
	泉（床からの湧水）	W.　Y.　B.	白，黄，褐
	落盤		獣骨
	散岩		土器
	円礫		梯子
	砂		橋
	粘土		石垣，階段
	グアノ		柵
	腐食植物質		よこ穴（水あり，水なし）
	樹根		たて穴（水あり，水なし）

図1　測図に用いる凡例の一例（20世紀後半）山内（1983）を基に作成．

洞窟測図の学術研究への活用

洞窟を対象とする地形地質学的学術調査では，測図を基図として用い様々な情報（例えば岩型や地質構造，層相，試料採取地点）を書き加えていく．地下地質を正確に把握するうえで，測図が正確であることが第一義的に重要であり，言い換えれば，正確な測図は地質情報の読み取りを容易にする．

日本における洞窟研究の第一人者の鹿島愛彦（愛媛大学：1935−2015）は，人工坑内の詳細な地質調査を通じて，洞窟の地下地質研究が地表の地質と地質構造の検証に有用であることを指摘した（鹿島，1983）．桐ケ台の穴石灰洞（山口県秋吉台 8-13）では，竪穴を対象に詳細な測図（平面図，縦断面図，横断面図）の作成と，精度の高い岩石試料採取が実施され，秋吉石灰岩におけるより詳細な地質構造と岩相層序が提案された（桐ヶ台の穴学術調査団編，2006）．

霧穴（三重県）5-8 の地下地質研究では，Japan Exploration Team（J.E.T）が2000年代初頭に作成した測図（Japan Exploration Team編，2002）を基図に，洞内における石灰岩と非炭酸塩岩の分布と地質構造が調査され，地表地質に基づく推定地質断面が実証された（柏木ほか，2007）．洞窟測量により作成される測図は，次に引き続く学術調査において高い正確性が要求される．

洞窟測量の歴史 ―20世紀―

日本における洞窟探検は，1900年代初頭に既に記録があり，戦前の洞窟探検では，提灯やカンテラ，電池式ライトなどが照明に用いられていた（山内，1983；龍河洞保存会・龍河洞博物館，1993）．洞窟探検黎明期の戦前から戦後にかけて，日本における洞窟探検のパイオニアである山内浩（1903-1982）は，日本ケイビング界の洞窟探検と測図作成に多大なる軌跡を遺した．山内は測量に際して，測線の方位と角度をクリノメーターないしコンパスで，距離を巻き尺で計測し，水平距離を実測ないし算出し平面図を作成した．測量機器は，時代を経る中でより便利かつ高精度なものに更新されてきたものの，洞窟測量の基本的手法は2000年代初頭まで大きく変わる

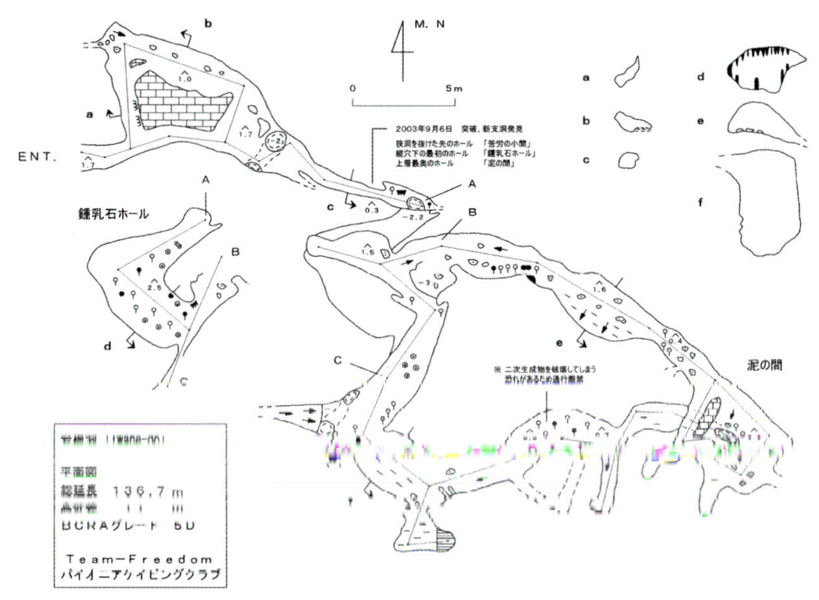

■図2　クリノメーターと巻き尺を使用して作成された測図（平面図）の例．岩根洞（埼玉県寄居町）（Team－Freedom・パイオニアケイビングクラブ，2004）．

ことはなかった．

山内が作成した測図の一つに，龍河洞（高知県香美市）の平面図が挙げられる（山内，1983）（9-3 龍河洞の■図2参照）．なお，山内は洞窟の長さを平面距離で示し，測点間の実測距離に基づく測線長よりも短くなることが指摘された（水島，2010）．

クリノメーターと巻き尺を用いる洞内測量では，測点間でまっすぐ張った巻き尺を基線に方向と角度の測定と，得られたデータの耐水方眼紙上への記録が同時並行で進む．そのため，測量作業には少なくとも3名を必要とする．また，測点間の洞壁の形状は，測線を基準に距離を必要に応じて計測し，全体の形状は目視によるスケッチで描く．測図の平面，縦断面図，および横断面図は，相互に関連して洞窟の三次元空間を表現することから，一般的に同時並行で作成される．作成した測図上に，引き続いて底質や鍾乳石などの情報を，凡例を用いて書き加えていく．

現地で得られたデータは，方眼紙上に統合され，測図としてまとめられる．なお，測図を含む洞窟の基礎データは，大学探検部やケイビングクラブ発行の報告書，学術調査報告書に加え，大学紀要や学術雑誌中に公表された．

洞窟測量の歴史 —21世紀初頭—

2000年代に入り，レーザー距離計が巻尺に変わり洞窟測量に用いられるようになった（石原，2010）．二測点を設定（マーキング）し，一方の測点からレーザー距離計で次の測点へレーザーを照射し距離を計測する．これまで巻き尺を逐一張って距離を計測していた作業が，手元の距離計のボタン操作で可能となり，作業工程が大幅に簡略された．また，高い天井の計測も容易となった．ただし，角度と方位は依然としてクリノメーターで測定する必要があった．加えて，測点の設定やマーキングを含み，測量を円滑に進めるうえで，これまで同様に2～3名の人員を要した．現地で耐水方眼紙にデータを記録する作業も，これまでと同様であった．

ケイビングジャーナル編集部（2010）は，2008年に東ヨーロッパで発表された，洞窟測量におけるペーパーレスシステムを日本ケイビング界に紹介した．このシステムは，レーザー距離計で測線間距離と方位，角度を同時に計測し，Bluetoothで紐付けした電子機器上でデータを同期し，その場で測図を描くシステムである．これにより，測量作業の大幅な省力化が実現された．近野由利子（J.E.T）は，ペーパーレス測量を実施するうえでの具体的な準備と実践について，2018年に子細を『ケイビングジャーナル』誌上に解説した（近野，2018 ab）．

これまでの測量手法では，現地の測量作業で耐水方眼紙上に記録したデータから，パソコン上で描画アプリ（例えばイラストレーター）を用いて，測図

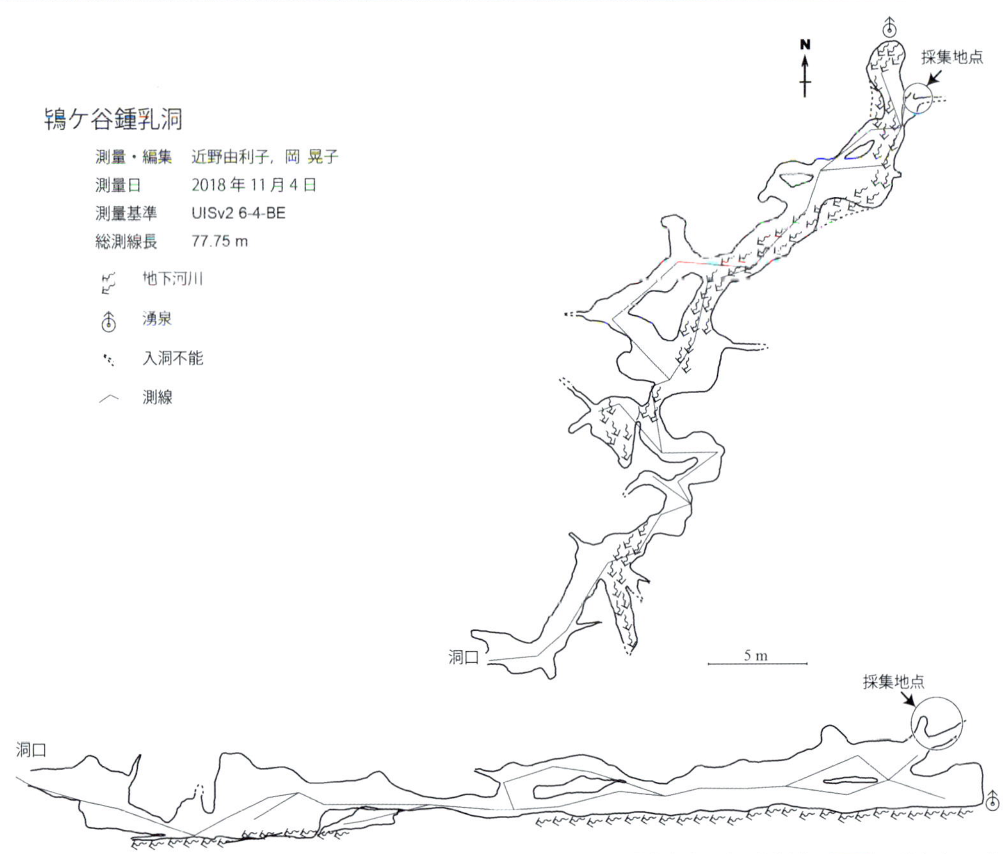

■図3　2018年晩秋に実施された，ペーパーレス測量による測図の例（石川県白山市の鴇ケ谷鍾乳洞 6-7）．柏木（2019）を基に修正加筆．

を作成していた．この段階で判明したデータの不備や不足，疑問点などにより追加の現地測量作業が必要となることも多く，現地で作図まで実施できるペーパーレス測量は，全体作業の省力化および簡略化に成功したといえる．ペーパーレス測量により作成した測図の一例を示す（柏木，2019）（■図3）．

洞窟測量の歴史 ―2020年以降―

2020年にApple社からLiDAR（Light Detection and Ranging）機能搭載のiPad Pro，iPhone 12 ProおよびiPhone 12 Pro Max（以下，iPhone Proと略記）が発売された．LiDARは，光を使用して物体の距離を測定する技術で，レーザー光を発射しその反射光を測定することで，物体までの距離を正確に測定できる．また，携帯端末の3Dスキャンアプリは壁面のテクスチャ情報を同時に取得するため，微細な構造や地形の変化も捉えることができる．LiDAR技術自体は，様々な分野で地上レーザー測量に用いられてきたものの，産業用計測機器は一般に数百万円以上と高価である．通常，洞窟測量は事業として行われるものでないため，価格面から安易に利用できない状況であった．iPhone Proは20万円前後と比較的安価で，かつ手持ちサイズであることから，発売後に間をほとんど置かずに，洞窟探検家による使用事例が報告された（林田ほか，2021）．

LiDAR測量は，従来の洞窟測量に比較すると，単独で測量が可能であることに加え，測量結果が3Dデータとして保存される点で，極めて有用である．前者は，測量に要する人的資源の省力化に加え，測量に要する時間の大幅削減にもつながる．後者は，これまで目視で描いていた洞壁の形状が，細かい凹凸を含めて実際に近い形状で描くことができる点で，洞窟測図の高精度化に大きく貢献する．一方，LiDAR測量はiPhone Proに大きな負荷をかけるため，経験的に3～4時間の測量作業でバッテリーが低レベルになることや，入り組んだ狭い裂罅（れっか）に誤って落とした際に回収できない恐れがあるなどの問題点がある．加えて，産業用地上レーザー測量機器に比較した場合，その測量精度は圧倒的に劣ることは想像に難くない．ただし，iPhone Proによる

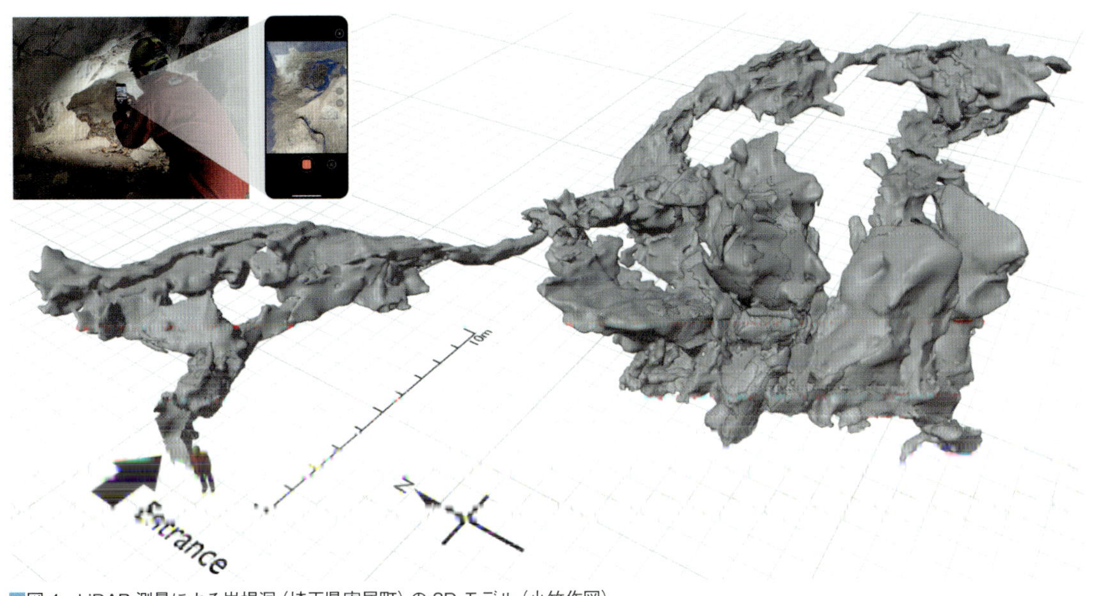

■図4 LiDAR測量による岩根洞（埼玉県寄居町）の3Dモデル（小竹作図）．

LiDAR測量により得られるデータは，従来の洞内測量手法に比較してはるかに高精度であり，洞窟測量において極めて有用な手法といえる．

LiDAR測量による3Dデータは，スケール情報を含む一方，方位はわからない．そのため，スキャンに際して北方位に合わせたクリノメーターないし方位磁石を，データに入れ込む必要がある．また，近傍に林道などわかりやすい人工構造物が存在する場合，洞口から人工構造物までスキャンすることも役立つ．Google Earthの画像に重ね合わすことで，スキャンデータの方位を容易に確認可能である．また，iPhoneのLiDARセンサーでスキャンできる距離は，おおむね5 m程度までである．

フォトグラメトリは，対象物を複数方向から撮影した写真群を分析処理することで，その3D形状を復元する手法である．iPhoneのLiDAR測量でスキャンできない天井の高い空間などを対象に，フォトグラメトリを併用することで，比較的安価にそれを補うことができる．また，調査目的に応じてスキャンに工夫が必要である．例えば，洞床の層相や礫の配置を正確に復元したい場合，iPhoneのカメラを洞床に垂直に向け，手振れのない鮮明な画像を得られるように，対象の洞床のみをゆっくりと丁寧にスキャンする．

小竹祥太（パイオニアケイビングクラブ，PCC）は，LiDAR測量による得られた3Dデータから，3DCGソフトウェア Blender 4.02を用いて測図を作成するシステムを構築した．具体的には，プログラミング言語のPythonを用いた自主製作アドオンをBlenderに導入し，分割スキャンした3Dデータの統合，データの軽量化に加え，任意の測線上でのあらゆる方向の断面図作成を可能とした．3DCGを扱うため，高スペックのパソコンに加え，ソフトウェアの使用方法の習得が必要となるものの，平面図と縦断面図，横断面図を含む測図を簡便に，かつ様々な方向で作成可能となり，LiDAR測量作業と同様に，測図作成の省力化と高精度化が実現される．子細は，七久保の道穴（群馬県下仁田町）を例としたLiDAR測量の紹介（小竹ほか，2023）と小竹が運営するGitHubレポジトリ[1]に詳しいので参照されたい．

携帯端末を用いるLiDAR測量は，2020年のiPhone Proの発売以降，洞窟測量への適用ないし応用が急速に広がっている．今後，より高度なLiDAR技術の発展や，その他の新しい測量技術の導入によって，より高精度で効率的な洞窟測量が可能となることが期待される．PCCでは現在，小竹を中心に関東地方の探検洞を対象に，LiDAR測量が進められている．得られた3Dモデルは，GitHubレポジトリ[1]とPCC website[2]に公表しているので，参照されたい．

【柏木健司・小竹祥太・林田　敦】

関連サイト

[1] https://github.com/CaveMapper/CaveMapper
[2] PCC website　https://pioneercaving.club/

洞窟生物学（どうくつせいぶつがく）

Biology of Caves

概　要

洞窟生物学が扱う洞窟生物は，主に生息環境としての洞窟との関わりの程度に基づき，真洞窟性生物と好洞窟性生物，周期性洞窟生物に一般に区分されてきた（Culver and Pipan, 2014）．真洞窟性生物は，形態的かつ生理的に洞窟環境に著しく適応し，生殖は洞窟環境で行われ，洞外では生息できない生物を指す．好洞窟性生物は，洞窟の内外で正常に生息可能な生物である．周期性洞窟生物は，洞窟を周期的に利用する生物を指す．以下では，真洞窟性生物と好洞窟性生物を包括して洞窟生物と記述する．洞窟で見られる生物を■図1に示す．■図1.2～1.4は，ニホンザルが排泄した糞を基盤とする生態系の一部である．■図1.5と1.7は質志鍾乳洞 7-2 の照明のある観光ルート沿いで見られた．■図1.6と1.8は龍河洞 9-3 のうち未公開部で撮影した．なお，■図1には示していないものの，カマドウマ類とガ類が，多くの洞窟で見ることができる．

洞窟生物学の研究史

洞窟生物学の研究史は，本邦における先駆者である吉井良三（1914-1999）と上野俊一（1930-2020）の著書と論文（吉井，1968；上野・鹿島，1978；上野，1986など）に詳しい．有史の記録上に最初に現れた洞窟生物は，ヨーロッパの洞窟に生息するホライモリ（*Proteus anguinus* Laurenti, 1768）であった．本種は脊椎動物の両生類の有尾類に属し，その体長は20～30 cmと真洞窟性生物としては際立って大きい．1689年に初めて文献中に記され，1768年に新種記載された．一方，洞窟生物の大部分を占める無脊椎動物は，一般的に大きさ数mmと微小である．1832年に洞窟性昆虫のホソクビメクラシデムシ（*Leptodirus hochenwartii* Schmidt, 1832）が記載されて以降（Polak, 2005），微小な洞窟生物がヨーロッパと北米の洞窟を中心に数多く記載されてきた．

日本の洞窟生物学は20世紀前半に産声を上げた．1889年に井戸水から偶然に発見，採集されたカントウイドウズムシ（プラナリア類）は，水生の真洞窟性生物の一種で，1916年に新種記載された．洞窟に入洞して洞窟生物を採集した最初の記録は1925年で，秋吉台の秋芳洞 8-14 であった．その後，江崎悌三や鳥居元，吉井良三，石川重治郎，上野俊一らが，洞窟生物を精力的に採集して記載かつ報告した．例えば，ホラアナナガゴミムシ（*Sphodropsis nipponicus* Habu, 1950）は，1936年に龍河洞で発見され，1950年に記載された日本で最初の真洞窟性甲虫であった（Habu, 1950）．吉井と上野らは，1950年代前半に日本列島全域を包括する洞窟生物の探索と調査を実施した（上野，1991）．これらの研究を通じて，現在までに日本で発見された陸生洞窟生物は多岐にわたる．例えば，節足動物門昆虫綱（甲虫目，チョウ目，バッタ目，ガロアムシ目，ゴキブリ目，トビムシ目，コムシ目），クモガタ綱（クモ目，カニムシ目，ザトウムシ目，ヤイトムシ目），多足亜門（オビヤスデ目，ヒメヤスデ目ほか複数目），軟体動物門有肺目など（小松，2018）である．

吉井は洞窟性トビムシ類の研究で多くの業績を残し，その分布を地史的背景に結び付けた（吉井，

■図1　洞窟で見られる生物（脊椎動物を除く）．1）ゲジ類．奥ではない洞口近くの空間など，諏訪の水穴（茨木県日立市）．2）ヤスデ類．サル穴（富山県黒部市）．3）キヌハダギセル．サル穴（富山県黒部市）．4）糞生菌．サル穴（富山県黒部市）．5）トビムシ類．質志鍾乳洞（京都府京丹後市）．6）ヤスデ類．龍河洞（高知県香美市）．7）ホラアナゴマオカチグサ近似種．質志鍾乳洞（京都府京丹後市）．8）ホラアナゴマオカチグサ近似種．龍河洞（高知県香美市）．

1968)．すなわち，洞窟を真洞性トビムシ種の有無で区分し，それが発見できなかった洞窟をバカ穴と呼んだ．バカ穴とトビムシがいる穴の分布を，約2500万年前（中新世前期）の日本列島古地理図上に重ね合わせ，真洞窟性トビムシ種が生息しないバカ穴は当時の海域に，真洞窟性トビムシ種が生息する洞窟は陸地に重ねられた（■図2）．この結果に基づき，吉井は次のように考察した．

「海水準の上下変動の過程で海面下に没した洞窟では，そこで進行していた生物種の洞窟への適応進化はリセットされ，陸化後にその洞窟はバカ穴となった．バカ穴の存在は，トビムシが洞窟で真洞窟性種に適応進化するのに少なくとも2500万年より長い期間を必要とすることを示す．」

同時に，真洞窟性種への進化は洞窟中で長い時間をかけて適応した結果であり，トンネルや坑道を含む人工洞窟には真洞窟性種は存在しないと断言した．

上野は，吉井が1939年に京都府の質志鍾乳洞で採集したチビゴミムシ類標本を，1949年に目にする機会を得た．この当時，日本列島のような地殻変動が過去から現在に至り非常に激しい地域では，洞窟が安定的に存在する期間は極めて短く，すなわち真洞窟性甲虫はほとんど生息しないとされていた．上野は，翌年の1950年に龍河洞（高知県）に続いて質志鍾乳洞を訪れ，そこで採集した追加標本を模式標本として，1951年にヨシイメクラチビゴミムシを新属新種として記載した（Uéno, 1951）．

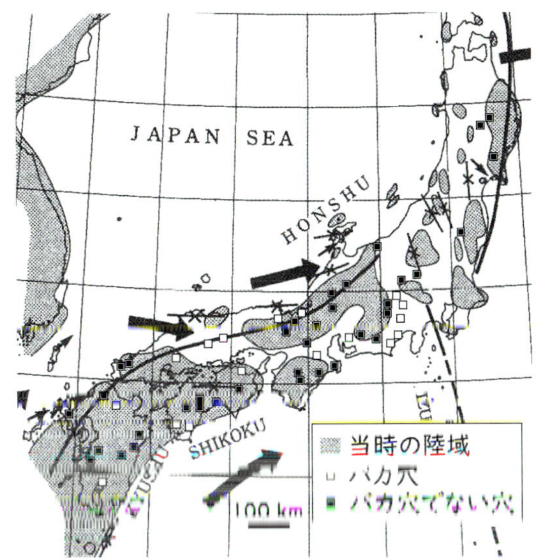

■図2　バカ穴とバカ穴でない穴の分布，および1500〜1800万年前の陸域との関係．吉井（1968）と鹿野ほか（1991）を基に作成．真洞窟性トビムシ種の分布を，過去の海水準変動による陸域の範囲に基づいて考察するなど，吉井（1968）の学説は当時としては極めて先鋭的であった．

洞窟生物の多様な発見場

洞窟生物では，洞窟ごとに異なる種が生息することは珍しくない．20世紀前半から1970年代にかけて，眼の退化，体色素の欠如，触覚などの感覚器官の伸長など，洞窟への適応進化による形質は，洞窟に入り込んだ生物が長い期間をかけて洞窟環境に適応することで，洞窟生物が獲得したものと考えられた．一方，相互に隔離された複数の洞窟に，同種の洞窟生物の移動ないし生息することも既知の事実として認識されていた．物理的に離れた洞窟間での洞窟生物の移動ないし放散について，十分な説明はなされていなかった．

1920年代から1960年代にかけて，富士山麓と大根島（島根県）の溶岩洞窟で，洞窟生物が報告された（例えば，大根島の幽鬼洞 8-12 産のドウクツミミズハゼ *Luciogobius albus* Regan, 1940）．溶岩洞窟の形成年代は溶岩の噴出年代に大まかに一致し，富士山の溶岩洞窟のほとんどは最近5000年間に（山元ほか, 2016），大根島の溶岩洞窟は約19万年前に（沢田ほか，2009）形成された．5000年と19万年という期間は，生物が洞窟環境に適応進化するにはあまりに短く，結果として溶岩洞窟で発見された洞窟生物は，科学的視点で十分に検証されないまま残された．その後，1968〜1970年に実施された富士山総合学術調査で，溶岩洞窟から豊富な洞窟生物が発見されるに至り，洞窟生物の生息は洞窟の新旧に依らず，生息場としての環境が重要であることが明らかになった（Ueno, 1977）．

1954年，大分県のチャート岩盤中に人工的に掘られた廃坑から洞窟生物が報告され（野村，1959），1970年には伊豆半島の廃坑で様々な洞窟生物が採集された（Ueno, 1972b）．通常，廃坑を含む人工洞窟のほとんどは，その形成から数百年程度しか経過していない．加えて，1965年に地表下2 mの泥岩の開口割れ目中から，真洞窟性生物が見出された（Ueno, 1972 a）．溶岩洞窟と人工洞窟における洞窟生物の発見は，洞窟生物が洞外のどこかで洞窟環境へと適応進化し，ある時に洞窟に入り込んだとの推論を導いた．なお，地表下数mの開口割れ目からの洞窟生物の発見は，次世代の洞窟生物学へのブレイクスルーへとつながる重要な事実であったが，発見当時は正確に評価されるに至らなかった．

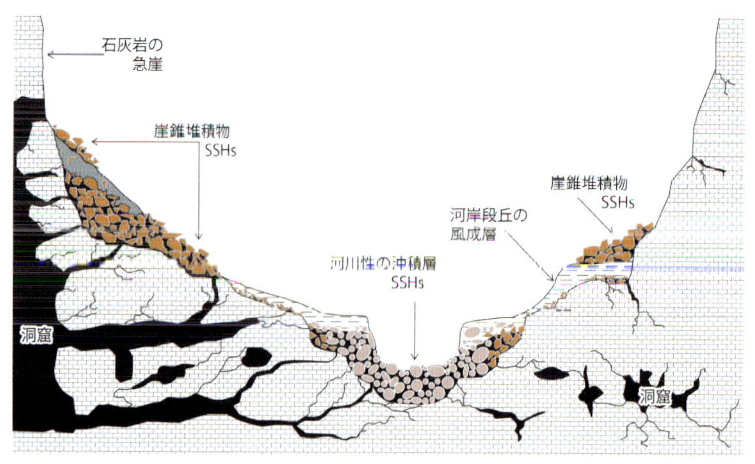

■図3　浅層地下生息場（SSHs）の概念図．石灰岩山地を例としている．Ortuño et al.（2013）を基に図を改変．

洞窟生物と浅層地下生息場

ヒト視点に基づく洞窟は，“ヒトがその空間に入ることができる”という概念が含まれ，概して少なくとも数mの奥行きのある空間に位置づけられる．一方，数mm大の微小な洞窟生物にとっての生息場は，ヒト視点の洞窟に比較して，自身の体を収納可能な数mm～数十mmの間隙でこと足りる．1980年代にフランスのJuberthie, C.（1931-2019）らはMSS（Milieu Souterrain Superficiel, Mesovoid Shallow Substratum）（Juberthie et al., 1980 ab）を，上野はUHZ（Upper Hypogean Zone）（Uéno, 1980, 1987）を提唱した．MSSとUHZは，微小な洞窟生物が，山地斜面の表土下に累積する岩塊の間隙と，その下位に位置する岩盤表層の風化帯にある開口割れ目を生息場としていることを明らかにし，洞窟生物学にとって極めて大きな転換点となった．その後，Culver and Pipanは2009年にSSHs（Shallow Subterranean Habitats；浅層地下生息場）（Culver and Pipan, 2009, 2014）を記載し，洞窟生物のより多様な浅層地下生息場を具体的に示し，MSSをSSHsに含めた．なお，浅層地下生息場の深度は地表より数十cmから最大10 m程度で，条件次第で10～20 cmの場合も知られる（Mammola et al., 2016）．

山岳地の急斜面や急崖基部に発達する崖錐堆積物は，数cmから数十cm，ないしそれ以上の数m径の岩塊を含む．堆積物中の岩塊間に発達する間隙は，洞窟生物の浅層地下生息場として機能する．堆積物の地表面が，コケ類や地衣類を含む様々な段階の植生，ないし土壌を含む表土層に被覆されると，内部の微気候条件は相対的により安定し，洞窟生物の生息により適した環境となる．崖錐堆積物は，堆積岩類，火山岩類，深成岩類，および変成岩類を含むあらゆる岩型で生じ，洞窟生物の浅層地下生息場として広範囲の広がりをもつ．崖錐堆積物は，洞窟生物の地下浅層生息場が放散ルートとしても，重要な役割を果たしている可能性がある．

岩盤における間隙の形成場として，斜面表層での風化作用による風化帯と，重力の作用による岩盤クリープ性地質構造が挙げられる．前者の風化帯では，開口亀裂の発達に伴い岩塊と風化土壌が形成され，空気で満たされた間隙がネットワーク状に展開する．後者は，面構造（主に片理やへき開）が密に発達する中古生界の変成岩類や柱状節理の発達する火山岩類において，重力の作用で面構造に沿うすべりが生じ，岩盤が緩慢に変形することで形成される．斜面表層の数m～数十mに岩盤クリープ帯を形成し，そこには開口亀裂が密に発達する（■図5）（千木良，2013）．岩盤クリープ性地質構造は，岩型と地質構造に規制され，一般に特定の地帯の山地表層に広くかつ密に分布する（例えば，南アルプスの瀬戸川帯）．岩盤クリープ性地質構造中の開口亀裂もまた，洞窟生物にとっての浅層地下生息場として機能する可能性がある．

火山岩分布地域では，浅層地下生息場として崖錐堆積物や岩盤表層の風化帯に加え，地下数m付近に発達する溶岩洞窟が挙げられる．溶岩洞窟は，その形成深度で浅層地下生息場の範囲に含まれるものの，その内部環境は洞窟のそれに対比される（総説1-3の■図1）．

カルスト地域では，地表水流が地下に浸透することで，しばしば枯れ沢が見られる．枯れ沢の河床を占める沖積堆積物は，構成する礫間に間隙を伴い，洞窟生物に浅層地下生息場を提供する．一方，降水が集中する時期には河床が水流で覆われるなど，概して不安定な環境でもある（Ortuño et al., 2013）．

小型哺乳類の巣穴から，しばしば洞窟生物が採集されている（小松，2018）．記録の多いモグラの坑道は，一般に地表にモグラ塚を伴い地表下数十cm内に形成される．ヨーロッパでは，アリの巣に生息する地下性クモが知られる（Řezáč et al., 2023）．脊椎・無脊椎動物ともに，ある種の巣穴は洞窟生物の浅層地下生息場としての役割を果たしている．

浅層地下生息場は，生態的側面から適度な湿潤状態が保たれ，餌資源が供給される環境にある．相対的に安定な微気象状態は，表層が土壌や植生などに被覆されることで，より促進される．餌資源の有機物は，浸透水により運搬され間隙を薄く被覆するシルトへ吸着するシナリオが提案されている（酒井，2015）．一方，地形地質の視点に基づくと，厚層の未固結沖積堆積物で構成される沖積低地と，花崗岩の分布する山地では，浅層地下生息場の発達がほとんど期待できないことが指摘されている（上野，1988）．ただし，花崗岩のコアストーンが累積する地形は，その地下に浅層地下生息場が広がっていることを期待させる（■図6）．例えば，「長野の岩海」の地下に発達する花崗岩洞窟（北九州市小倉南区）では，真洞窟性種は少ないものの，多様な洞窟生物が報告されている（庫本・増原，1995）．

洞窟生物の起源

洞窟生物は，形成年代が比較的若い火山洞窟や，ごく最近掘られた人工洞窟を含むすべての洞窟に加え，山地斜面表層の浅層地下生息場に生息する．その起源は浅層地下生息場にあり，そこで洞窟環境に適応進化し，浅層地下生息場を通じて洞窟に入り込んだ．洞窟生物はすなわち，地下性生物（小松，2018）と呼ぶべき存在である．

浅層地下生息場を対象に，地下性生物（≒洞窟生物）相に関する研究が国内外で活発に進められ，新知見が蓄積されつつある．加えて，特定の洞窟で近年確認できない真洞窟性種や，洞窟そのものが採石などで消滅し絶滅したと考えられてきた種が，浅層地下生息場で再発見される事例が報告されている（Komatsu, 2015；Sugaya et al., 2017；Komatsu and Nunomura, 2019）．観光鍾乳洞の観光ルート沿いの照明のある空間においても，注意深い観察で洞窟生物の生体を見ることも少なくない（■図1.5, 1.7；関ヶ原鍾乳洞 5-3 の■図3）．地下性生物（≒洞窟生物）の生息場，および生息に必須の生息環境など，ヒト視点ではなく生物視点での再検討が，今後，さらに進展することが望まれる．　【柏木健司】

■図4　チャート岩塊が累積する崖錐堆積物．岩塊間の間隙は浅層地下生息場 SSHs に相当する（群馬県南牧村）．

■図5　岩盤クリープ性重力変形により形成された浅層地下生息場（SSHs）．溶結凝灰岩の岩盤が節理沿いに分離してブロック化し，斜面前方に転倒することで，開口割れ目（＝間隙かつSSHs）の形成が進展している（岐阜県）．

■図6　数十cm〜数m径の花崗岩のコアストーンの累積．地下に，コアストーン間の間隙であるSSHsの存在を想定できる久井・矢野の岩海（広島県三原市久井町，府中市上下町）．

洞窟遺跡の考古学

Archeology in Caves

洞窟遺跡とその特徴

風雨をしのげる洞窟や岩陰は，天然の住処や墓域，祭祀の場所として先史時代から様々な形で利用された．遺跡とは，ヒトの活動痕跡がなんらかの形で遺された場所であり，洞窟や岩陰に活動痕跡が残されていれば洞窟遺跡や岩陰遺跡と呼ばれる．間口より奥行きが深い場合を洞窟遺跡，間口の方が広い場合を岩陰遺跡と呼ぶとされるが，実際にはこの限りではなく，現地の慣習的な名称を遺跡の呼称とすることが通例である．洞窟，洞穴の区別も所在する地域での呼称にならうのが慣例である．本項では洞窟，洞穴，岩陰を区別せずに洞窟遺跡と称し，遺跡名に含まれる場合には遺跡名に準ずることとする．

日本列島では火山灰を主体とする酸性土壌に広く覆われているため，骨や貝，植物質といった有機質遺物が残されにくいが，洞窟遺跡は環境が比較的安定しており，特に石灰岩洞窟の場合には，酸性の地下水が石灰岩を溶解することで中和されるため，有機質遺物の保存がよい．一般的に洞窟の奥に行くほど温度・湿度の変動が小さくなるが，ヒトの活動は光の届く洞口付近が中心であり，必ずしも安定的な温湿度環境ではない．それでも，風雨の影響は開地遺跡に比べ格段に低下するようで，雨だれ線より内側では遺物の保存が良い傾向がある．稀にヒトの活動が洞窟の奥深くまで及ぶこともあり，海外では洞窟の奥深くに描かれた旧石器時代の壁画が有名である．国内では，複数の洞窟で奥深くから縄文時代の人骨や土器が発見された例があるが，意図的な侵入か否かや，具体的な侵入経路は明らかでない場合も多い．

自然の作用で洞内に動物遺骸が集積することもあるが，日本では動物化石の出土のみでは考古学的な遺跡とはみなされない．しかし，ヒトによる食料残滓や祭祀などの活動が関わっている場合には遺跡として扱われるため，洞窟遺跡の認定にあたってはヒトの活動痕跡の認定が重要になってくる．海外では，洞窟から数百万年前の動物化石とともにアウストラロピテクス属など人類祖先の化石が発見されており，自然の集積作用によるものと考えられている．国内では，埋蔵文化財保護法の適用範囲に化石産地は含まれないため，自然集積による化石群に人骨が含まれる場合の対応が課題になりうるものの，伊江島のゴヘズ洞や宮古島のピンザアブ，静岡の浜北根堅遺跡など，人工遺物や生活痕跡を伴わず，更新世の動物化石とともに人骨片が発見されたサイトも，行政上の遺跡として取り扱われている．最近では，石垣島の白保竿根田原洞穴遺跡（■図1）で更新世の人骨の分布状況などから，陥没ドリーネの岩陰部分に遺体を土で覆わずに安置する葬法がとられたことが判明し（■図2），国指定史跡となった．国内外で洞窟に散乱する人骨片の埋没過程がしばしば議論されるが，白保の事例を考慮すると意図的な葬送の可能性を検討する必要あるといえよう．

洞窟遺跡調査の注意点と安全上の課題

洞窟は人骨や遺物の保存に適している一方，堆積

■図1　石垣市白保竿根田原洞穴遺跡の全景．空港建設に伴う緊急調査により，埋没した陥没ドリーネの岩陰部に中世～更新世にわたる重層的な遺跡が存在することが確認された．

■図2　白保竿根田原洞穴遺跡における更新世人骨出土状況．左側に割れた頭骨，右側に同一個体に属する左右の大腿骨が並んでいる．

■図３　国内最古級の土器が出土した鹿児島県大城町の下原洞穴遺跡．安全管理のために洞窟内に落石防止の屋根を設置して調査している

プロセスが複雑で，遺跡の解釈が難しい場合がある．特に地下水に近い石灰岩洞窟では増水による水没や流水による作用で洞内の様相が変化しやすい．また，下位の洞窟の発達による堆積層の部分的な陥没や，空隙への上位からの遺物の落ち込み，周辺からの再堆積など，堆積層を局所的に乱す多数のプロセスが想定される．遺跡調査では層序や年代の特定が重要となるが，こうした複雑な堆積プロセスは遺跡の解釈を困難にする．

例えば，アジアへのホモ・サピエンス渡来時期をめぐる議論では，約5万年前以後とする従来説に対し，中国南部や東南アジアの洞窟遺跡で出土する断片的なサピエンス化石に基づいて10万年前以前まで遡るとする複数の主張がある．しかし，堆積プロセスの検討が不十分であることや，上位からの化石混入が疑われる場合，年代測定方法の妥当性などの視点から反論も多い．個々の洞窟遺跡において堆積層序の理解と年代測定の精度を高めることは，遺跡を評価するうえで不可欠な重要課題である．

また，天井や壁面からの崩落は，発掘作業の物理的な障害となりうるし，安全管理上の課題でもある．洞窟内は面積が限られるため広い調査区を設けられないことも多く，法令の定める適切な安全勾配を設けて発掘できないことも多い．海外の洞窟調査では，土留めを施したうえで垂直に8ｍも掘削した事例もあるが，国内でこうした調査を実現するには法令や安全管理上の課題が多々ある（■図3，4）．

日本における洞窟遺跡

日本における洞窟遺跡は，2013年時点で740か所から報告されている（主要なものを■図5に示す）．開地遺跡が45万遺跡を超える中で（このうち，旧石

■図４　長崎県佐世保市福井洞窟の調査風景．安全管理のため壁面剥落防止の措置を施した上で発掘が実施された．洞窟の規模や調査予算などの課題でこうした安全管理が施せなければ調査は困難となる．

器時代遺跡が1万か所，縄文時代遺跡は94,000遺跡ある），洞窟遺跡の数はわずかである．わが国の考古学調査は，埋蔵文化財保護法に基づく開発時の緊急調査として実施されることが多いが，洞窟遺跡は開発の対象となることが少なく，調査される機会も少ない．しかし，洞窟遺跡は有機質遺物の保存が良いことに加え，学術調査において遺跡としての目星をつけやすい利点がある．立地や規模が人為活動に適した洞窟は，繰り返し利用されるため，複数の時代にわたる重層的な人為活動痕跡が認められることも少なくない．

日本における洞窟遺跡の調査は，20世紀初頭から開始され，1950年代に縄文文化や縄文土器の起源を探求する学術調査が活性化した際に，洞窟・岩陰における発掘も精力的に行われ，山形県の日向洞窟 3-9 ，新潟県の室谷洞窟，愛知県の嵩山蛇穴 5-6 （■図6），長崎県の福井洞窟などで日本最古級の土器が発見された．当時の一連の成果をうけ，日本考古学協会が立ち上げた洞窟遺跡調査特別委員会による多数の調査の結果は，「日本の洞穴遺跡」としてまとめられている（日本考古学協会洞穴遺跡調査特別委員会編，1967）．その後，洞窟・岩陰の調査は減少し

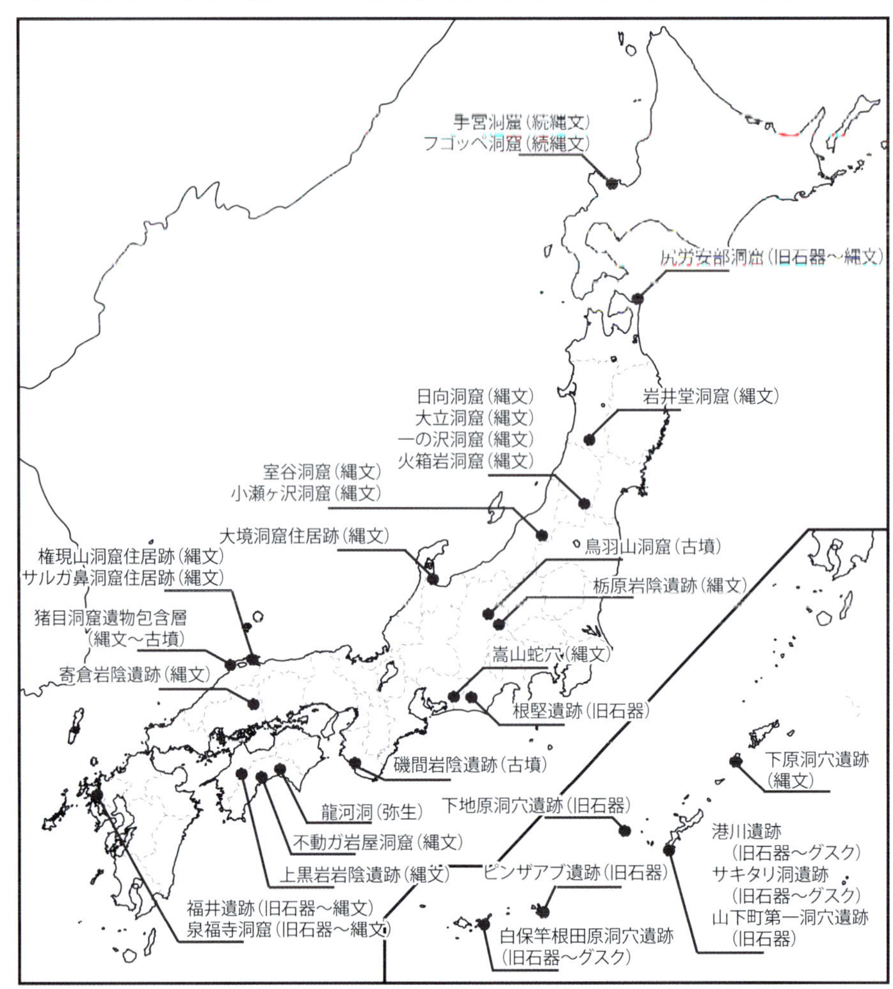

図５　日本の主要な洞窟遺跡とその時代.

図６　愛知県豊橋市嵩山蛇穴遺跡 5-6．縄文時代草創期・早期の土器を含む縄文時代の豊富な遺物が発見され，1957年に国史跡指定を受けた.

たが，2000年代に入ると再び洞窟・岩陰における学術調査の重要性が注目され，旧石器時代の青森県尻労安部洞穴，沖縄県サキタリ洞 11-2 や白保竿根田原洞穴をはじめ，各地で旧石器時代から縄文時代草創期の重要な発見が続いている（水ノ江編，2020）.

国内の洞窟遺跡は，旧石器時代までさかのぼる事例は少なく，縄文時代草創期，早期に急増するとされる．この理由として，旧石器時代から縄文時代にかけて生活様式が遊動型から定住型へと移行することに伴い，洞窟利用が活発化したとの捉え方もあるが，崩落岩などの存在により旧石器時代の地層まで到達することが困難だという調査手法的な理由も影響しているだろう.

一方，縄文時代以後も洞窟は利用され続ける．縄文時代後期の帝釈峡遺跡群名越岩陰 8-8 では，洞窟の入口付近に柱穴が認められ，入口になんらかの遮蔽物を設置して洞窟の環境改善を図っていたことが知られている．また，弥生時代や古墳時代には居住域としての利用は低調化し，墓や祭祀の場として利用される傾向が高まっていく．古墳時代には，人工的に岩場を掘りこんだ横穴墓が各地で認められている.

【藤田祐樹】

2. 北海道地方

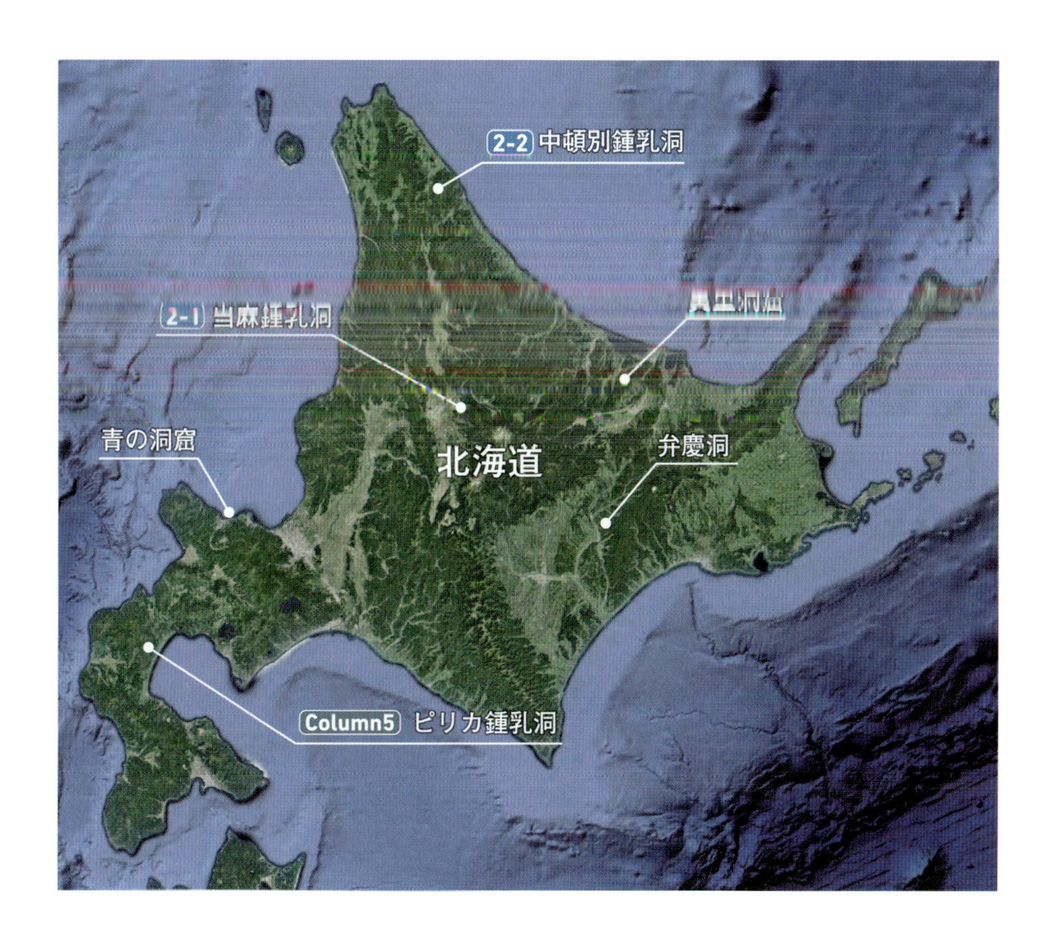

北海道はその広さの割に石灰岩が少なく，鍾乳洞の発達も限られている．一般に公開されている鍾乳洞らしい洞窟は当麻鍾乳洞 2-1 くらいしかない．北部にある中頓別鍾乳洞 2-2 も観光洞として公開されており，石灰質砂岩中に発達したという点で珍しい洞窟である．

観光洞ではないが，北海道東部には小規模な鍾乳洞がいくつかある．北見市の美里洞窟は，石灰岩体に空いた小さな洞窟である（右写真）．ここには縄文時代の遺跡があり，石器や土器が出土している．本別町の弁慶洞は石灰岩の崖の亀裂に沿って発達した洞窟である．本別町には義経伝説があり，それにちなんで洞窟の名前が付けられた．洞内には弁慶の像が祀られている．

北海道の南部と東部の海岸には，いくつかの海食洞が発達する．小樽市の青の洞窟は著名な観光地になっており，小樽港からのクルーズ船で見学することができる．【狩野彰宏】

■美里洞窟（北見市）．

2-1

当麻鍾乳洞（とうましょうにゅうどう） —鍾乳石に富む北海道最大の鍾乳洞—

Touma Cave

【所在地】北海道上川郡当麻町開明
【地層】中頓別層
【年代】ジュラ紀
【規模】横穴および竪穴，長さ135m，高低差は約15m.
【観光洞】4月下旬～10月下旬の9:00～16:30に営業.
予約をすればナイトツアーが可能.
【指定】道天然記念物

発見の経緯

本州に比べると少ないものの，北海道にもいくつかの石灰岩体が発達する．当麻町の石灰岩体はかつて石灰石の鉱山になっていたが，1957年の採掘中に当麻鍾乳洞が発見された．

洞窟が発見された当時，洞窟の形が2頭の龍が横たわっているように見えたことから「蝦夷蟠龍（えぞばんりゅう）洞窟」と名付けられていた．これは北海道開拓時代の当麻町に伝わる蟠龍伝説が由来になっている．

洞内の様子

全長135mの当麻鍾乳洞の観光コースはいくつかの空間を巡るように階段や歩道が整備されている．洞窟は大別すると3層に分かれており，下層の底面が現在の地下水面である．観光コースでは，最初に中層にある遊仙の間（■図1）に入る．そこから中層を進むと石筍や石柱が発達した幸福の間（■図2）に着く．その後，上段の無限の間を見学し，下段へと降りていく．下段には奥の院（■図3）や蛟龍窟といった見どころもある．

これらの空間にはつらら石，石筍，石柱などの鍾乳石が豊富に発達している（■図1，2）．また，奥の院に発達する鍾乳石は透明度が高く，現在も成長している（■図3）．

この鍾乳洞は道内では規模が最も大きく，寒冷地の洞窟としては珍しく鍾乳洞の発達程度もよい．洞窟内部の温度は一年を通して9℃程度に保たれており，夏でも寒さを感じる．洞内の低く安定した温度を利用して，日本酒の貯蔵熟成も行われている．

【狩野彰宏】

■図1　入口近くの「遊仙の間」に発達する鍾乳石群．天井からは多数のつらら石が発達する．

■図2　「幸福の間」に見られる石筍と石柱．

■図3　「奥の院」に発達する透明度の高い石柱．現在も成長していると思われる．

なかとんべつしょうにゅうどう
中頓別鍾乳洞 —石灰質砂岩に発達する日本最北の観光洞—

Nakatombetsu Caves

【所在地】北海道中頓別町字旭台
【地層】中頓別層
【年代】中新世
【規模】横穴および竪穴，長さ約60m，高低差は約15m．
【観光洞】5月3日〜10月31日の9:00〜16:30．入場無料．併設の「ぬく森館」で受付．
【指定】道天然記念物

地質の概要

北海道の北部にある中頓別鍾乳洞は国内最北の観光洞である．洞窟は約1000万年前に堆積した中頓別層の石灰質砂岩と砂質石灰岩を母岩としている．併設されている「ぬく森館」では園内から産出した化石や，洞窟の成り立ちが展示されている．また洞窟までの散策路には，石灰質砂岩層からの湧水，小規模な洞窟や，軍艦岩と名付けられた奇岩も観察できる．

洞窟の様子

洞窟は園内に4つあるが，最大の第一洞窟のみに照明と舗道が設置されている．天井が低い場所があるので，無料で借用できるヘルメットを着用したほうがよい．

長さ60mほどの第一洞窟は地層の亀裂や砂質石灰岩層に沿って溶解が進んだ空間になっている（■図1）．入口付近は横穴的であり奥は竪穴の特徴をもつ．洞内には水は流れていないが，竪穴の底には水が溜まっており，洞窟レベルのやや下に現在の地下水面がある（■図2）．

鍾乳石は発達していないが，石灰質砂岩の中には，二枚貝，フジツボ，石灰藻などの化石が観察できる（■図3）．

洞窟生物の研究

中頓別鍾乳洞とその周辺ではコウモリや巻貝などの洞窟生物の研究も行われてきた．本洞窟の研究では，洞窟中にすむモモジロコウモリの生態が報告され（佐藤ほか，2004），微小陸産貝類であるタナカキビの日本での北限が大幅に更新された（森井・山上，2017）．

【狩野彰宏】

■図1　中頓別鍾乳洞の内部．亀裂に沿って洞窟空間が続いている．

■図2　「貝の泉」と名づけられた円柱状の空洞．底には水が溜まっている．

■図3　石灰藻の化石を多く含む砂質石灰岩層

Column 1

寒冷地の鍾乳洞

鍾乳洞の母岩になる石灰岩は世界中に分布している（総説 1-2 の図）．アマゾン流域や東南アジアの熱帯雨林の下にも，南極やグリーンランドの厚い氷の付近にもある．本書の総説 1-4 でも解説したが，鍾乳洞の中にできる石筍などの二次生成物にはその地域の気候条件が記録される．また，鍾乳洞の性質，例えば洞窟空間の広さや二次生成物の発達度合いなども気候条件に大きく関係している．石灰岩の溶解作用と，鍾乳洞内の炭酸カルシウムの沈澱作用が気温や降水量に影響されるからである．温暖湿潤の条件では石灰岩の上に深い植生が発達することもあり，急速に石灰岩の溶解が進み，広い洞窟空間が発達することになる．また，水には高濃度でカルシウムイオンが溶解するため鍾乳石も急速に成長する．琉球列島にある銀水洞 10-16 や玉泉洞 11-3 などは温暖湿潤な気候条件で発達する大規模な鍾乳洞であり，豊富な二次生成物を保持している．

逆に，寒冷乾燥条件では石灰岩の溶解も鍾乳石の成長も進みにくい．本章で紹介した当麻鍾乳洞 2-1 などは鍾乳石の発達がよく，稀な例であるといえる．ヨーロッパのカルスト地域をみると，北緯58°以北の鍾乳洞では二次生成物は見られないことが示されている（Pentecost, 1995）．では，寒冷地にはどのような鍾乳洞が発達するのだろうか．ここでは，その例として南米大陸のパタゴニア地方にある２つの洞窟を紹介する．

チリとアルゼンチンの国境付近の南緯46.5°にあるヘネラル・カレーラ湖には大規模な結晶質石灰岩（大理石）が発達している．湖は約2万年前の氷河期には氷で覆われており，その移動により大理石を含む地層が削られ，湖が形作られた．チリ側の湖畔に分布する大理石に洞窟が発達したのは，氷が融け去った完新世以降のことである．洞窟は現在の湖水面付近に並ぶように発達しており，これらは湖水の動きにより抉（えぐ）られたものであろう．湖畔には湖面から突き出た大理石の尖塔地形も見られ，洞窟のでき方としては海食洞と同じ仕組みでできたものと考えられる．洞窟内には鍾乳洞で見られる，上からの水の流れや鍾乳石の発達はまったくみられない．

アルゼンチンのサンタクルス州にあるラス・マノス洞窟は石灰質砂岩にできた洞窟である．この地域は南緯約47°の寒冷乾燥地を特徴づけるステップであり，地表には樹木のない草地主体の植生が広がる．洞窟は長さは25 m，幅は15 m程度であり，滴下水も鍾乳石もない．この小規模な洞窟が1999年に世界遺産に登録されたのは，約9000年前に描かれたと思われる手形と壁画が発見されたためである．手形は洞窟の壁面に付けられた手の周囲に塗料を吹き付けて残されたものであり，その周囲には狩の様子や幾何学模様が描かれている（Onetto and Podestá, 2011）．現在，この乾燥地域には，ほとんど人は住んでいないが，完新世の初期には，人が住めるような暖かく雨の多い条件にあったのかもしれない．

【狩野彰宏】

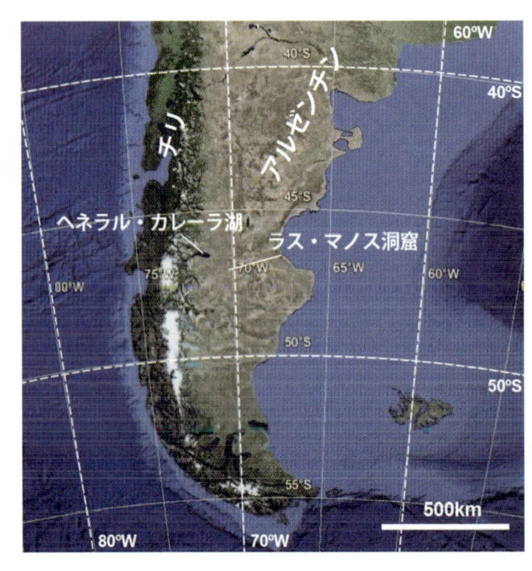

図1　南米大陸南部に位置するパタゴニア地方の衛星画像．ヘネラル・カレーラ湖とラス・マノス洞窟の位置を示す．

3. 東北地方

東北地方の鍾乳洞は太平洋側に多く，中古生代の石灰岩層が広く分布する北上山地と阿武隈山地に集中して発達している．石炭紀〜ペルム紀にかけて堆積した石灰岩体は規模が大きく，本章で紹介する観光洞の他にも数多くの洞窟が知られている．特に，岩手県北東部の岩泉—安家地域に発達する石灰岩は日本有数の規模の広大なカルスト地形を作っており，この中には内間木洞 3-3 ・安家洞 3-1 ・龍泉洞 3-2 といった個性的な洞窟群が発達している．岩手県南部〜宮城県北部にも小規模な石灰岩体が点在し，滝観洞 3-4 などの観光洞もある．岩手県紫波町の船久保洞窟は縄文時代に住居として利用されており，考古学的にも貴重な洞窟である．

また，下北半島や福島県北部の海岸近くにはジュラ〜白亜紀の石灰岩が発達し，そこにもいくつかの洞窟が見られる．例えば，青森県東通村の尻労安部（しつかりあべ）洞窟は本州最北の鍾乳洞であり，旧石器時代の遺跡でもある貴重な洞窟である．ここでは，現在も考古学的な研究が進められている．

一方，日本海側には古第三紀〜新第三紀の火成岩が広く分布し，火山洞窟が発達している．個別には紹介していないが，岩手県雫石町の玄武洞は柱状節理の発達した玄武岩溶岩の絶壁に発達した火山洞窟である．秋田県湯沢市の岩井堂洞窟は凝灰岩層の中に発達した火山洞であり，縄文時代の異なる時期の遺物が出土している．山形県大蔵村の地蔵倉は凝灰岩層でできた山の中腹に発達したもので，仏教の修行の場として用いられていた．

【加藤大和・狩野彰宏】

3-1

安家洞（あっかどう）―迷路型の経路をもつ日本最長の鍾乳洞―

Akka-do Cave

【所在地】岩手県岩泉町安家
【地質帯】北部北上帯
【地層】安家石灰岩
【年代】ペルム紀
【規模】横穴が連結した迷路型洞窟．測線延長は23.7km.
【観光洞】観光洞は4月中旬〜11月末の毎日9:00〜16:00に公開．探検洞エリアは要予約でヘッドライトなどの装備が必要.
【管理】安家洞観光開発有限会社
【指定】国天然記念物

地質の概要

岩手県下閉伊（しもへい）郡岩泉町の安家洞は，総延長23.7kmに及ぶ日本一長い鍾乳洞で，国の天然記念物に指定されている．古生代ペルム紀に堆積した安家石灰岩は，地層の褶曲によって北北西–南南東方向に長く3列に分布しており，そこには広大な安家カルストが拡がる．安家洞はその最大列の中央東端に開口している．内部空間は数多の分岐と連結を繰り返して複雑な網目状になっており（■図1），多段階的な発達過程を示す貴重な迷路型鍾乳洞である．いくつかの洞窟経路は直線的であり，石灰岩層に発達した断層沿いに発達したものと考えられる.

洞窟内部の様子

入り口から700 mほどが観光洞として公開されて

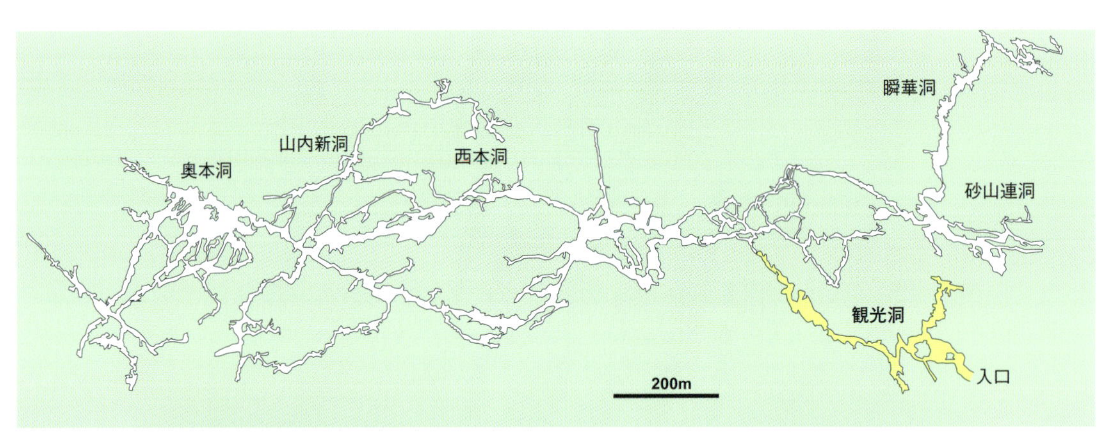

■図1　安家洞の洞窟経路．黄色い経路が観光洞である.

■図2　安家洞の探検エリアにみられる多様な鍾乳石（つらら石，石筍，カーテン）.

いるが，冬季には閉鎖される．観光洞部分にもいくつかの支洞が存在し，立ち入ることができる．洞床には泥が厚く堆積しており，鍾乳石の発達はよく，泥の上に林立した石筍群も見られる．鍾乳石の表面にも泥が取り込まれているものが多いが，現在も成長する石筍やフローストーンでは，表面に白色層が形成されている．

観光洞エリアの先には探検洞エリアになり，予約をすればガイドとともに入洞できる．このエリアはいくつかの支洞に分かれており（■図1），鍾乳石の発達はさらによくなる（■図2～5）．探検洞エリアの見学には半日を要する．

観光洞奥の底部の気温は8℃程度で，夏季には洞口から冷気が吹き出す．2016年の台風による豪雨の影響で，安家川は氾濫し，安家の集落は甚大な被害を受けた．安家洞も水没し，土砂が通路を塞いだほか，鍾乳石の一部や洞内の歩道にも被害があったが，現在は復旧している．　【狩野彰宏・加藤大和】

■図３　探検洞エリアに発達する石筍・フローストーン・つらら石．

■図４　探検洞エリアに見られるつらら石．天井の割れ目に沿って直線的に配列している．

■図５　安家洞の探検洞エリアにみられる多様な鍾乳石（すべての画像は安家洞地底ガイド 大崎善成氏の提供）．

3-2

龍泉洞・龍泉新洞 ―深淵な地底湖がある人気の鍾乳洞―

Ryusen-do Cave and Ryusen-do New Cave

【所在地】岩手県岩泉町岩泉
【地質帯】北部北上帯　【地層】安家石灰岩
【年代】ペルム紀
【規模】竪穴および横穴，測線延長4000m以上，高低差は約200m.
【観光洞】8:30～17:00（夏季は18:00まで）営業.
【管理】龍泉洞事務所
【指定】国天然記念物
【特記事項】龍泉新洞科学館が併設.

龍泉洞

岩手県下閉伊郡岩泉町の龍泉洞は，安家石灰岩の南部に発達する鍾乳洞である．確認されている総延長は4000 mを超え，そのうち約700 mが観光洞として公開されている．洞内は高低差に富み，観光洞奥部に3つの巨大地底湖（■図1）が存在する．洞内には5種のコウモリが生息しており，1938年に国の天然記念物に指定されている．

観光洞の出入り口から直線的に伸びる低層部では，洞内河川に沿うように歩道が整備されている．地下水面に近い低層部では，大規模な鍾乳石の発達は見られない．地底湖のホールから上層に登ると，洞窟の壁面や天井から鍾乳石が発達している．

観光洞内には歩道や照明が完全に整備されている（■図1）．地底湖の水は透明度が高く，名水100選にも選ばれており，カルシウムを多く含む水はミネラルウォーターとして販売されている．

龍泉新洞

龍泉洞の観光整備の際，龍泉洞の北東に発見された龍泉新洞は，洞内科学館として整備されている．龍泉新洞内には，つらら石，石筍（■図2，3），ケーブパールやカーテン，リムストーンなど，多くの種類の鍾乳石が発達しているばかりでなく，縄文時代の遺跡も発見されている．龍泉新洞の一部は一般に公開されない研究洞として保護されており，ここでは地下水流が見られ，石筍が発達している．洞窟開発時に出土した石筍は，龍泉洞からの連絡通路沿いに再配置され，来館者の目を楽しませている．

龍泉洞と龍泉新洞は地下でつながっていると考えられているが，その経路はまだ確認されていない．

龍泉洞は日本三大鍾乳洞の1つに挙げられる観光地になっており，レストランやカフェ，土産物屋を併設する一大観光洞である．また，地域活性化支援センターのプロジェクトによって，恋人の聖地にも選定された．　【加藤大和・狩野彰宏】

■図1　龍泉洞観光ルートの再奥部にある第3地底湖．水中に照明が設置されている．

■図2　龍泉新洞のつらら石と石筍.

■図3　龍泉新洞の石筍.

内間木洞（うちまぎどう） ―冬には氷筍ができる複合型洞窟―

Uchimagi-do Cave

【所在地】岩手県久慈市山形町小国
【地質帯】北部北上帯
【地層】安家石灰岩
【年代】ペルム紀
【規模】横穴を主体とする複合型洞窟．測線延長は6000m以上．
【管理洞】7月の「内間木洞まつり」と2月の「内間木洞氷筍観察会」の年2回のみ一般公開．事前申請で研究・教育目的の入洞が許可される．ライトなどの装備が必要．
【指定】県天然記念物

地質の概要

北部北上山地で最も広く分布する安家石灰岩には，龍泉洞 3-2 をはじめとした多くの鍾乳洞が発達している．その中でも，岩手県久慈市にある内間木洞は，総延長が6000 mを超える日本有数の巨大鍾乳洞であり，「内間木洞及び洞内動物群」が岩手県指定の天然記念物になっている．

内間木洞の涵養地には，黒ボク土と呼ばれる草原植生下で発達する土壌が堆積している．江戸時代の久慈市では“たたら製鉄”が盛んに行われ，薪炭材の採取によって森林が減少し，草本植物が増加していた．内間木洞上の平坦部は，その後放牧地に転用され，産業革命以降も草原に近い植生が維持されていたという．

内間木洞の石筍の炭素同位体比には，このような人為的な植生改変の歴史が記録されている（加藤ほか，2013 a）．内間木洞の石筍を対象に行われた別の研究では，過去1100年にわたる気候変化が明らかにされ，古文書に記録された飢饉や気象災害の記録と対比されている（Kato and Yamada，2016）．

洞窟内部の様子

内間木洞の内部空間は，洞口がある斜面に沿って北北東-南南西方向に長く複雑に展開し，石筍をはじめ，多くの鍾乳石が発達している（■図1）．斜面上の平坦部にはドリーネも見られる．洞窟奥部の気温は，地域の平均気温である8～9℃で，温湿度ともに非常に安定した環境が保たれている（加藤ほか，2013b）．

現在発見されている唯一の洞口は断層に沿って開口している．人一人が這って通れるほどの狭さであったという洞口は，昭和40年代に拡張され，内部には観覧歩道や照明が設置されている．現在は洞口の通路に鉄製の扉が設けられ，普段は施錠されている．冬季に行われる“氷筍まつり”の際には内部が公開され，入り口付近のホール（千畳敷）に発達する氷筍を観察できる（■図2）．【加藤大和】

■図1　洞内ホール（千畳敷）に発達した鍾乳石．

■図2　冬季に洞内で発達する氷筍群．

3 東北
2 龍泉洞・龍泉新洞
3 内間木洞

滝(ろう)観(かん)洞(どう) —歌人白蓮も訪れた滝のある洞窟—

Roukan-do Cave

【所在地】岩手県住田町上有住
【地質帯】南部北上帯
【地層】鬼丸層の石灰岩
【年代】石炭紀
【規模】観光ルートは横穴，竪穴的な要素もある．総延長は4000m以上．
【観光洞】毎日8:30〜16:30の営業（11〜2月は土日祝のみの営業）．
【管理】住田観光開発株式会社

岩手県住田町には，地層の褶曲と断層による剪断により古生代ペルム〜石炭紀の石灰岩が北北西-南南東方向に複雑に分布している．滝観洞はその東端に近い石灰岩列に発達する観光洞である．現在，入口から880 mの経路が一般に公開されており，その終点には高さ29 mの洞内滝（■図1）がある．洞窟は滝の上層にも続いており，東海大学や東京スペレオクラブのチームが踏査を続けている．現在までに発見された洞窟の全長は4000 m以上に達している．

滝観洞の公開部分は単一の水路からなる典型的な横穴である．壁面や天井から滲み出た水からわずかに析出物が生じているが，溶解作用が卓越する．地下河川により深く切り込まれた水路は蛇行し，段丘状のノッチが連続する．壁面にはスカラップなどの溶食構造も見られる（■図2）．また，石灰岩ベンチにはピットホール（■図3）が発達している．

滝観洞は幼年期の石灰洞で，石灰岩中に地下空間が拡大していく過程にある．なめらかに侵食された剥き出しの石灰岩には，保存のよいウミユリ（■図4）やサンゴの化石が観察できる．

【加藤大和・狩野彰宏】

■図1　滝観洞内の滝．

■図3　洞窟のベンチに見られるピットホール．未飽和な水の滴下作用によりできる．

■図2　中心部分が窪んだ水路．石灰岩の溶食により発達する．

■図4　石灰岩に見られるウミユリ化石．

幽玄洞 —古生代の化石が観察できる地底湖がある洞窟—

Yugen-do Cave

【所在地】岩手県一関市東山町
【地質帯】南部北上帯
【地層】石灰岩
【年代】石炭紀
【規模】上下の変化に富む横穴．観光洞の長さは500m.
【観光洞】毎日8:30～16:00の営業（4～9月，他の月は短縮される）.
【管理】幽玄洞観光

地形と地質

岩手県一関市旧東山町地域には，石炭紀の石灰岩が分布している．幽玄洞から2kmほど南方にある猊鼻渓では，砂鉄川により侵食された石灰岩の壁面が連続し，名勝となっている．幽玄洞は，猊鼻渓で見られる石灰岩より下位の部層（古い時代）に発達した鍾乳洞である．

幽玄洞の構造

幽玄洞の内部空間は東北東—西南西方向に直線状に展開するが，鉛直方向の変化にも富む．この直線は，隣接する猿沢川沿いの石灰岩壁面と平行であり，幽玄洞は，この付近一帯の石灰岩中の節理方向に沿って発達した洞窟と考えられる．洞口は洞窟の両端にあり，観光洞の入口と出口として利用されている．

幽玄洞には，東北東—西南西方向に卓越する主要経路に加え，南北方向の比較的短い経路もある（例えば，浄魂の泉と幽玄の滝を結ぶライン）．この南北方向の経路は，石灰岩の層理面（堆積面）と概ね一致していることから，地層の選択的侵食により発達した空間であると思われる．洞窟中央部は鉛直方向に拡がったホールになっており，浄魂の泉と呼ばれる地底湖も見られる（■図1）．

洞内の鍾乳石と化石

観光洞として公開される空間だけでも，石筍やつらら石，フローストーン，カーテン，ストローなど，多様な形状の鍾乳石（■図2）が見られるほか，ノッチやスカラップなどの溶食構造も各所に見られる．鍾乳石による装飾を受けず，剝き出しのままの石灰岩の壁面も多く残り，ウミユリやサンゴ，腕足類の化石が観察できる．石灰岩の年代は東方ほど新しいため，洞窟を奥に進むと，時代を追って化石を観察することになる．

観光整備

幽玄洞内は高低差に富むが，全域にわたり階段や歩道が整備されている．入口前の幽玄洞展示館には洞内の案内図のほか，近隣より集められたデボン紀，石炭紀の化石が展示されている．　【加藤大和】

■図1 「浄魂の泉」と呼ばれる地底湖.

■図2 歩道沿いに見られるフローストーン.

3-6

管弦窟と神明崎の洞窟群 ―津波が襲った海岸の洞窟―

(かんげんくつ　しんめいざき　どうくつぐん)

Kangen-kutsu Cave and Caves in Shinmeizaki

【所在地】宮城県気仙沼市魚町
【地質帯】南部北上帯
【地層】叶倉層
【年代】ペルム紀
【規模】横穴，総延長は約50m.
【指定】(神明崎) 三陸ジオパークジオサイト

周辺の地質

宮城県には石灰岩の分布が乏しく，大規模な鍾乳洞は知られていない．ただし，県北東部の気仙沼湾最奥部に突き出した神明崎は，古生代ペルム紀の石灰岩体であり，管弦窟をはじめとした小規模な鍾乳洞が多層的に発達している．これらは観光洞として公開されていないが，石筍や動物遺物，津波履歴に関する研究が行われた重要な洞窟群である（山田・加藤，2013，2015）．

管弦窟

管弦窟は気仙沼湾の海水面付近に開口した低層の洞窟である．幅5 m，高さ2 mほどの洞口は半ば水没しており（■図1），水面は潮汐により変化する．管弦窟の内部には，完全に水没したさらに低層の空間も拡がっており，水面下には石筍などの鍾乳石も存在する．管弦窟の奥部に見られる裂罅堆積物中からは，シカやイノシシ，タヌキなどの多くの第四紀哺乳類化石が報告された（山田・加藤，2015）．

管弦窟の存在は古くから知られており，入口付近には江戸時代の歌人菅江真澄の石碑がある（■図2）．

■図2　管弦窟にある菅江真澄の石碑．

神明崎

神明崎の周囲には桟橋と遊歩道が整備され，海面レベルに開口した小規模の穴を見て回ることができる（■図3）．神明崎の南側は県道26号線によって裁断されているが，コンクリート舗装された崖には，龍神窟と呼ばれる上層の空間に続く洞口が保存され，内部には多くの石筍や鍾乳石，ストローが発達している．

2011年3月の東北地方太平洋沖地震で気仙沼市は津波による大きな被害を受けた．洞窟内にも津波堆積物が侵入し，鍾乳石表面に泥や植物片を残した（山田・加藤，2013）．神明崎低層の鍾乳石には，複数の成長中断痕が見られ，三陸沖で起こる周期的な巨大津波の痕跡である可能性が示されている．

【加藤大和・狩野彰宏】

■図1　管弦窟の洞口．

■図3　神明崎遊歩道沿いに見られる海面レベルに発達した洞穴．

カンカネ洞 —街道の難所にあった流紋岩の洞窟—

Kankane-do Cave

【所在地】秋田県男鹿市戸賀加茂青砂浜子坂
【地層】真山流紋岩
【年代】始新世〜斬新世
【規模】幅10m，高さ20mほどの海食洞.
【指定】男鹿国定公園．男鹿半島・大潟ジオパークジオサイト.

地質の概要

秋田県男鹿半島に分布する新生代の地層は日本の層序模式地として地質学的に重要である．それに先立ち，男鹿半島の西部では流紋岩を主体とする火成活動が古第三紀に断続的に起こっていた（鹿野ほか, 2007；小林ほか, 2008)．これらの火山岩は後の侵食作用により，急峻な地形や奇岩を形作った.

男鹿半島は1973年には国定公園にも指定され，半島の内側にある大潟や寒風山を含めた地域は男鹿半島・大潟ジオサイトとして2011年に認定された．半島西部の海岸沿いにも，カンカネ洞に加えて「ゴジラ岩」(■図1) などの多くの奇岩が発達しており，ジオサイトとして指定されている.

カンカネ洞の地形と由来

男鹿半島西部に分布する火山岩類は日本海の荒波により強い侵食作用を受ける．こうして発達した海食洞の中で最大のものがカンカネ洞である.

カンカネ洞には近くの公園駐車場から海岸沿いの散策路（■図2）を歩いて10分ほどで到達する．洞窟は流紋岩と凝灰岩の中に発達した幅10 m，高さ20 mの空間である．この空間の天井には穴が1つ空いており，別の2つの穴で海につながる．天井と海側の穴からは光が差し込み，幻想的な空間になっている（■図3).

この場所は男鹿半島西部の沿岸街道の難所として知られ，洞窟の外側の壁にカギを架けて通行していたという．洞窟の名前の由来は，地元の言葉で「カギ架け」を意味する「カンカネ」による.

【狩野彰宏・加藤大和】

■図1　男鹿半島南西部にある奇岩ゴジラ岩.

■図2　北側の散策路から見たカンカネ洞の入口.

■図3　カンカネ洞の内部．天井や海岸側の穴から光が差し込む.

風穴（ふうけつ） ―カルデラの底に開く空洞―

Fuuketsu

【所在地】秋田県男鹿市男鹿中滝川寒風山
【地層】安山岩
【年代】更新世
【規模】幅50cm，高さ30cmほどの火山洞窟．
【指定】男鹿国定公園，男鹿半島・大潟ジオパークのジオサイト．

寒風山の安山岩カルデラ

秋田県男鹿半島の付け根にある寒風山（かんぷうざん）は約3万年前の火山活動でできた安山岩地帯である（林，2011）．ここには3つの旧火口があり，カルデラ性の窪んだ地形を作っている（■図1）．カルデラは火山噴火の際に地下から大量の溶岩や火山灰が噴出することでできた円形のくぼ地であり（■図2），その内側は断崖になることが多い．寒風山のカルデラもこのような典型的な地形的特徴をもつ．

寒風山に広がる草原は山焼きや芝刈により保全されている．カルデラの急峻な斜面を利用して，寒風山ではパラグライダーを楽しむことができる．

崩壊斜面に発達する風穴

カルデラ火山に発達する急峻な斜面は，山体崩壊を起こすことがある．寒風山も過去に山体崩壊を起こしており（大口ほか，1987），崩壊した安山岩岩体が石垣のように積み上がった様子は西斜面に露出している．山体崩壊は第二火口のくぼ地内側でも起こり，それによりできたのが風穴の空洞である．

風穴からは冬の積雪時に冷やされた空気が吹いてくるため，夏でも涼しく感じられる．なお，空洞は極めて狭く，崩落の可能性があるので，侵入するのは極めて危険である．

寒風山の伏流水

男鹿半島南部は，かつては原野であり，農地として開墾するためには水源の確保が課題になっていた．そこで注目されたのが寒風山に伏流する水源である．伏流水は寒風山の周囲から流れいくつかの池を作っている（■図1）．

水源の開発は19世紀の初頭から始まり，秋田藩の渡部斧松が中心となって行われた（堀野，1988）．これにより総延長8 kmほどの水路が建設され，東側の八郎潟の農業用水にも利用されている．

【狩野彰宏】

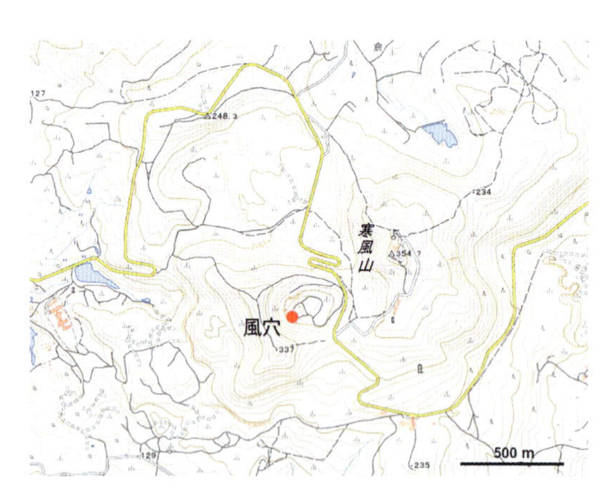

■図1　寒風山地域の地形図（上：赤丸は風穴の位置）と寒風山展望台からの第二火口の様子（下）．

■図2　崩落した安山岩岩体中に発達する風穴．

高畠町の火山洞窟群 —丘陵に点在する縄文人の住居—

（たかはたまち　かざんどうくつぐん）

Volcanic caves in Takahata Town

【所在地】山形県高畑町竹森および時沢
【地層】流紋岩質凝灰岩および流紋岩
【年代】新第三紀
【規模】横穴，最大の奥行きは10m.
【管理】住田観光開発株式会社
【指定】国史跡

火山洞窟群

第三紀中新世，奥羽山脈は既に陸であり，現在の東北地方の原形ができつつあった．当時の奥羽山脈では火山活動が活発であり，現在まで，大規模な古カルデラがいくつも残されている．山形県東置賜（ひがしおきたま）郡高畠町の高畠カルデラもそのひとつで，町の東部には，火山から噴出した凝灰角礫岩の地層が分布している．

高畠町の新第三紀の酸性火山岩と凝灰岩にはいくつかの洞窟が発達している（■図1）．半径2 km程度の範囲に点在する日向（ひなた）洞窟，一の沢洞窟，大立（おおだち）洞窟，火箱岩（ひばこいわ）洞窟などの洞窟群は，流紋岩質凝灰角礫岩中に発達した凝灰岩洞である．洞窟はいずれも小規模で，一ノ沢洞窟が幅10 m，奥行15 m，高さ5 m程度（■図2），日向洞窟が幅6 m，奥行20 m，高さ2 m程度である（■図3）．洞窟内には水が少なく，二次沈澱物の発達は見られない．一の沢洞窟と火箱岩洞窟では，単一の露頭に複数の洞口が多層的に開口しているが，いずれも単純な構造である．

凝灰岩には溶結構造が見られることから，火成活動時に溶岩もしくは凝灰岩の一部が流れ出ることでできたものと思われる．

なお，高畠町の凝灰角礫岩は高畠石と呼ばれ，石材として利用される．町内には石切場跡も残され，奇異な景観を生んでいる．

洞窟遺跡

高畠町の火山洞窟群は縄文時代に住居として用いられており，中でも，日向洞窟（■図3）からは多数の遺物が出土している．遺跡からは国内最古級の土器が発見されており，縄文草創期の貴重な記録として知られることとなり，一ノ沢洞窟とともに1980年代に国の史跡に指定された．このほか，尼子洞窟・観音岩洞窟・火箱岩洞窟などにも遺跡がある．遺跡から出土した資料の多くは山形県立うきたむ風土記の丘考古資料館に展示されている．

【狩野彰宏・加藤大和】

■図1　山形県高畠町の火山洞窟の位置（赤星）．

■図2　一ノ沢洞窟．

■図3　日向洞窟の開口部．

3-10

入水洞（いりみずどう） ―地下河川沿いに伸びる直線的な横穴―

Irimizu-do Cave

【所在地】福島県田村市滝根町菅谷
【地質帯】阿武隈帯
【地層】滝根層群の石灰岩層
【年代】ジュラ紀
【規模】横穴，測線延長は約3000m，そのうち900mが公開されている．
【観光洞】8:30～17:00（冬季は16:30まで）の営業．BとCコースは濡れてもよい服装．
【管理】入水鍾乳洞管理事務所
【指定】国天然記念物

周辺の地質

入水鍾乳洞がある田村市滝根町は阿武隈山地の中央に位置し，滝根町の西部は北北西から南南東に広がる石灰岩台地になっている．石灰岩は白亜紀前期に起こった花崗岩の貫入により大理石化している．また，入水鍾乳洞の入口付近には脈状に発達したホルンフェルスが見られる．

洞内の様子

入水鍾乳洞は，ほぼ単一の地下河川によって溶食された典型的な横穴で，石灰岩が水流に侵食されてできたノッチなどの溶食構造が，洞窟を通じてよく発達している．入水鍾乳洞の総延長は約3000 mと推定されており，現在，全長900 mの通路がA，B，Cの3つのコースに分けて公開されている（■図1）．

入口から約150 mのBコース以奥では，入洞者は狭い通路を冷たい地下河川に足まで浸かって進む．この水は，大滝根山を源流とした沢水が「猫じゃくし」と呼ばれる吸い込み口から流れ込んだものであり，Ca濃度は低い．2022年7月，洞窟奥の気温は12.5℃であったが，洞窟へ流入する沢水の温度によって，洞内気温はやや変動する．

入口に近いAコースでは，二次生成物の発達が悪く，溶解構造が卓越する（■図2，3）．Bコース以奥ではフローストーンや石筍が見られる．ただし，多くの石筍は折られて持ち去られており，残るものにも打痕が見られる．洞内各所に黒いすすの跡が残り，洞窟探検の明かりを松明（たいまつ）に頼った時代を窺わせる．

【加藤大和・狩野彰宏】

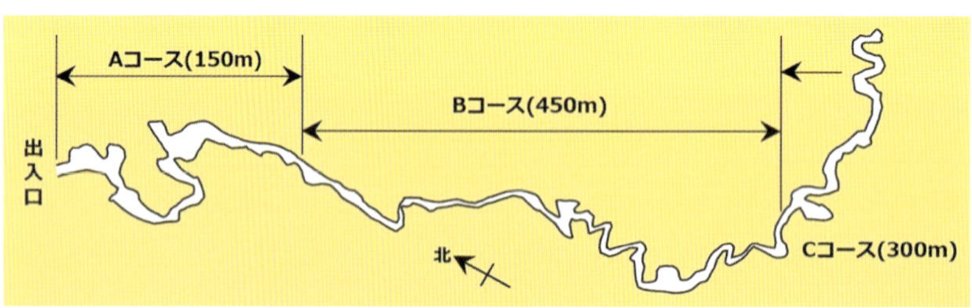

■図1　入水鍾乳洞の洞窟経路．

■図2　壁面に見られる水平方向の溝．

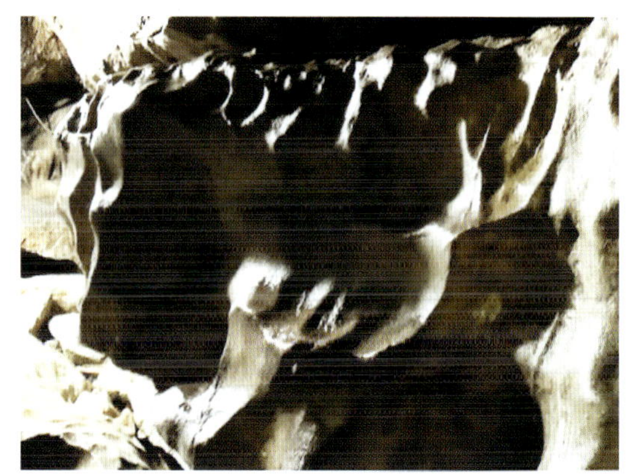

■図3　スカラップ．貝殻形の溶解構造．

あぶくま洞 —大理石にできた東北南部最大の鍾乳洞—

Abukuma-do Cave

【所在地】福島県田村市滝根町菅谷
【地質帯】阿武隈帯
【地層】滝根層群の石灰岩層
【年代】ジュラ紀
【規模】竪穴および横穴，測線延長3000m以上．
【観光洞】年中無休，8:30〜17:00（冬季は16:30まで，夏季は17:30まで）．
【管理】あぶくま洞管理事務所
【指定】国天然記念物

周辺の地質と発見の経緯

田村市滝根町の仙台平を中心とした地域には，幅最大1 km，長さ4.5 kmの石灰岩が分布し，ドリーネなどのカルスト地形が発達している．あぶくま洞はこの石灰岩体の南部に発達する福島県最大の鍾乳洞である．1969年，石灰岩体の採掘の最中に，洞窟の空間が現れ，あぶくま洞が発見された．駐車場横に見られる高さ140 mに及ぶ石灰岩の壁面は採掘による痕跡である．壁面には白亜紀に貫入した花崗岩も露出しており，石灰岩はその熱変成作用により大理石化している．

あぶくま洞ケイブシステム

あぶくま洞で一般公開されているのは，洞窟のごく一部にすぎない．その総延長は3000 m以上と推定されている．仙台平地域における水文学的調査では，入水鍾乳洞との連続性が示唆されており，あぶくま洞ケイブシステムとみなされる（丸井ほか，2003）．

■図1　滝根御殿．公開部の最上層にある高さ29 mのあぶくま洞最大のホール．

洞内の様子

あぶくま洞は，入り口から奥に向かうに従い傾斜を増し，鬼穴と呼ばれる竪穴へとつながる．総延長3000 m超える洞窟空間のうち，「滝根御殿」（■図1）に至る南側の下層600 mほどのルートが一般公開されている．洞窟奥部の気温は14〜15℃程度（2022年7月）で，地域の年平均気温（約11℃）より暖かい．温度の異なる外気との交換によって洞内大気は成層し，入口に近い低層に冷気が溜まっている．

洞内は二次生成物が非常によく発達し，石筍とつらら石（■図2）が伸びて繋がった石柱が多く見られる．観光洞奥には2つのホールがあり，滝根御殿では大規模に発達した多様な鍾乳石群を一望できる（■図1）．竜宮殿ではフローストーンの発達が見られる（■図3）．　【加藤大和・狩野彰宏】

■図2　つらら石が横に繋がってできた鍾乳石．「黄金のカーテン」と呼ばれている．

■図3　竜宮殿．高さ約13 mのホール．フローストーンが発達している．

Column 2

地質時代

本書には洞窟を作る地層の年代を表すために，完新世，更新世，ペルム紀などの言葉が使われている．これらは地球の歴史における特定の期間（地質時代）に対して用いられる用語である．最近話題になったチバニアンも更新世を構成する時代の１つである．各々の地質時代には，時代を模式的に表す地層が模式層序として定義される．例えば，チバニアン（77.4～12.9万年前）では千葉県市原市の川沿いに露出する地層が模式層序にあたる．

地質時代の境界はなんらかのイベントで定義される．イベントには生物の絶滅や進化，気候の激変，地磁気の逆転，隕石の衝突など様々なものが含まれる．例えば，カンブリア紀と原生代の境界はある種の生痕化石の出現で定義される．古生代と中生代の境界には大規模な生物絶滅が起こっていた．一方，完新世と更新世の境界は，地球の気候が寒冷から温暖に急激に変わる時期に定義されている．ただし，先カンブリア時代のケースでは汎世界的に認定できるイベントは少なく，地質時代の境界はキリのよい年代（例えば，新原生代―中原生代境界の10億年前，太古代―冥王代境界の40億年前，■図1）である．

多くの場合，地質時代の名称には模式層序がある地名が用いられる．チバニアン，ジュラ紀，ペルム紀などがそれにあたる．また，その時代に特徴的な地層が用いられることもある．白亜紀はイギリスとフランスを境するドーバー海峡の海岸に広く分布する白色のチョーク層，石炭紀は汎世界的に厚く発達した石炭層にちなんだ名称である．　【狩野彰宏】

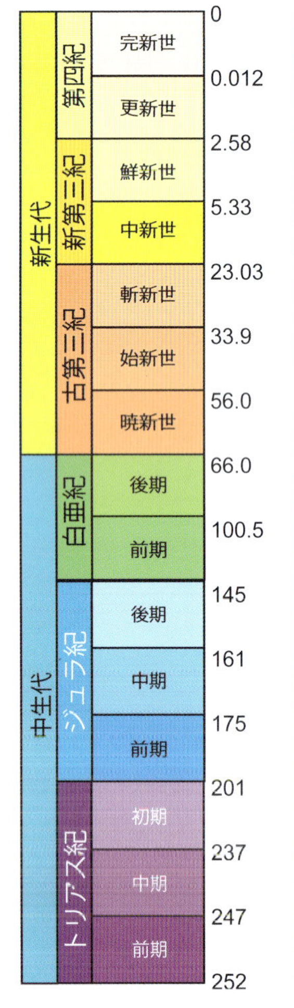

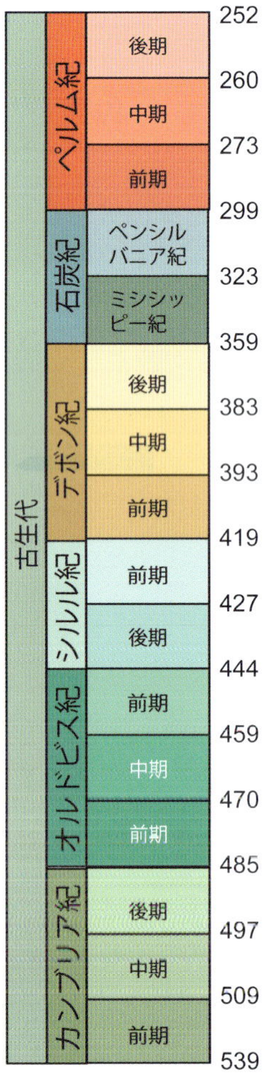

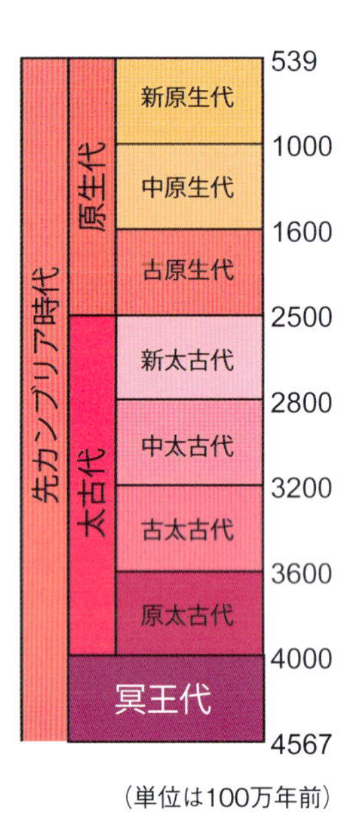

■図１　地質時代を表す年表．数字は境界の年代（単位は100万年前）（Gradstein (2020) などを参考に作図）．

4. 関東地方

関東地方の鍾乳洞は西部の山地に多い．そこには秩父帯と美濃帯に属する中古生代の石灰岩層が点在しており，栃木・群馬・埼玉・東京に多くの洞窟が発達している．観光洞も多く，ここで紹介する鍾乳洞のほかにも栃木県那須塩原市の源三窟がある．石灰岩は阿武隈山地の南縁にあたる茨城県北部にも発達し，そこでは諏訪の水穴 4-5 などの洞窟がある．

一方，南部の千葉県や神奈川県の海岸沿いには海食洞がいくつか発達している．また，小笠原諸島には古第三紀以降の炭酸塩岩が発達しており，母島にある清見ヶ岡鍾乳洞は観光客に公開されている．

関東地方の洞窟の中には信仰の対象になっているものも多い．埼玉県の橋立鍾乳洞 4-6 と神奈川県の江の島岩屋 4-11 には寺社仏閣が併設されており，多くの観光客が訪れる．

房総半島の河川沿いには人工的なトンネルも多く見られる．これらは蛇行河川で起こりやすい氾濫を防ぐために作られたものである．また，山地では通行のための素掘りトンネルも多く見られる．館山市の赤川地下壕跡は戦時中に作られたものはあるが，規模が大きく内部では地層が造った美しい模様が見られる．

【狩野彰宏】

宇津野洞窟（うつのどうくつ）—地元に愛される小さな洞窟—

Utsuno Cave

【所在地】栃木県佐野市会沢町
【地質帯】足尾帯
【地層】鍋山層の石灰岩および苦灰岩
【年代】ペルム紀
【規模】横穴，測線延長102 m．
【観光洞】9:00から16:00．無料．時間内は常時照明が点灯している．入口に門が設置してあり，時間外は入洞できない．毎週月曜日と年末年始も見学不可．
【指定】佐野坂東33箇所の32番札所．

地形と地質

関東平野の北方，栃木県南西部から群馬県南東部にまたがって足尾山地と呼ばれる山地が広がっている．その南部に分布するジュラ紀付加体の一つである足尾帯では，地質学や構造層序区分の研究がなされてきた（藤本，1961；Kamata，1996）．その中の葛生コンプレックスには，中生代のチャートや泥岩と共に，古生代ペルム紀の炭酸塩堆積物が馬蹄形に分布している（4-3の■図1）．石灰岩からはフズリナ類（紡錘虫類）やウミユリ類，腕足動物類，サンゴ類，コノドント類などの化石がみられ，古生物学的な研究も古くから行われてきた（藤本，1961；Igo，1964；小林ほか，1974；Muto et al.，2021；Shikama，1949）．

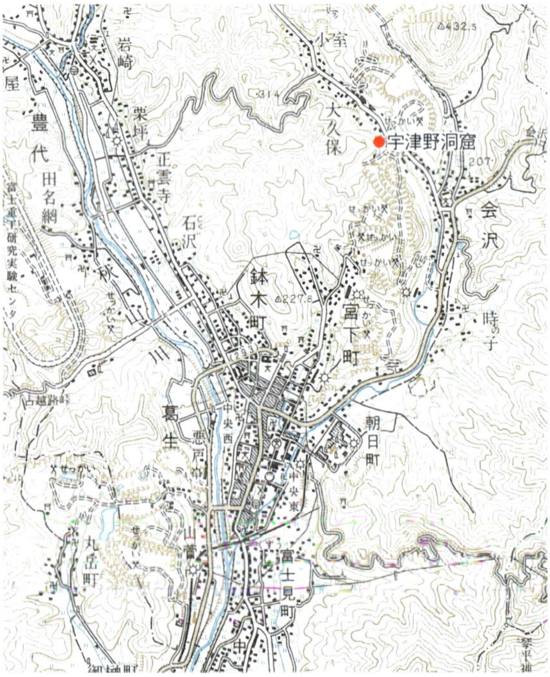

この石灰岩体の中に地表露出後の化学的風化作用によって形成された大小の裂罅（れっか）や洞窟が存在している．これらの裂罅または洞窟の堆積物中からは新生代第四紀更新世後期の様々な脊椎動物化石が発見され，こちらも多くの研究がなされている（Tazawa et al.，2016；長谷川ほか，2009；髙桒ほか，2014）．

佐野市会沢町にある宇津野洞窟（■図1）は古生代ペルム紀の石灰岩である鍋山層に発達した洞窟で，葛生石灰岩地域で公開されている数少ない洞窟の一つである．

■図1　宇津野洞窟の位置図．地形図は国土地理院発行．

洞窟の概要

入洞できる部分の全長が100 m程の横穴型洞窟で観光洞としては小さいが，近くに駐車場も整備され，無料で見学できるため，知る人ぞ知る観光スポットとなっている．

入口付近や洞内の石灰岩にはフズリナ類を観察することができる．洞口には木製の扉（■図2）があるが，時間内は無料で開放されている．洞内の床はコンクリートで整えられ，柵なども設置されている．また，特徴的な構造を見ることができる場所には説明の立て札が立っており，照明が設置されているので，見学しやすい（■図3）．

洞窟の入口から下り坂を10 mほど進むと正面に奥行2 mほどのくぼみがあり，アクリル板で保護されている．くぼみの中には鍾乳石がいくつか見られ，如意輪観音菩薩と書かれた立て札が立っている．

洞窟はそこから二手に分かれており，アクリル板（如意輪観音菩薩の鍾乳石）の右側の経路は天井が高くほぼ平坦である．左側の経路は下りになっており，西側に向かってU字カーブとなる．

右側（北西方向）の経路では25 mほど進むと先端部は観察ポイントになっており，上部の壁には鍾乳石が発達している（■図4）．さらに横穴が続いているのが見えるが，幅が狭く入ることはできない．途中，石灰岩に囲まれた平らな部分があり，護摩焚き場の表記がある．勝道上人が開基したといわれる佐野坂東霊場の32番札所となっており，祈りの場としても利用されてきた．また，その影響で，天井や壁の一部が黒くすすけている場所も見られる．

一方，左側（南側）の経路では，階段を下り，西に進むと突き当りに天井の高いスペースに出る．一面の壁に鍾乳石が発達しており，高さ8 mほど，幅6 mほどの大きさがある．鍾乳石を保護するアクリル製ガードもあり安全に見学することができる（■図5）．

洞内に水は流れておらず，鍾乳石の成長は止まっているが，雨水がしみ込んで常に床は濡れていて湿度は高い．常時照明がついている影響で植物が生え，一部鍾乳石が緑色に見えるところもある．洞内は常に15℃ほどで夏は涼しく，冬は暖かく感じる．

特に夏はちょっとした探検気分が味わえる穴場として，地元で人気である．近年，佐野市はフィルムコミッションにも力を入れており，映画やドラマのロケ地として宇津野洞窟もその景観を生かして利用されている．駐車場からは，反対側に石灰石鉱山をながめることができ，一か所でコンパクトながら石灰岩地域を満喫できる．　　　　【奥村よほ子】

■図2　宇津野洞窟の入口（2023年現在）．

■図4　宇津野洞窟に見られるフローストーン．

■図3　洞窟内部の様子．

■図5　洞窟最奥に見られる鍾乳石．

不(ふ)二(じ)洞(どう)—修行の場にもなった関東最大級の鍾乳洞—

Fuji-do Cave

【所在地】群馬県上野村川和
【地質帯】秩父南帯
【地層】乙父沢層
【年代】石炭～ペルム紀
【規模】竪穴と横穴が組み合わさっており，現在までに確認されている全長は約2200m．観光洞として600mの部分が公開されている．
【観光洞】入洞受付時間は9:00～16:30，ただし冬季（12～3月中旬頃）は営業時間が短縮される．山道を登って入洞するので，温度調整できる服装がよい．また洞内は濡れている部分が多く，服も汚れやすい．
【指定】県天然記念物

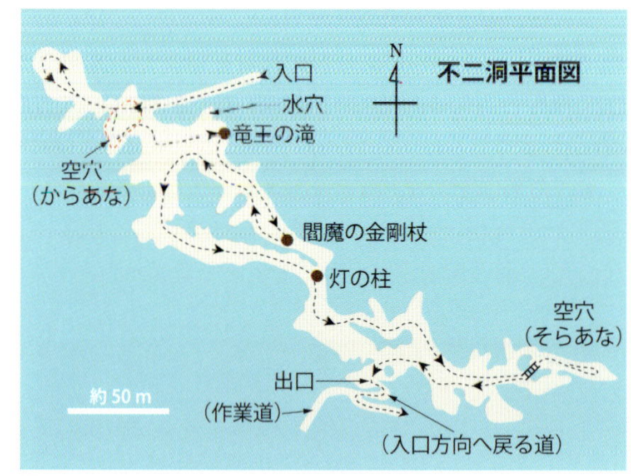

■図1　不二洞の観光洞部分の平面図．

地形と地質

群馬県の洞窟の大部分は，県東部と県南西部に存在する．前者は足尾山地に点在しており，みどり市の小平鍾乳洞 4-3（観光洞）が有名である．一方の群馬県南西部では，洞窟は秩父帯（ジュラ～白亜紀の付加体）中に点在する石灰岩体に発達する．洞窟の規模は様々であるが，乙父沢層中の石灰岩体に開口する不二洞と生犬穴(おいぬあな)が有名であり規模も大きい．この石灰岩体には*Pseudofusulina*など石炭紀～ペルム紀のフズリナ類などの化石が含まれている（久田・上野，2008；大久保・堀口，1969）．

生犬穴は，1929年に地元の人たちが発見し，1939年に国指定天然記念物となった．この洞窟からは後期更新世（3万2500年前）のヒグマの化石も見つかっている（宮崎ほか，1995；Segawa et al., 2021）．現在は，村の教育委員会が管理し，原則非公開である．

不二洞の概要

不二洞は大福寿山(おおふくじゅやま)の標高800 m付近にあり，かつては藤堂洞窟や不二穴とも呼ばれていた．言い伝えによると，不二洞の存在は約1200年前から知られていたとされ，昔から信仰の対象になっていた．約400年前には藤原山吉祥寺の僧侶・安宗が洞内探検に成功し，修行の場にした[1]．また，200年ほど前に地元で疫病が流行した際には，吉祥寺第六代住職の悦巌上人(えつがんしょうにん)が疫病退散を祈願するため，洞内で入滅された[1]．

関東最大級といわれているが，1992年に観光洞の「空穴(からあな)」（■図1）との接続が新たに確認され，さらに北東方向へ続く延長部分も見つかった．1970年代の測量結果の報告はあるが（姉崎・髙桒，2006），その後の測量結果の報告はされていない．近年の整備で観光洞内にLED照明が設置され，部分的にカラフルな色合いである（■図2）．また，解説プレートも多数設置され，センサースタートによる音声解説もある．

洞内の探索

山道を登った所の入口から人工トンネルに入り，トンネルを登り切った所から洞窟に入る．洞窟は閉鎖的であり，年間を通じて気温は10℃ほどに保た

■図2　不二洞上層に発達する石柱（右）とつらら石（左上）．洞内の鍾乳石は赤や青色の照明が当てられている．

■図３　不二洞上層の通路沿いに発達する石筍．滴下水はなく，現在は成長が停止している．

れている．トンネルを抜けると竪穴の底部（かつての最奥部）に出て，ここから螺旋階段をのぼる．途中，水滴が落ちている所は，濡れないようにビニールのカバーがある．螺旋階段を5 mほど上ると横穴があり，コウモリのグアノがある．その他にも螺旋階段の途中では，流水や鍾乳石のほか，一部の壁面に粘土の堆積層の中に砂や泥が挟まった地層も見られる．

螺旋階段を約30 m上がると，側方に向かって洞窟が広がり，その後の順路はこの中を巡る．この付近の天井は高いが，この後の順路の途中にはかなり低い部分もある．順路に沿って歩くと，水が落ちている音が聞こえる．ここは「水穴（みずあな）」という北東－南西方向に延びる竪穴で，つらら石と石筍がよく見える（■図3）．手前のホールの天井にある割れ目も同じような方向に延びている．これらはこの石灰岩体の節理である（姉崎・髙橥，2006）．穴の直径と水面までの深さは共に約9 mである（高橋・中島，1970）．その先には「竜王の滝」と呼ばれる滝もある．また，壁面には溶解作用による構造も観察できる（■図4）．

その奥にある石柱は「閻魔の金剛杖」と呼ばれ，さらに進むと洞内で最も大きい石柱の「灯の柱」がある．かつて修行の場であったことが，不二洞内の代表的な場所にこのような仏教用語を用いた名称が付いた理由といわれる（野村，1983）．この他に洞内にはノッチなどもあり，ホールではコウモリが舞うこともある．

出口に近い「空穴（そらあな）」は高いホールで，天井が開口している．これは天然の落とし穴で，整備前のホール床面には落下して死んだと思われる動物の獣骨が転がっていた（姉崎・髙橥，2006）．また，ホールの底付近に存在したトラバーチンによって石灰岩角礫が固結した部分からは，生犬穴と同じくヒグマの化石を含む，多くの哺乳類化石が見つかっている（髙橥ほか，2007，総説 1-5 ■図5，1 a，b）．そして出口に到着する．実はこちらが当初の開口部で，かつての入口だった．出口は山の南向き岩壁に開口し，東側を流れる沢からの比高は約50 mである．【髙橥祐司】

関連サイト

[1] 上野振興公社「旅する上野村」，http://uenomura-tabi.com/top/fjujido/

■図４　チューブ上に溶食された洞窟経路．

桐生の鍾乳洞群—小平鍾乳洞，不動穴洞穴，蛇留淵洞—

Limestone Caves in Kiryu area : Odaira Cave, Fudou-ana Cave, and Jyarubuchi-do Cave

【所在地】群馬県みどり市大間々町，桐生市梅田町
【地層】足尾帯ジュラ紀付加体中の石灰岩
【観光洞】小平鍾乳洞のみ
【指定】（小平鍾乳洞）市天然記念物（地形・地質）．

地質の概要

群馬県南東部に位置する桐生地域の山岳地には，ジュラ紀付加体の足尾帯が広く分布し，小規模な石灰岩体が点在する[1]．東に隣接する栃木県葛生地域の石灰岩体（宇津野洞窟 4-1）とは，同じ足尾帯であるものの異なる地質体（コンプレックス）に属する（■図1）．ここでは，桐生地域の渡良瀬川流域にある3つの洞窟を紹介する．このうち，不動穴洞穴と蛇留淵洞は同じ石灰岩体に胚胎する（■図1）．

小平鍾乳洞

小平鍾乳洞は，渡良瀬川支流の小平川沿いに位置し，足尾帯大間々コンプレックスの玄武岩に伴われる石灰岩ブロック中に胚胎する．石灰岩の地表分布は狭いものの，鍾乳洞の存在に基づき，100 m を超える石灰岩の伏在が推定されている（伊藤ほか，2022）．鍾乳洞は，1874年に石灰岩の採掘中に発見され，一時は見学者でにぎわったものの，なんらかの理由で洞口が埋没し，伝承でのみ知られていた．その後，古文書を基に探索され，1984年の発掘の結果，再発見に至った[2]．

小平鍾乳洞は全長93 mの横穴型洞窟で，洞口からコンクリートに囲まれた人工通路を階段で降りて洞内へと向かう．洞内の空間はつらら石や石筍，ストロー，フローストーンなど多様かつ豊富な鍾乳石で彩られている（■図2，3）．観光ルート沿いに点在する堆積物上には，ホラアナゴマオカチグサ近似種の死殻が確認できるかもしれない（■図4）．また，所々に固結した角礫混じり堆積物も見られる．

不動穴洞穴と蛇留淵洞

不動穴洞穴は，渡良瀬川支流の桐生川沿いに位置し，足尾帯の黒保根–桐生コンプレックス（伊藤ほか，2022）の泥岩に含まれる石灰岩ブロック中に胚胎

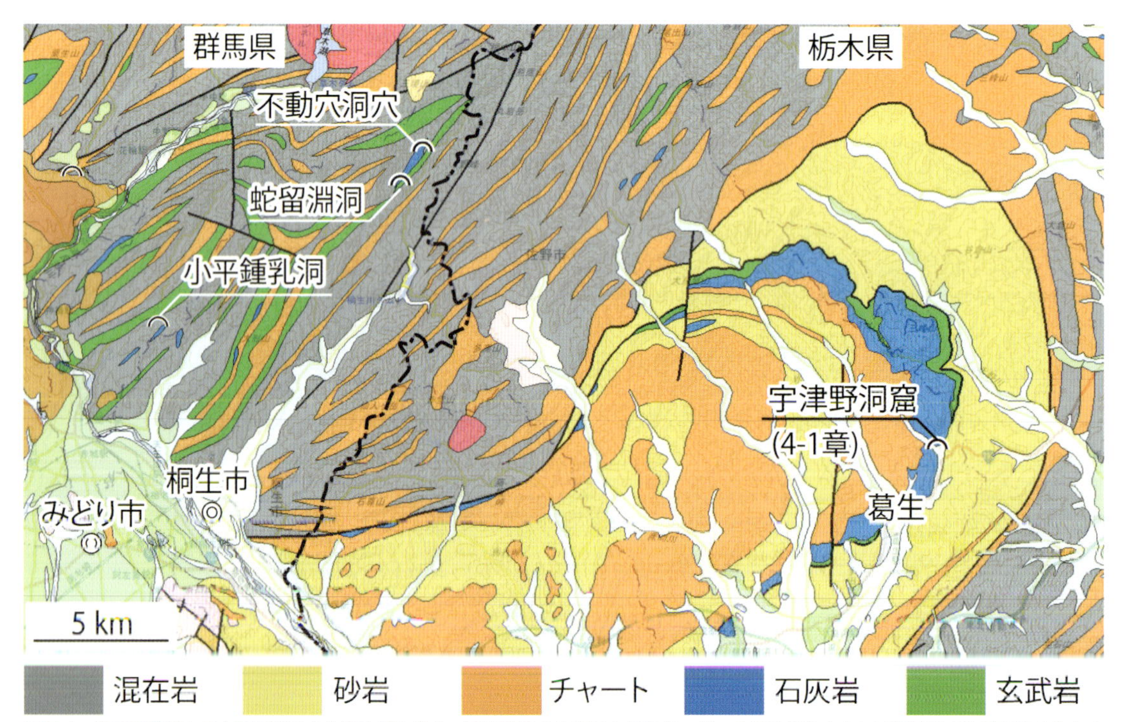

■図1　群馬県東部と栃木県西部の主な鍾乳洞の分布．渡良瀬川の北東の山岳地は，ジュラ紀付加体からなる足尾帯の地層が広く分布する．20万分の1日本シームレス地質図[1]を基図に作成した．宇津野洞窟 4-1 の位置も示す．

■図2　小平鍾乳洞の石筍.

■図5　不動穴洞穴.

■図3　小平鍾乳洞のフローストーン.

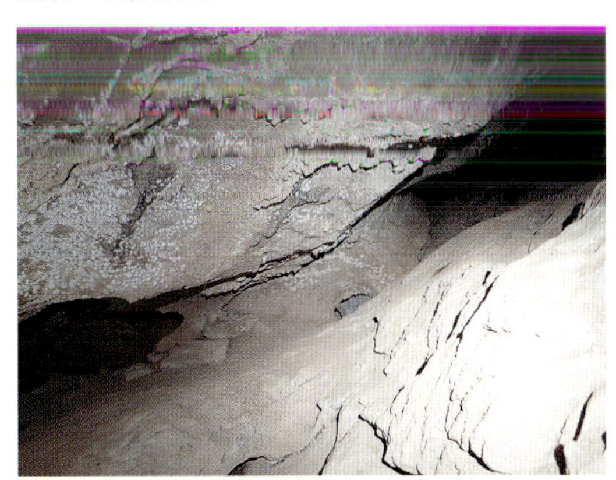

■図6　不動穴洞穴の奥の狭洞空間.

■図4　小平鍾乳洞のホラアナゴマオカチグサ近似種の死殻

■図7　蛇留淵洞の洞内.

し，林道脇の岩陰に開口する（■図5）．1972年の林道開削の際，そこに露出した裂罅堆積物から数片の哺乳類化石が発見されたことを端緒に，発掘調査が1973～74年に3回にわたり実施された．更新世後期の絶滅哺乳類化石に加え，縄文時代草創期の遺物の産出が知られる（不動穴洞穴団体研究会編，2022）．岩陰状の広い空間の奥には，狭い入口の先に狭洞空間がある（■図6）．ここでは，乾燥したケイブコーラルが天井と洞壁に見られる．桐生川支流の高仁田沢沿いには，トラの犬歯化石を産した蛇留淵洞も知られ（長谷川ほか，2013）（■図7），洞窟古生物学分野で重要な研究フィールドとなっている．

【柏木健司・狩野彰宏】

関連サイト

[1] https://gbank.gsj.jp/seamless/index.html
[2] https://www.city.midori.gunma.jp/kosodate/1001647/1001800/1002428/1002466.html

下郷鍾乳洞（しもごうしょうにゅうどう）—沢沿いに開口する３つの地下空間—

Shimogou Cave

【所在地】群馬県下仁田町下郷
【地層】結晶質石灰岩
【未整備洞】入洞にはライトなどの装備が必要.

地質と地形の概要

下郷鍾乳洞は，下仁田ジオパーク内の鍾乳洞の一つで，根無し山として知られる四ツ又山（よつまたやま）クリッペを構成する結晶質石灰岩中に胚胎する．南牧川左岸の下郷から沢沿いの山道を西方に歩いた標高500 m付近に位置し，左岸側斜面に第一から第三の3つの鍾乳洞からなる（下仁田町役場商工観光課・明治大学地底探検部，1986；堀越，2004）．第一下郷鍾乳洞が，いわゆる下郷鍾乳洞として広く知られている．

洞窟と周辺の様子

第一下郷鍾乳洞は，測線長37.5 mで北北西から南南東方向に伸びる横穴型洞窟で，沢床から急崖途中の比高約20 mに開口する．鍾乳石は，洞口付近から最奥地点まで豊富に見られ，洞壁にはフローストーンが広い範囲で，天井にはストローが，洞床には石筍が点在して見られる．最奥部には，高さ3 mで白色を呈するフローストーンが見られ圧巻である（■図1）．洞口へは，やや下流側から土付き斜面を上流方向へと斜めに登るのが，洞口直下の急崖を直登するよりも安全である．

第二下郷鍾乳洞は，第一下郷鍾乳洞から上流に約50 mで，河床から比高8～9 mに開口し，洞口を沢床から容易に視認できる．洞口は天井が低く，洞内には匍匐で入洞する．洞内には，フローストーンやストロー，石柱などを含み，鍾乳石が豊富に見られる．洞口から狭い通路を通過した先にある，東西約11 m，南北約5～6 m，高さ1.5～2 mの広い空間には，水平天井に多数のストローが見られ，洞壁には流れ石が発達し，洞床は所々でグアノ堆積物に覆われる（■図2）．ここでは，独特のグアノ臭を嗅ぐことができる．2023年11月24日の調査に際には，コキクガシラコウモリのコロニーが所々に確認された．また，洞口から頻繁に出入りするコウモリの飛翔が見られた．

第三下郷鍾乳洞は，支流を北方に約50 m登った急崖の基部に開口する．地下水の流出穴で，鍾乳石は見られない．

第一と第二下郷鍾乳洞まで，沢沿いの山道に案内板が設置されているものの，第一・第二・第三下郷鍾乳洞はすべて，照明設備などが整備されていない探検洞である．入洞に際しては，ケイビング経験者を含む複数名で，ヘッドライトを含む安全を十分に保障する装備が必要である．【柏木健司】

■図1　フローストーン．第一下郷鍾乳洞の最奥地点．ヘッドライトで照らすと，フローストーンを形作る方解石のへき開面で光が反射して，美しいイルミネーションが浮かびあがる．

■図2　第二下郷鍾乳洞．写真奥にコウモリのコロニーが見られる．

4-5

諏訪の水穴（すわのみずあな）—水戸光圀も訪れた由緒ある洞窟—

Suwa-no Mizuana

【所在地】茨城県日立市大平田
【地質帯】阿武隈帯
【地層】石灰岩
【年代】石炭～ペルム紀
【規模】長さ約100mの横穴.
【未整備洞】内部に照明なし．水に濡れてもよい服装が好ましい.
【指定】県天然記念物

洞窟の歴史

茨城県日立市の一帯には阿武隈山地から続く中古生層が分布する地域がある．諏訪の水穴は古生代の石灰岩地域に発達する洞窟であり，茨城県の天然記念物に指定されている.

この洞窟は古くから知られており，長野県諏訪大社の分霊が祀られたことが名前の由来になっている（■図1）．また，江戸時代の初めには徳川光圀が入洞したという記録があり，名勝として広く知られるようになった.

戦後，下流に砂防ダムが造られたことで洞窟は土砂で埋められてしまったが，1980年代に土砂が取り除かれ，元の状態に復元された.

洞窟と周辺の様子

諏訪の水穴は横穴型洞窟で，洞口は地下河川の流出口となっている（■図2上）．洞口から水流沿いに入洞し，15 mほど進むと天井は低くなる．この付近まで溶食構造が卓越し，鍾乳石は発達していない（■図3）．また，洞壁の水際に見られる層厚数十cmの泥の層は，土砂で埋没した際の名残と思われる.

空間はさらに奥へと続いている．1982～83年に実施された調査によると，洞口から約80 mに六畳程度の空間である一の戸があり，さらに20 mほど匍匐すると二の戸の空間に達する．江戸時代末の新編常陸国誌によると，さらに300～400 m先に三の戸があるとされる（「ふるさと諏訪」編集委員編，1985）.

諏訪の水穴の近くを流れる鮎川の河川敷には水戸藩により造営された諏訪梅林があり，初春には多くの観光客が訪れる.

【狩野彰宏】

■図2　諏訪の水穴の洞口.

■図1　諏訪の水穴近くにある神社．諏訪大社の分霊である.

■図3　諏訪の水穴の洞内.

Column 3

洞窟と歴史上の人物

茨城県日立市の諏訪の水穴（4-5）には，水戸光圀（1628-1710）や13世紀の神官である藤原高利の逸話が残っている．1690年に水戸光圀が洞窟を訪れた際に，以前に高利が奉納していた夫婦像が腐朽していたため，新たに2つの像をつくり，像の内部に高利の像を収めたという伝承は，1973年の調査で史実と確認された．茨城県の指定文化財となったこの像は日立市郷土博物館に展示されている．

神秘的なイメージから，洞窟はしばしば修行や祈禱の場として用いられてきた．日本においては，洞窟に関わった歴史上の人物としてまず挙げられるのは，弘法大師空海（774-835）である．空海は20代の頃，高知県室戸市の御厨人窟 9-5 で修行を積み，洞窟から見える空と海の風景に感銘し，自らを空海と名乗るようになった．その後，空海は遣唐使の留学僧として渡航し，そこで学んだ密教の奥義と経文を日本に持ちかえり，真言宗を開祖した．空海についての伝承が残る場所は多数あり，その中には洞窟も含まれている．関東地方では東京都奥多摩市の日原鍾乳洞 4-7 と神奈川県藤沢市の江の島岩屋 4-11 に空海が修行した伝承がある．江の島岩屋では，円心や日蓮なども修行を行ったとされ，源頼朝（1147-1199）や北条時政（1138-1215）などの関東の武将が戦勝祈願に訪れた（竹村，2022）．

関東地方に本拠を置いていた源氏と，西日本に拠点をもつ平家についての逸話や伝説も多い．山口県美祢市の景清洞 8-16 の名称の由来は平家の武将・大庭景清にあるといわれる．壇ノ浦の戦い（1185年）に敗れた景清の父である大庭景宗の一党は，この洞窟に落ち延びて暮らしていた．しかし，源氏の厳しい追跡により発見され，急襲された．その時不在であった頭領の景宗に代わり，息子の景清が指揮を執って大いに奮戦したという．なお，この洞窟の由来については平景清であるという説もある．

栃木県塩原市の源三窟には源有綱（生年不詳-1186）の伝説が残る．壇ノ浦の戦いの後，源義経の腹心だった有綱は，頼朝軍に義経とともに追われ，現在の奈良県で追撃を受けて自害したとされる．しかし，伝説では，奈良県から栃木県塩原まで逃避し，そこで地元の城主に捕えられ源三窟で落人として暮らしていた．有綱はここで再起を図ろうとしたが，頼朝軍に発見され，無念の最期を遂げたと伝えられている．なお，源三窟は観光洞として一般に公開されている．

源義経（1159-1189）が関係する洞窟もある．頼朝軍の追撃から逃れ，岩手県の奥州藤原氏のもとに身を寄せていたが，最後は藤原泰衡に襲われて自害したというのが一般的な史実である．しかし，ここでは死なず北海道に渡ったという「義経北行伝説」がある．北海道本別町はこの義経伝説のある場所で，街の東側にある山は義経山と呼ばれる．そして，沢を挟んだ対岸側の丘陵斜面にある洞窟は弁慶洞と名づけられている．

源氏や平家の例に見られるように，洞窟は隠匿の場として用いられてきた．関ヶ原の戦い（1600年）に敗れた石田三成（1560-1600）も最後は洞窟に隠れた．三成が隠れたのは滋賀県長浜市の大蛇の岩窟という鍾乳洞である．三成は母の故郷である長浜に逃走した際，村人の進言によりこの洞窟に隠されたが，関ヶ原の敗戦後1週間ほどで捕えられた．

江戸時代に入り，天草・島原の乱（1637-1638年）の時，天草四郎（生年不詳-1638）が戦略を練ったといわれる場所が熊本県上天草市の吹割岩洞窟である．これは溶岩ドームの裂け目であるとされ，四郎の本拠である島原市の原城まで抜け穴が掘られたという伝説がある．隣接する五島列島の若松島にはキリシタン洞窟（長崎県上五島町）という場所もある．江戸時代末～明治時代初期にかけて長崎で起こったキリシタン弾圧により，多くのキリシタンがこの洞窟に身を隠して信仰を守り抜いたといわれる．

最後に紹介するのは西郷隆盛（1828-1877）の逸話である．1877年の西南戦争で，隆盛は鹿児島から九州各地で半年ほど転戦した後，軍を解散した．その後，西郷は仲間とともに，九州の山間地を越えて鹿児島に戻り，鹿児島市城山に立てこもった．そこで，西郷一行は征討軍に包囲され，銃弾に倒れるまでの最期の5日間を洞窟ですごした．この洞窟は西郷洞窟とよばれ鹿児島市の観光スポットとなっている．

【狩野彰宏】

橋立鍾乳洞（はしだてしょうにゅうどう）—霊場の伝承が残る山間の洞窟—

Hashidate Cave

【所在地】埼玉県秩父市上影森
【地質帯】秩父帯
【地層】石灰岩
【年代】三畳紀
【規模】竪穴が主体．観光洞として140mが公開されている．
【観光洞】3月～12月までの8:00～16:30.
【指定】県天然記念物，秩父札所34ヶ所の28番札所．

周辺の地質と遺跡

埼玉県秩父市を中心としたエリアは，秩父帯の模式地であることに加え，三波川帯の変成岩や中新世に堆積した化石層など，地質学的なみどころが多く，古くから多くの地質学的研究がなされてきた（高木・吉田，2022）．この地域は2011年に日本ジオパークに指定され，「ジオ学習の聖地」をメインテーマに整備がすすめられてきた．

埼玉県秩父市には秩父帯に属する武甲山（ぶこうざん）に代表される石灰岩体がいくつか発達し，石灰石の採掘も行われている．武甲山の石灰石鉱山は日本有数の規模を誇り，地域経済を支えるとともに，山体の地形を大きく変えてきた．

秩父市上影森の橋立鍾乳洞は武甲山石灰岩体の西の端に発達しており，観光洞として公開されている．この洞窟が発達する石灰岩の岩壁には秩父34霊場の1つである橋立堂が建立されている（■図1）．

洞窟の入口付近に流れる橋立川沿いの石灰岩体には，侵食による窪んだ地形が見られる．ここには縄文～古墳時代に人が住んでいて，遺跡からは土器や装飾品が出土している．

洞内の様子

橋立鍾乳洞は長さ約140 m，高低差約30 mの竪穴的な性質をもつ洞窟である．洞窟の入口は最も下層にあり，そこから階段を伝って細い経路を登っていく（■図2）．洞窟経路には石柱・石筍・つらら石などの鍾乳石が多数見られる．ただし，洞窟内は乾いており，滴下水はほとんどなく，成長中の鍾乳石は認められない（■図3）．

橋立鍾乳洞は信仰の対象になっており，鍾乳石には菩薩・五百羅漢などの名前が付けられている．

【狩野彰宏】

■図2　洞内の狭い通路．観光客は狭い階段を上り下りして見学する．

■図1　洞口近くの石灰岩壁に造られた橋立堂．秩父札所34ヶ所霊場の1つ．

■図3　洞内の通路沿いに発達する石筍．滴下水はなく，現在は成長が停止している．

日原鍾乳洞―山岳信仰の場となっていた人気の鍾乳洞―

にっぱらしょうにゅうどう

Nippara Cave

【所在地】東京都奥多摩町日原
【地質帯】秩父帯
【地層】石灰岩
【年代】石炭紀－ペルム紀
【規模】竪穴主体の複合型洞窟．総延長1200m以上，標高差約130m.
【観光洞】9:00～17:00の営業．12～3月は16:30まで.
【指定】都天然記念物

地質と発見の経緯

東京都西部の山地には秩父帯の中古生層が広く分布し，その中には石炭～ペルム紀およびジュラ紀の石灰岩が含まれ，多くの鍾乳洞が発達する（角田, 1989）．その中で最大のものが日原鍾乳洞である．

日原鍾乳洞の存在は鎌倉時代から知られ，信仰の対象になっていたとされる．1962年に東海大学探検部により再発見されると，その後の調査により総延長1200 m以上もある大規模洞窟であることが明らかにされた．

かつては，山岳信仰の修行の場となっていたが，日原鍾乳洞の存在は数百年間も忘れられていたことになる．昭和に入ってからの調査では，信仰者が投げ入れたと思われる古銭や銅鏡などが出土している．

洞内の様子

総延長1200 m以上の日原鍾乳洞のうち，約400 mの部分が公開されている．

観光ルートの前半（旧洞と呼ばれる）は横穴的な空間である．洞内には溶食構造が卓越し，鍾乳石は比較的少ない．最も低い部分には地下河川が流れ，

■図1　日原鍾乳洞の入口付近に祀られた小さな祠.

■図2　日原鍾乳洞新洞に見られる鍾乳石.
上）白滝に見られる多数の石筍．下）金剛杖と名づけられた石柱と石筍.

経路を進んでいくと，観光コース最奥の広く高いホールに出る．

日原鍾乳洞は信仰の場になっていたこともあり，小さな祠が祀られている（■図1），仏教用語を用いた見どころが続いている．弘法大師が修行に使ったともされる場所もある．

観光コースの後半は竪穴である（新洞と呼ばれる）．階段を50 mくらい登ると，鍾乳洞の最も高いレベルに着く．ここには多くの石筍（■図2）やフローストーンが発達している．ただし，鍾乳石は乾いており，現在は成長していないものと思われる．そこから，今度は階段を下り，旧洞へと戻る．

日原鍾乳洞の空間は閉鎖的であり，外気との交換は制限されている．そのため，洞内の気温は11℃に保たれている．首都圏に近い鍾乳洞なので，夏は多くの観光客が訪れ，洞窟までの道路が混雑することがある．

【狩野彰宏】

4-8

大岳鍾乳洞（おおたけしょうにゅうどう）—地元民に愛される東京秘境の洞窟—

Ohtake Cave

【所在地】東京都あきる野市養沢
【地質帯】秩父帯
【地層】石灰岩
【年代】石炭紀〜ペルム紀
【規模】全長約1000mの横穴
【観光洞】9:30〜17:00の営業（木曜は定休日）．12〜3月は16:30まで．受付でヘルメットを借用．
【管理】有限会社大神
【指定】都天然記念物

地質と発見の経緯

東京都あきる野市の養沢（ようざわ）流域は都心から最も近い石灰岩地域である．ここには，奥多摩町日原川流域とともに，多くの鍾乳洞が発見されており（角田，1989），大岳鍾乳洞と三ツ合（みつごう）鍾乳洞（土日祝日のみ）は一般に公開されている．

大岳鍾乳洞は1961年に地元民により発見され，速やかに開発され，翌年から公開となった．キャンプ場が隣設されており，夏には観光客で賑わう．また，付近の秋川渓谷も人気の観光地である．

洞内の様子

長さ約300 mの観光ルートの前半は天井の低い横穴（■図1）を進んでいく．途中にウミユリなどの化石やつらら石を見ながら進んでいくと，観光コース最奥のホールに出る．後半はやや広い通路になり，通行しやすくなる．観光コースの見学には30分ほどかかる．受付で借用できるヘルメットの着用は必須である．

大岳鍾乳洞では最下層に地下水が流れており，滴下水などの水も豊富である．鍾乳石の発達はよく，特に後半の部分ではつらら石やフローストーンが頻繁に認められる（■図2）．洞内の気温は11〜13℃であり，若干の季節変化がある．洞内には，クラチリゴミムシのような洞窟生物も確認されている．700 mほどの未公開部分もあり，そこでは豊富な鍾乳石の発達も確認されている．【狩野彰宏】

■図1　観光ルートの狭い通路．つらら石がある．天井が低くヘルメットの着用が必須である．

■図2　大岳鍾乳洞に見られる鍾乳石．
上）石柱．下）フローストーンとケイブパール．

守谷洞窟(もりやどうくつ)—海水浴場に隣接する海食洞群—

Moriya Cave

【所在地】千葉県勝浦市守谷
【地層】上総層群清澄層のスコリア質凝灰岩および砂岩．
【年代】新第三紀
【規模】奥行き最大30 m程度の海食洞．
【特記事項】荒熊洞窟遺跡とも呼ばれる．

地質と遺跡

千葉県勝浦市の守谷洞窟がある守谷海岸一帯には，新第三紀に堆積した上総層群清澄層の堆積岩が分布し，侵食作用により特異な地形が発達する．周囲には「めがね岩」などの奇岩も発達する．また，深海でタービダイトとして堆積した砂岩には見事な生痕化石も見られる（石原・徳橋，2001）．

守谷洞窟はかつて考古学の研究対象にもなっており，牛の骨などが出土した（長谷部，1939）．

洞窟の様子

守谷洞窟は清澄層のスコリア質凝灰岩中に発達した海食洞である．海食洞は3つほど発達しており，最も北側にある洞窟には案内板とともに彫像が祀られている（■図1）．この洞穴は奥行き10 m弱の小さいものである．現在の底面は海抜2 mの位置にあり，過去の海食洞形成後に隆起したものと考えられる．

海岸線の崖の南側にはより規模の大きい洞窟が2つ発達している（■図2）．その手前の海食台にはゆるく傾斜した地層が分布しており，層理面には多くの生痕化石が見られる（■図3）．

守谷洞窟は外房線上総興津駅からアクセスできる．夏は多くの海水浴客で賑わうので，車で行く場合は駐車場の確保が必要である．　【狩野彰宏】

■図1　守谷洞窟の北側の海食洞．上）遠景．下）洞口付近に設置されている彫像．

■図2　守谷洞窟の南側の海食洞．

■図3　洞窟付近に発達する海食台．砂岩層の表面には多くの生痕化石が見られる．

大房弁財天の洞窟（たいぶさべんざいてんのどうくつ）—半島の急斜面に開く太古の海食洞—

Taibusa Benzaiten Cave

【所在地】千葉県南房総市富浦町多田良
【地層】南房総層群鏡ヶ浦層の凝灰岩および砂岩．
【年代】新第三紀鮮新世
【規模】幅2m，奥行き20 m程度の海食洞．
【未整備洞】大房岬自然公園（9:00～16:30の開園）内にある．照明がないのでヘッドライトが必要．

周辺の様子

大房弁財天の洞窟は千葉県南房総市の大房岬自然公園内にある海食洞である．公園内の第二展望台から海岸への急傾斜の山道を半分くらい降りた場所に位置している（■図1）．公園にはビジターセンターやキャンプ場が整備されており，夏には観光客で賑わう．大房岬は江戸時代末から第二次世界大戦まで要塞として使用されており，公園内には要塞跡地が残されている．

洞窟の概要と伝説

この洞穴は容易に行ける部分だけでも奥行き20 mほどあり，千葉県の海食洞としては規模が大きい（■図2）．その奥にも細い経路があり，かなりの深さまで続いているとされている．最奥部は確認されていない（岡山・野中, 2023）．この洞窟のレベルは海抜約20 mであり，洞窟形成時から現在のレベルまで隆起したものと考えられる．

この洞窟には1300年前の伝説がある．当時，この地域に住んでいた人々を悩ましていた海賊が捕らえられ，この洞窟に幽閉された．海賊はお坊さんに助けられ，金の龍として天に昇ったという．

【狩野彰宏】

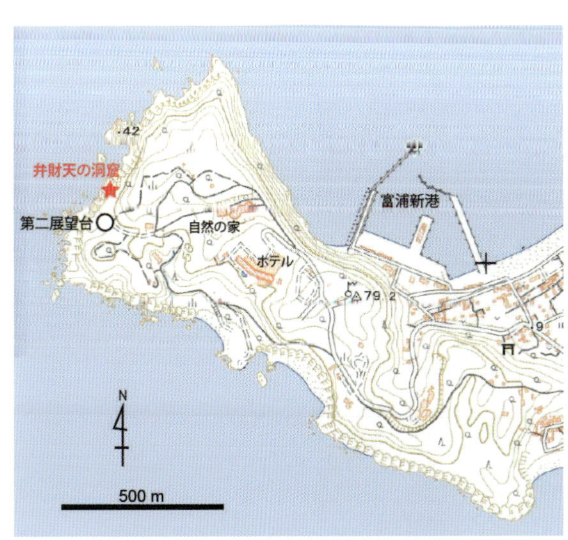

■図1　千葉県南房総市の大房岬自然公園付近の地形図．

■図2　大房弁財天の洞窟．上）洞口の様子．中）洞窟内部の様子．下）洞口から見た洞窟内部．

江の島岩屋（えのしまいわや）—自然の力と信仰の歴史が残る人気の海食洞—

Enoshima Iwaya Cave

【所在地】神奈川県藤沢市江の島
【地層】葉山層群大山層
【年代】新第三紀中新世
【規模】奥行152 m，最大幅15mの海食洞.
【観光洞】9:00～17:00の営業．ただし，荒天時は休業.
【指定】県史跡・名勝，日本百景.

江の島の地質と歴史的背景

神奈川県の湘南海岸東端にある江の島は都心からのアクセスがよく，島を巡る散策路や江の島神社の参道沿いには多くの店が並び，一年を通じて観光客が集まる.

江の島の大部分を構成するのは中新世に堆積した葉山層群大山層の凝灰岩および凝灰質砂岩であり，島周囲の断崖によく露出している．江の島は大地震のたびに隆起した．段丘面の観測結果から，1707年の元禄地震で0.7～1.0 m，1923年の関東大震災で0.9 mほど隆起したと見積もられている（松田ほか, 2015)．最大の海食洞である江の島岩屋の2つの洞窟は約8000～7000年前に形成し，その後の隆起により現在のレベル（標高約10 m）まで上昇したとされる．なお，海食作用は現在も継続しており，より現在の海面レベルにも洞窟が発達しつつある.

江の島は昔から修行の島であり，奈良時代～鎌倉時代の言い伝えが多く残っている．それによると，空海（弘法大師）・円仁・日蓮などが江の島岩屋に籠って修行したと伝えられている．第一岩屋には弘法大師坐像があるほか，洞窟内には故事に関する展示が整備されている．源頼朝が奥州藤原氏征伐を祈願したと伝わる．その後も足利氏や小田原北条氏など関東の武将たちが戦勝を祈願していた．岩屋詣に来た人々から奉納された石仏の多くは洞窟内に展示されている.

洞内の様子

江の島岩屋は島の西部，江島神社から約1 kmほど歩いた散策路の最奥に位置する．江島神社横の散策路を一旦登り，島の頂上付近の奥津宮から降りていくと江の島西海岸の洞窟入口に着く.

現在，公開されているのは2つの洞穴であり，手前の第一岩屋は長さ152 m，奥の第二岩屋は長さ56 mに達しており（■図1)，国内の海食洞としては有数の規模である．洞穴は2つとも標高約10 mのレベルに発達した横穴であり（■図2)，幅は最大で15 m，高さは最大で約5 m，低いところでも1.5 mほどある.

入口から約40 mほどの人工的に掘られた洞窟を進むと，第一岩屋へ到達する．内部には照明があるが，やや薄暗いので，ろうそくを渡してもらえる．第一岩屋の入り口側は広い空間になっており，空間は100 mほど直線的に連続している（■図2A)．そこで，洞穴は二手に分かれ，分岐には弁財坐像が飾られている（■図2B)．奥では，天井は低くなる.

第一岩屋の最奥には江島神社の発祥の場として，

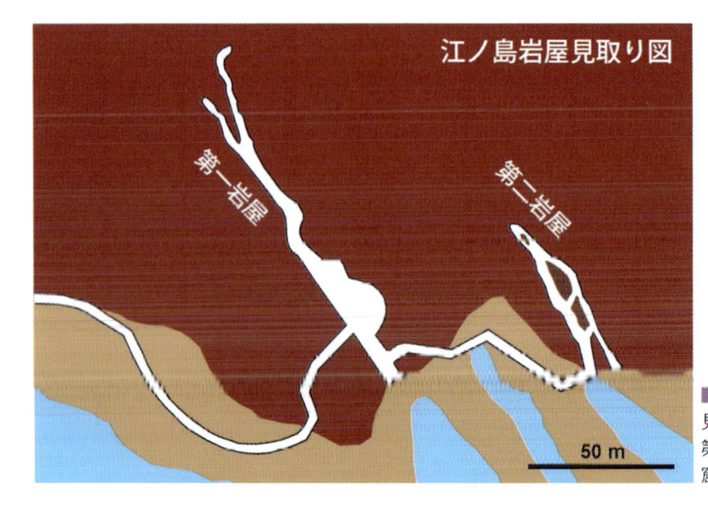

■図1　江の島岩屋の見取り図．第一岩屋と第二岩屋の２つの洞窟で構成されている.

狛犬や祠が設置されている（■図2C）．このほか，洞窟通路沿いには多くの石像が配置されている（■図2D）．

第一岩屋から一旦地上へ出て，左手に進むと，第二岩屋の入り口に着く．第二岩屋の天井は比較的高く（■図2E），二手に分かれた経路はゆるやかに屈曲している．最奥には龍神像が祀られており，ライトアップされている（■図2F）．

江の島岩屋については藤沢市が公開しているホームページ[1]にも詳しい紹介がある．【狩野彰宏】

関連サイト

[1] 江の島岩屋．藤沢市観光公式ホームページ https://www.fujisawa-kanko.jp/spot/enoshima/17.html

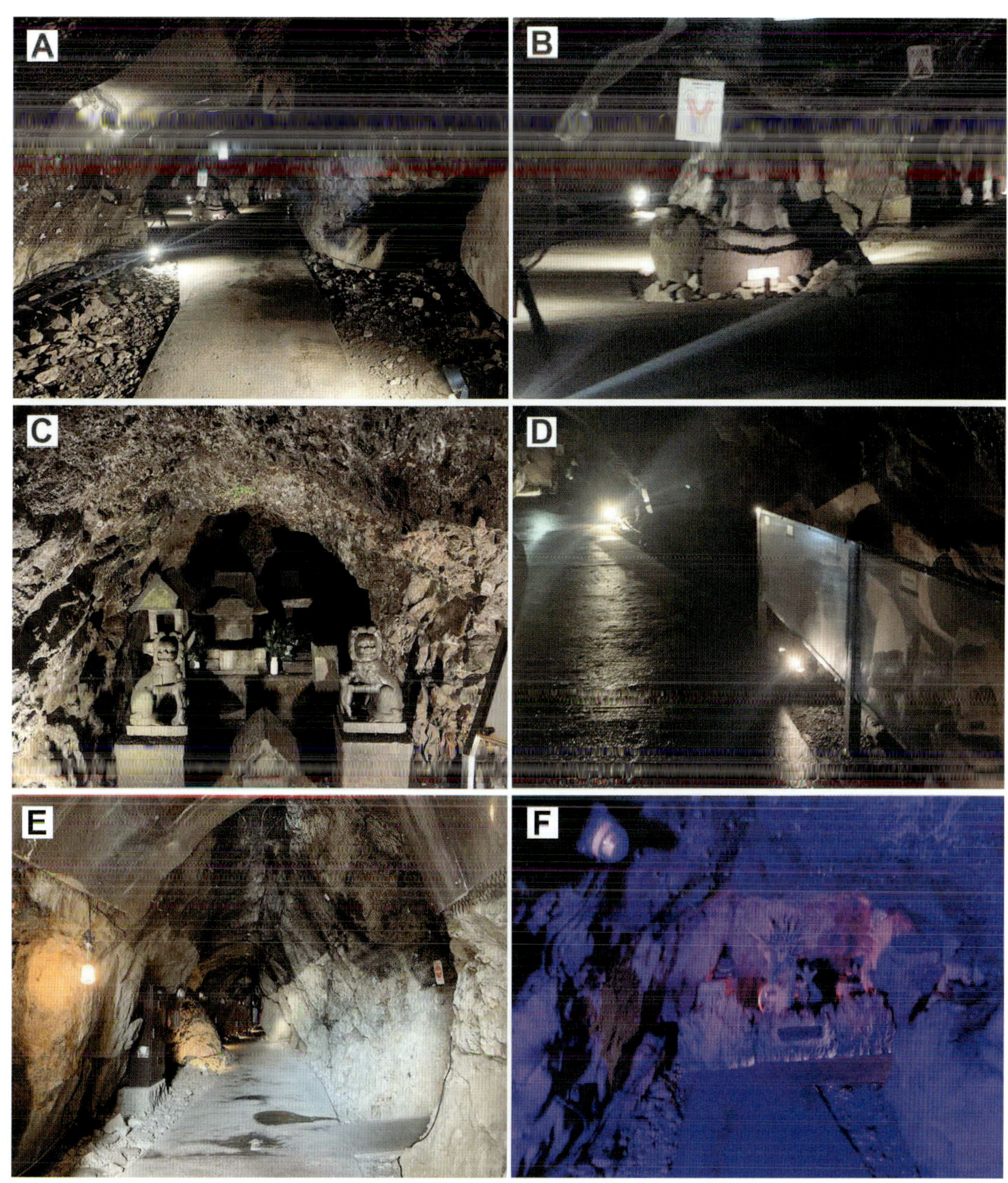

■図2　江の島岩屋の内部の様子．
A）第一岩屋の直線的な空洞．洞穴は奥で二手に分かれる．B）第一岩屋の分岐にある弁財坐像．C）第一岩屋の最奥部に祀られた江島神社の原型．D）第一岩屋の通路沿いに祀られた石仏．E）第二岩屋の広い通路．F）第二岩屋最奥に祀られた龍神．

Column 4

きらめく洞窟 —完全暗黒の空間で輝く光—

観光鍾乳洞では，照明と通路が整備された明るい空間を移動し，美しい鍾乳石や変化に富む洞内空間を楽しむ．満奇洞 8-3 では色彩豊かなLED照明により，龍河洞 9-3 や不二洞 4-2 では広い空間を使ってプロジェクトマッピングを投影することで，幻想的な地下空間が演出されている．

未整備の洞窟や観光鍾乳洞の探検コースでは，ケイビングスーツに身をつつみ，ヘッドライトを装着したヘルメットをかぶり，足元の悪い空間を体全体を使って移動する．ときおり，暗黒空間のライトの先に，まばゆい光が目に飛び込んでくることがある．これは，鍾乳石を構成する炭酸カルシウムの方解石に，ヘッドライトの光が反射しているためである．方解石は，平滑なへき開面が発達する透明な鉱物で，光はへき開面に反射する．洞壁や洞床に平面的に拡がるフローストーンに光を当てて動かすと，光の輝きはイルミネーションのように変化する．これは照明設備のある観光鍾乳洞ではできない体験である．そのような様子は第一下郷鍾乳洞 4-4 の最奥部にあるフローストーンなどで見られる．

人工的な地下空間である鉱山の廃坑は，鉱物の収集家や研究者にとって魅力的な場所である．廃坑内の洞壁に残る鉱石を見つける際には，光が役にたつ．ヘッドライトを消して，完全暗黒となった廃坑内で洞壁をブラックライトで照射すると，運がよければ赤や緑などの美しく鮮やかな色彩が目に飛び込んでくる．色を発しているのは，ブラックライトが放射する紫外線に励起された蛍光鉱物である．色彩の美しさもさることながら，一見普通に見える岩がブラックライトを照射した瞬間に美しい色彩を放つ物体へと変わる感動的なギャップを味わえる．蛍光鉱物の多くは暗闇でブラックライトを照射しないとわからないためか，鉱物関係の一般普及書にはあまり紹介されていない．

写真は，野門(のかど)鉱山（栃木県日光市）の蛍光鉱物で，赤色部は方解石，青色部は水亜鉛土，緑色部は珪亜鉛鉱（ウィレマイト，Willemite）である（■図1）（坂本ほか，2013）．なお，廃坑内は一般に空気が滞留しており，天然の洞窟で生じる自然換気（1-2）はほとんど期待できず，酸欠の危険性が非常に高いので，探査には酸素濃度計の携帯が必須である．

【柏木健司】

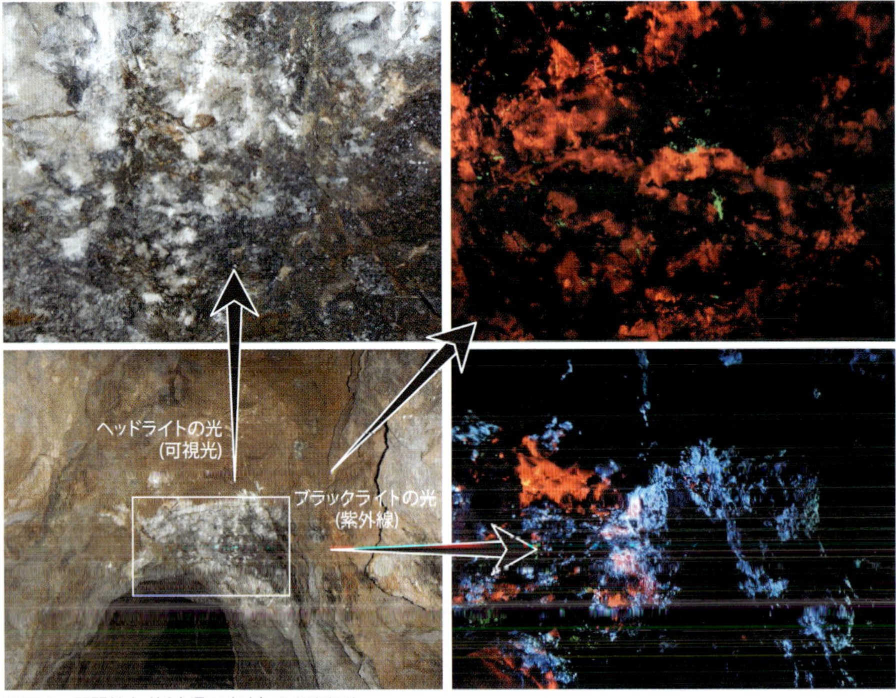

■図1　野門鉱山（栃木県日光市）の蛍光鉱物．

5. 中部地方

岐阜県の山岳地に広く分布する美濃帯のジュラ紀付加体には，大小様々な規模の石灰岩中に数多くの鍾乳洞が知られ，北部には飛騨大鍾乳洞 5-2，中部の郡上市八幡町には大滝鍾乳洞，縄文鍾乳洞，美山鍾乳洞 5-1，および南部には関ヶ原鍾乳洞 5-3 など，著名な観光鍾乳洞が多い．三重県から愛知県を経て静岡県にかけて，秩父累帯のジュラ紀付加体の石灰岩中に，多数の鍾乳洞が発達する．三重県大紀町の阿曽カルスト 5-8 には，林道沿いに開口して簡易的な照明が整備されている阿曽の風穴や，県下最大の竪横複合型洞窟である霧穴など，大小様々な規模の鍾乳洞が点在する．三重県の伊勢志摩の鍾乳洞群 5-9 には，鷲嶺の水穴や恵利原の水穴など，古くから知られる鍾乳洞が点在する．愛知県の嵩山蛇穴 5-6 は，林道沿いに開口し訪問しやすい．静岡県の竜ヶ岩洞 5-4 と鷲沢風穴 5-5 は観光洞として整備されており，周辺にも多数の鍾乳洞が点在する．愛知県東部の乳岩峡 5-7 は，流紋岩質凝灰岩中に形成された巨大な貫通洞で，整備された登山道沿いに通天門や乳岩洞穴を見ることができる．海食洞は，三重県南部のリアス式海岸沿いに鬼ケ城海食洞 5-10 が，静岡県東野の伊豆半島には西岸沿いの堂ケ島に天窓洞や南端付近に龍宮窟などが知られ，天窓洞はクルーズ船に乗船して見学する観光コースの一部となっている．【柏木健司】

5-1

郡上市の鍾乳洞群—大滝鍾乳洞・縄文鍾乳洞・美山鍾乳洞—

Caves in Gujo City: Ohtaki, Jyomon, and Miyama Caves.

【所在地】岐阜県郡上市八幡町
（大滝・縄文）安久田，（美山）美山
【地層】美濃帯石灰岩ペルム紀
【管理】（大滝・縄文）郡上観光グループ，（美山）美山鍾乳洞．
【指定】（縄文）県史跡，（大滝・美山）市天然記念物．

概　要

岐阜県郡上市八幡町を北から南に流れる長良川の左岸側山地には，美濃帯ジュラ紀付加体の舟伏山コンプレックスが，西南西－東北東方向に約10 kmの最大幅約2 kmで狭長に露出する．舟伏山コンプレックスは，大小様々な規模の石灰岩と緑色岩が卓越することで特徴づけられる（脇田，1984；Wakita, 1988；脇田・小井戸，1994）（図1）．

1960年代から1970年代にかけて，岐阜大学の梶田澄雄と美山団体研究グループらは，郡上市（以前は八幡町）付近の舟伏山コンプレックス中の石灰岩体に胚胎する50を超える洞窟を記載し，同時に基礎資料として測図を整備・公表した（梶田，1970；梶田ほか，1971，1973）．郡上市の観光鍾乳洞である縄文鍾乳洞，大滝鍾乳洞，および美山鍾乳洞は，この当時に詳細な洞内調査が実施された．

ほとんどを占める探検洞のうち，尾根付近に開口する竪穴の熊石洞は，洞窟古生物学の重要な研究サイトである．熊石洞からはこれまで，後期更新世を示すヤベオオツノジカ，ヘラジカ，ニホンムカシジカ，ナウマンゾウ，ヒグマ，ノウサギ類を含む，豊富な絶滅哺乳類化石群の産出で知られる（丁地ほか，1965；奥村ほか，2016）．

大滝鍾乳洞

大滝鍾乳洞は当地域で最大級の洞窟で，約2 kmの総延長をもち，そのうち700 mが公開されている．公開部は2層の横穴からなり（図2），最奥に位置する落差30 mの滝は洞窟の名前の由来になっている．滝の近くの壁面には大滝不動尊が彫られている（図3）．また，竪穴的な要素もあり，公開部だけで標高差は70 mに達する．観光客は，スイスアルプス・インターラーケンのケーブルカーを模した木製のケーブルカーに乗って洞窟入口へと向かう．

大滝鍾乳洞では下層・上層ともに鍾乳石の発達が良く（図4），中でも上層に発達する石筍やつらら石の中には赤色のものが見られ（図5），大滝鍾乳洞の大きな特徴になっている．この赤色の鍾乳石は鉄やウランなどの元素を多く含んでいる．これに対して，洞窟下層に発達する鍾乳石は乳白色のものが多い．「象牙の林」（図6）から採集された石筍は古気候学的に研究され，長さ12 cmの石筍が65000年ほどで発達したことが示されている（Mori et al., 2018）．また，数万年前にあった短い3度の寒冷期の記録が明確に記されている．

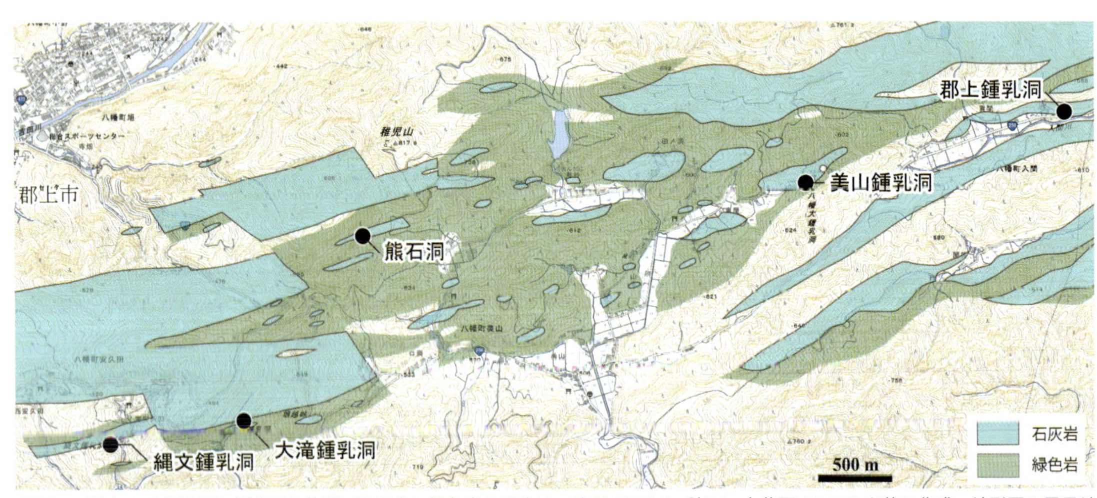

図1　郡上市の鍾乳洞と鍾乳洞の位置．石灰岩と緑色岩の分布は，脇田（1984），脇田・小井戸（1994）を基に作成．地形図は電子地形図1/25000を使用した．

大滝鍾乳洞の最下層には非公開の空間が存在する．ここには地下河川が流れ，石筍などの二次沈澱物も発達している．

大滝鍾乳洞は観光地としても充実している．隣接する釣り堀では，釣った魚をその場で焼いて食べることができる．土産物屋では洞窟内で熟成した日本酒を販売している．

縄文鍾乳洞

縄文鍾乳洞は大滝鍾乳洞から約1 km西方に位置し，当初はGH-6（地ごく穴）として記載された．多層迷路状の形態で，極めて複雑な空間を有し，一枚の測図で表現は不可能とされた（梶田，1970）．洞窟の出口付近は縄文早期～弥生時代まで人間が暮らしており，1970年に土器・獣骨・人骨が出土し，

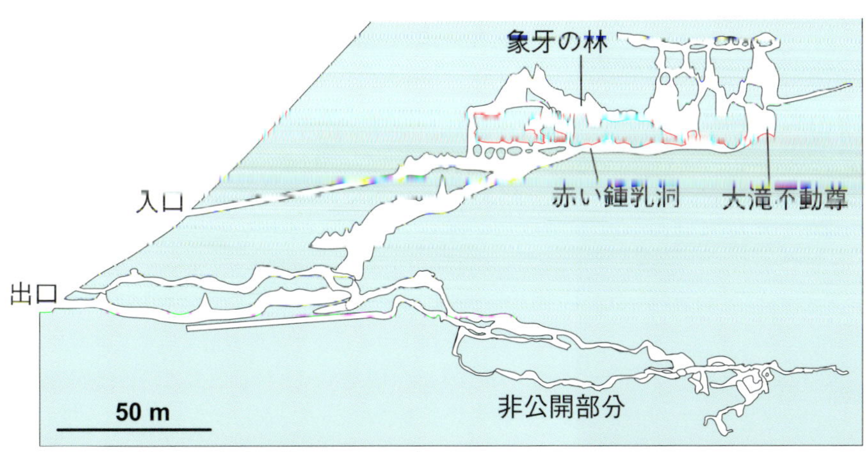

図2　大滝鍾乳洞の経路図（梶田ほか，1971）.

図3　大滝鍾乳洞内の滝の近くの壁面に掘られた大滝不動尊.

図4　大滝鍾乳洞のカーテンとつらら石.

図5　大滝鍾乳洞の上層に発達する赤色の石筍.

図6　大滝鍾乳洞下層の「象牙の林」に発達するつらら石と石筍.

1971年に安久田（あくた）地獄穴洞窟遺跡として岐阜県史跡に指定された[1].

洞窟内は，特に深部では石筍やつらら石の発達が見られる（■図7）．なお，内部には照明が設置されておらず，懐中電灯を持って入洞する必要がある．懐中電灯は現地で借りることができる．

観光ルート沿いの洞壁上を注意深く観察すると，体長1-2 mm程度と微小かつ体が白色を呈する洞窟生物に出会えるかもしれない（■図8）．真洞窟性陸貝のホラアナゴマオカチグサの死殻は，洞内洞壁の所々で見ることができる（■図9）．足元がきちんと整備された暗黒空間で，洞窟探検を味わうことができる鍾乳洞である．

■図7　縄文鍾乳洞の石筍を含む鍾乳石.

■図8　縄文鍾乳洞内のトビムシ類の生体.

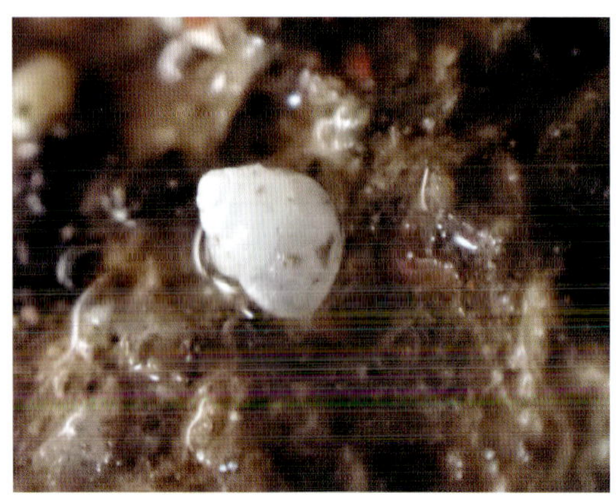

■図9　縄文鍾乳洞内のホラアナゴマオカチグサ近似種の死殻.

美山鍾乳洞

美山鍾乳洞は大滝鍾乳洞の西方約5 kmに位置し，当初は，GH-20（坂辺洞）として記載され（梶田ほか，1971），国土地理院地形図上では郡上八幡大鍾乳洞と記されている．竪穴的要素をもつ複雑な経路をもち，入り組んだ空洞は深さ80 m，東西160 m，南北130 mの範囲に広がっている（■図10）．現在は約800 mの経路が公開されている．密閉性が比較的高く，洞内の温度は一年を通じて15～16℃に保たれている．

洞窟の入口付近は溶食構造が卓越し，円筒形の空洞（■図11）を通過して洞内に入る．洞内の通路には，垂直に切り立った亀裂や溶食構造が多数発達し（■図12），観光ルートには亀裂に沿って急傾斜の階段が設置されている．洞口から100 mほど進むと，次第に二次成生物が増えてきて，見所が連続する．竜宮殿では，カーテンや石筍を含む多様な鍾乳洞が見られる（■図13）．下層の夢の宮殿には石筍とつらら石が多数発達している（■図14）．また，観光

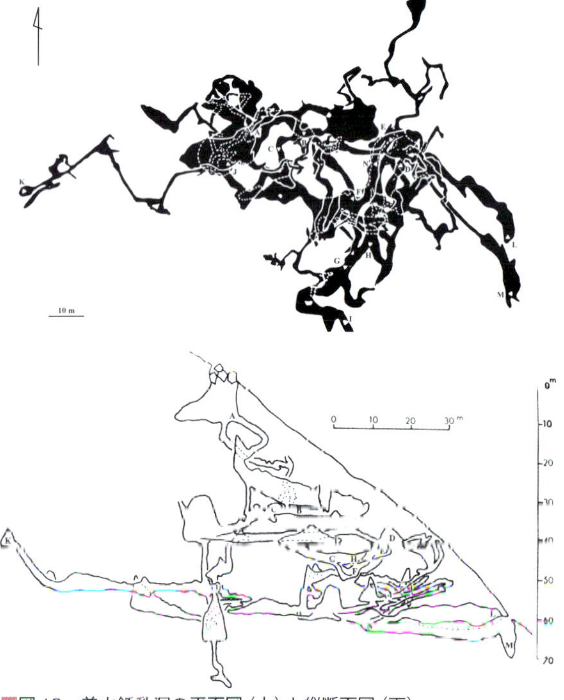

■図10　美山鍾乳洞の平面図（上）と縦断面図（下）（梶田ほか，1971）.

図 11　美山鍾乳洞の上層に発達する円筒形の空洞.

図 12　深山鍾乳洞内の亀裂に沿って発達した溶食構造.

図 13　美山鍾乳洞の竜宮殿に発達する鍾乳石群. 写真右手前のカーテンは壮観である.

図 14　美山鍾乳洞「夢の宮殿」に発達するつらら石と石筍.

図 15　美山鍾乳洞の洞口付近の洞床に見られたキセルガイ類の死殻.

ルート沿いの一部で, 堆積物上にホラアナゴマオカチグサ近似種の死殻に加え, トビムシ類の生体を確認した. 洞口入ってすぐの空間の洞床には, キセルガイ類の死殻が確認された (図15).

観光ルートの他に, 無照明の経路を進む探検コースもある (要予約). ここでは, ヘルメット, ダイビングスーツ, 長靴を装用して, ヘッドライトの明かりを頼りに, 自然状態かつ未整備の狭い洞窟経路を探検できる.

なお, 美山鍾乳洞から東方に約2 kmに, 郡上鍾乳洞と呼ばれる観光洞がある. 鍾乳石の発達は少ないものの, 地下河川の水量は豊富である. 営業は不定期のため, 事前に調べる必要がある.

【柏木健司・狩野彰宏】

関連サイト

[1] https://www.pref.gifu.lg.jp/page/7131.html

5-2

飛騨大鍾乳洞（ひだだいしょうにゅうどう）—標高日本一の観光鍾乳洞—

Hida Great Limestone Cave

【所在地】岐阜県高山市丹生川町日面
【地質帯】美濃帯
【地層】石灰岩
【年代】ペルム紀～三畳紀
【規模】横穴および竪穴，総延長1800m以上，うち800mが公開．観光ルートの高低差は約70m．
【観光洞】4月～10月は8:00～17:30，11月～3月は9:00～16:30．併設の大橋コレクション館には美術品や装飾品が展示されている．
【管理】飛騨大鍾乳洞観光株式会社

地質と地理

飛騨大鍾乳洞の周囲の地質は美濃帯の小八賀川（こやちがかわ）コンプレックスで構成されたものであり，東西約20 km，南北約10 kmの石灰岩体を含んでいる（丹羽ほか，2004）．その石灰岩体の中に飛騨大鍾乳洞が発達する．

飛騨大鍾乳洞は日本の観光洞の中では最も標高が高い位置にある（標高900 m）．そのため，洞内の気温は真夏でも10℃程度である．

飛騨大鍾乳洞は1965年，地元の大橋外吉氏により発見された．大橋氏は鍾乳洞を観光地化させ，周囲に資料館などを建設した．飲食店や土産物屋も多く，鍾乳洞以外の施設も充実している．国道158号線沿いのアクセスがよい場所にあるため人気の観光地になっている．

洞内の様子

飛騨鍾乳洞の内部は3つのエリアに区分されている．最初の第一洞は横穴主体の比較的広い経路になっており，数か所で鍾乳石が観察できる（図1～3）．第一洞の終点は広いホールになっており，その奥には大きなフローストーンが発達している．

第二洞・第三洞は竪穴的な空間となり，階段を昇り降りしながら奥へと進んでいく．フローストーンなどの鍾乳石は第二洞までは認められるが，第三洞の竪穴には溶食構造が卓越するようになる．最も高い場所からは竪穴の様子が見下ろせる展望台が設置されている．

飛騨大鍾乳洞は標高が高い位置にあるので，洞内の気温は低く，真夏でも10℃ほどである．洞内の通路はよく整備されている．鍾乳石は青や紫色の光でライトアップされ，幻想的な雰囲気がある．

【狩野彰宏】

図1 「竜宮の夜景」と名づけられた鍾乳石群．

図2 飛騨大鍾乳洞に見られるライトアップされた鍾乳石．上）つらら石と石筍．下）石柱と天井から伸びるストロー．

5-3

関ヶ原鍾乳洞—天下分け目の合戦の地にある鍾乳洞—

（せきがはらしょうにゅうどう）

Sekigahara Cave

【所在地】岐阜県関ヶ原町
【地層】美濃帯のペルム紀石灰岩.
【観光洞】通年営業（営業時間は時期により異なる）.
【指定】町天然記念物

概　要

関ヶ原鍾乳洞を胚胎する石灰岩体は，滋賀県米原市と岐阜県関ヶ原町の県境をなす岩倉山の山稜に沿う，西南西–東北東方向に約500 mの幅200 m弱の岩体である．その層厚150 m以上で，北にゆるく傾斜し，ペルム紀中世のフズリナ化石を含む（礒見，1956）．1968（昭和43）年に岩倉山鍾乳洞として関ヶ原町の天然記念物に指定後，観光鍾乳洞の関ヶ原鍾乳洞として整備された．

洞内の様子

関ヶ原鍾乳洞は，全長約518 mの横穴型洞窟で高低差はほとんどない．入口から人工洞空間が観光ルートの中ほどまで続き，所々に小規模な天然の溶食構造を観察できる．人工洞の途中に，1968年の掘削中に出土したとされるウミユリ化石が浮き出た岩塊が，化石観察用に置かれている．鍾乳石が豊富に発達する区間は，人工洞から先の遊仙台から鬼子母の間，玉華殿，昇竜の間にかけてである．“巨人の足”と名付けられた鍾乳石は，大腿骨を思わせる形状で一見の価値がある（■図1）．洞壁の所々に固結した礫層が見られ，この礫層をフローストーンが被覆し，石筍や石柱などが成長している．礫層が恐らくは侵食で欠如する部分では，フローストーンとその上位の鍾乳石が中空に浮かんだ状態となり，流礫棚と呼ばれる特異な景観を呈している（■図2）．また，石灰岩中には礁生生物の化石が一部で観察できる．出口付近で再び人工洞となる．玉倉部の清水は，岐阜県名水50選の一つに数えられ，これは洞内を流れる地下河川の湧水にあたる．

真洞窟性陸貝として知られるホラアナゴマオカチグサ近似種は，観光ルート沿いに所々で死殻を見ることができ，数地点で生体も確認できた（■図3）．トビムシ類とムギダニ類が，ホラアナゴマオカチグサ近似種の生息地点で見られた．洞内の通路は平坦で全般に通行しやすく，ヘッドライトで洞壁を照らしての洞窟生物の観察に適している．　【柏木健司】

■図1　鍾乳石“巨人の足”.

■図2　流礫棚.

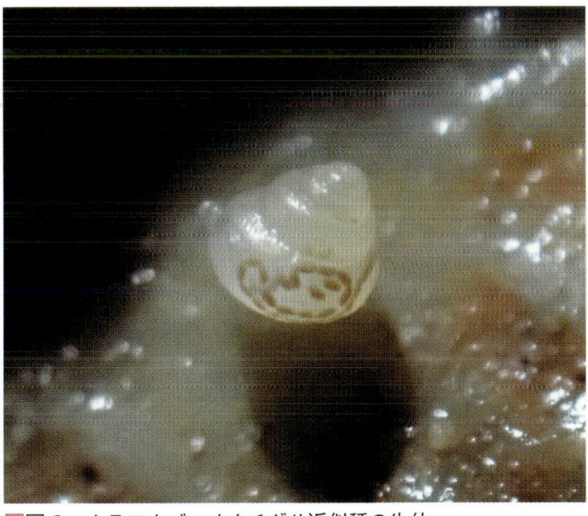

■図3　ホラアナゴマオカチグサ近似種の生体.

竜ヶ岩洞（りゅうがしどう）—開洞にまつわるケイバーと地主の物語—

Ryugashi-do Cave

【所在地】静岡県浜松市北区引佐町
【地質帯】秩父帯
【地層】石灰岩
【年代】ペルム紀～三畳紀
【規模】横穴主体，測線延長は約1000m.
【観光洞】毎日9:00～17:00の営業．洞窟出口には洞窟資料館があり，鍾乳石やケイビングに関する資料が展示されている．
【管理】株式会社戸田建設

発見の経緯

かつて石灰石の採石が行われていた浜松市竜ヶ石山のふもとに，竜ヶ岩洞は位置する．その存在は大正時代から知られていたが，1970年代後半から本格的な調査・開発が進められ，1983年に観光洞として開園された．東海地方最大級の鍾乳洞であり，総延長は1000 mに達する（公開されている部分は400 mほど，図1）．併設されている洞窟資料館では，ジオラマや洞窟内の岩石などが展示され，洞窟開発の実態が説明されている．開発の詳細については，小室・山本（2013）が解説している．

洞内の様子

洞窟は横穴タイプであるが，少なくとも2つのレベルに洞窟の経路が発達している．観光洞の入口付近は溶食構造が卓越し，二次生成物は少ない．観光ルート沿いでは，滝と地底湖を過ぎたあたりから石筍やつらら石などが多くなる（図2，3）．

特に，「鳳凰の間」と名付けられた場所には多くの石筍やつらら石などの二次生成物が密集して見られる（図4，5）．

洞窟内には3種類のコウモリが生息し，観光客は

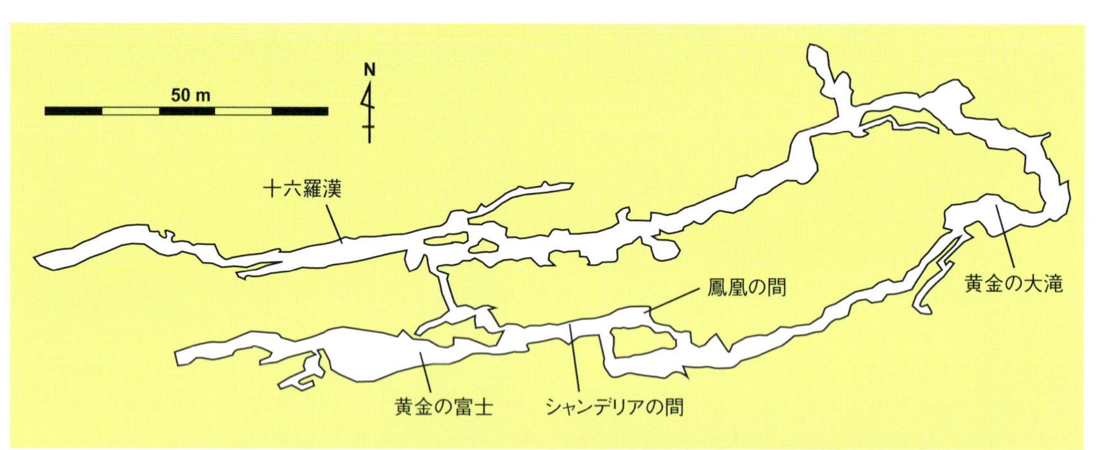

図1　竜ヶ岩洞の洞窟経路．測量は浜松ケイビングクラブ．

図2　天女の鏡．水たまりに反射して映るつらら石とストロー．

図3　フローストーン．

餌付けの様子を見学できる．

竜ヶ岩洞では洞窟生物や鍾乳石についての研究も行われている．南ら（2016）は，竜ヶ岩洞の滴下水の放射性炭素濃度を測定し，それが降水量と相関していることを見出した．また，未公開部から採集された長さ25 cmの石筍（■図6）は詳細に年代が決められ，過去12万年間をかけて生成したことがわかっている．　【狩野彰宏・村田　彬】

■図4　鳳凰の間の二次生成物．天井からストローが，フローストーンの上からは石筍が成長する．

■図5　黄金の富士の付近に発達した二次生成物

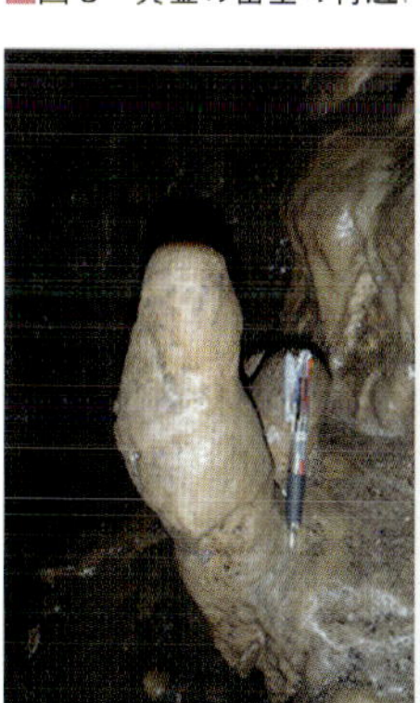

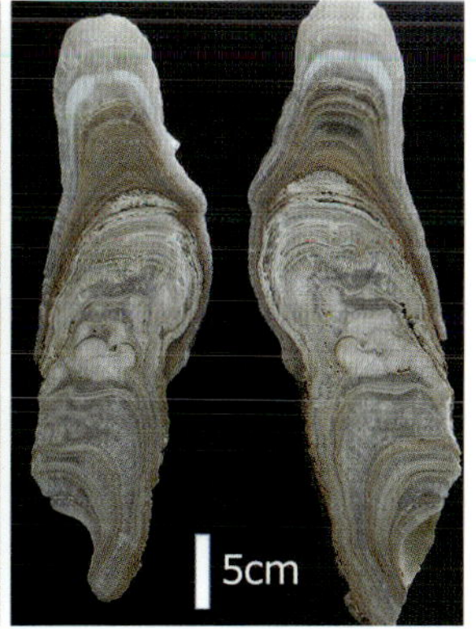

■図6　未公開部から採集された石筍．右は半割試料の研磨面．

5-5

鷲沢風穴（わしざわふうけつ）

Washizawa Wind Cave

【所在地】静岡県浜松市北区鷲沢町
【地質帯】秩父帯
【地層】石灰岩
【年代】ペルム紀～三畳紀
【規模】横穴，総延長200m，高低差15m
【観光洞】8:30～17:00，11～2月は16:00まで．ヘルメットを貸し出し．水曜・金曜は定休日（ただし7～8月は毎日営業）．

浜松市北部には秩父帯の石灰岩が点在し，いくつかの洞窟が発達する．竜ヶ岩洞の約5 km東にある鷲沢風穴はその1つである．

この洞窟では水がわずかに流れている場所でリムプール状の段差が発達している（■図1）．鍾乳石は少なく，出口付近にストローが確認できる程度である．洞窟内には溶食構造が卓越し，洞窟の壁には多くの条線が発達する（■図2）．平坦な天井もこの洞窟の特徴である．　【狩野彰宏】

■図1　鷲沢風穴の内部．地下水が溜まった池．

■図2　条線が入った溶食構造．

5-6

嵩山蛇穴—大蛇伝説がある縄文人の遺跡—

(すせのじゃあな)

Suse-no Jya-ana Cave

【所在地】愛知県豊橋市嵩山町字浅間下
【地質帯】秩父帯
【地層】石灰岩
【年代】ペルム紀
【未整備洞】横穴，長さ70 m
【指定】国史跡

地質と考古

愛知県豊橋市東部の山地には，秩父帯の中古生層が分布し，その中には多数の石灰岩体が含まれている．石灰岩体に発達した洞窟や割れ目の中からは脊椎動物の化石が報告されている．その中には，昭和30年代に豊橋市牛川町から報告された「牛川原人」の骨（Suzuki and Takai, 1959）も含まれる．嵩山蛇穴の周辺とその東北東の静岡県の浜名湖北方に至り，石灰岩の採石場が点在しており，そこの裂罅堆積物からイノシシやシカなどの脊椎動物化石の産出が報告されている（河村・松橋，1989;河村ほか，1990）．

縄文草創期～中期にかけて人が暮らしており，土器や石器などの遺物も出土している．伝承も多く，洞窟の名称は大蛇が住んでいた伝説から名付けられた．また，埋蔵金にまつわる伝承もある．

図1　嵩山蛇穴の入口．

図2　嵩山蛇穴の内部に見られるつらら石．現在は成長していない．

図3　嵩山蛇穴の奥の空間

洞内の様子

愛知県豊橋市の東部にある洞窟である．嵩山自然歩道の上り口付近に洞穴はある．入口は高さ1.3 m，幅3.5 mほどで（図1），長さ70 mほどの横穴になっている．洞窟内にはほとんど水が流れていない．ただし，過去に生成した鍾乳石が入口付近に認められる（図2）．洞窟の奥へいくほど乾燥し，切り立った石灰岩の壁が続く（図3）．途中にロープが設置されている場所があり，そこを登ると広い空間にでる．探査にはヘットライドの携帯は必須である．

洞穴から約30 mほど降りた場所からは湧水はあり，そこに現在の地下河川のレベルがあると思われる．

【狩野彰宏】

関連サイト

[1] 豊橋市美術博物館サイト「国史跡・嵩山蛇穴と嵩山の歴史散策ガイド」https://toyohashi-bihaku.jp/wp-content/uploads/2018/03/unnamed_file_6.pdf

5-7

乳岩洞穴(ちいわどうけつ)—奇岩と渓谷を楽しめるトレッキングコース—

Chiiwa Cave

【所在地】愛知県新城市川合奥赤沢
【地層】設楽火山岩類
【年代】中新世
【規模】溶食洞であると考えられる．高さ12m，幅18m，奥行き18m.
【観光洞】乳岩峡ハイキングコース沿いにある．受付は15時まで．駐車料金が必要.
【指定】国天然記念物

周囲の様子

愛知県新城(しんしろ)市の乳岩峡一帯の地質は，中新世設楽火山岩類の流紋岩質凝灰岩で構成される．ただし，乳穴がある岩体は石灰分に富んでおり，大理石のような見かけの部分もあり火成活動の際に取り込まれた石灰質の岩体であるか，凝灰岩が石灰質成分に富む凝灰岩であると思われる．この石灰質の岩体には，垂直方向の亀裂が多く発達している.

乳岩がある乳岩峡は南北に伸びるV字谷で（■図1），ハイキングコースになっており，河床には凝灰岩が露出している．乳岩までは駐車場から徒歩で約40分かかる．なお，ハイキングコースは標高1016 mの明神山(みょうじんやま)まで続いている．往復で約6時間かかるが，明神山の山頂付近には，通天橋・極楽門と呼ばれる天然石橋があり，見どころが多い.

洞窟の様子

乳岩洞穴は凝灰岩の断崖に開いた高さ12 m，幅18 m，奥行き18 mの空洞であり，内部に流水や明確な鍾乳石の発達は確認できない．洞穴は地下河川の溶食作用でできたものではなく，かつて河川が高いレベルにあった時の溶食作用で形成したものと考えられる．規模は小さいが同じような穴は数カ所に認められる（■図2）．洞内には子安観音などが祀られており，信仰の対象になっている．乳岩は1934年に国の天然記念物に指定された.

ハイキングコースの最高点からは自然橋である通天門が望める（■図3）．これも河川が高位を流れていた時期にできたと考えられている.

なお，ハイキングコースは滑りやすく，急勾配の階段やはしごが続くので歩きやすい靴を準備する必要がある

【狩野彰宏】

■図1　乳岩洞穴から望むV字谷.

■図2　凝灰岩体の側面に発達する小規模な空洞.

■図3　乳岩ハイキングコースの最奥から見た自然橋（通天門と呼ばれている）.

阿曽カルストの鍾乳洞群—霧を吹きだす竪穴をもつ洞窟—

Limestone Caves in Aso Karst

【所在地】三重県大紀町阿曽
【地質帯】秩父南帯三宝山ユニット
【地層】石灰岩（三畳紀）
【管理洞・未整備洞】阿曽の風穴は自動で電灯が点灯する管理洞．ほかは未整備洞．

地形と地質

三重県中部の大紀町には，南北に北流する大内山川をまたいで，東西に約9 kmにわたり石灰岩地帯が狭長かつ連続的に見られる（柏木ほか，2007）（図1）．石灰岩は，秩父南帯三宝山ユニットに属し，層厚100 m以下と小規模で，北西ないし北に10～20°でゆるく傾斜する．石灰岩には，ごく一部にコノドントや放散虫，薄殻二枚貝，小型巻貝化石が含まれ（柏木ほか，2007；鈴木ほか，2015），堆積した年代として三畳紀前期の可能性が指摘されている（鈴木ほか，2015）．一方，周囲に分布するチャートや泥岩からは，ジュラ紀と白亜紀の放散虫化石が産出する（柏木，2005）．

南北に北流する大内山川の右岸支流の大河内川沿いが，阿曽カルストの北端付近にあたり，後述する阿曽の風穴などが点在する．この付近から南方に尾根に至る約1 km強の山地斜面上で，地質図に描かれる石灰岩の分布は南北に幅広く，一方，その東西では南北に狭い（柏木ほか，2007）．石灰岩は，層厚100 mに満たないものの，阿曽の風穴の南方では石灰岩と斜面の傾斜がほぼ一致するため，斜面上に石灰岩が広く露出し，確認済みの洞窟のほとんどが点在する（柏木ほか，2003b）．なお，阿曽カルストとその周辺に点在する鍾乳洞の写真と測図が，柏木ほか（2003 ab）に紹介されている．

阿曽付近の探索

奥河内川沿いに舗装された林道を上流方向へ進むと，灰白色の石灰岩の崖に，その洞口が鉄板で閉じられた神ノ木の水穴がある．これは測線延長53 mの横穴型洞窟で，フローストーンやつらら石，カーテンを含む鍾乳石で洞壁が覆われている．洞床には浅い地下河川が常に流れ，最奥の水没地点から約25 m先にも空間のあることが，潜水調査で判明している．なお，神ノ木の水穴の洞内は非公開である．

ここから，林道沿いに石灰岩の崖を左手に見ながら東方に進むと，阿曽の風穴に到着する．大紀町で管理されている洞窟で，手すり付きの階段を降りると，電灯が自動で点灯し，幅約10 mのホールを見学できる（図2）．鍾乳石は，フローストーンと洞窟サンゴがわずかに見られる程度で少ない．天井にはシーリングポケットが観察できる．洞奥で，地下河川が西へ流れ，神ノ木の水穴につながっていると推定できる．

阿曽の風穴の南方にある八重谷には，石灰岩地帯にも関わらず地表水が見られる．この谷に沿って約200 mさかのぼると，地下水が湧き出している八重谷湧水に到着する．八重谷湧水より上流には枯れ沢が続く．八重谷湧水は，石灰岩地帯の地下河川が，地表と交差した場所である．

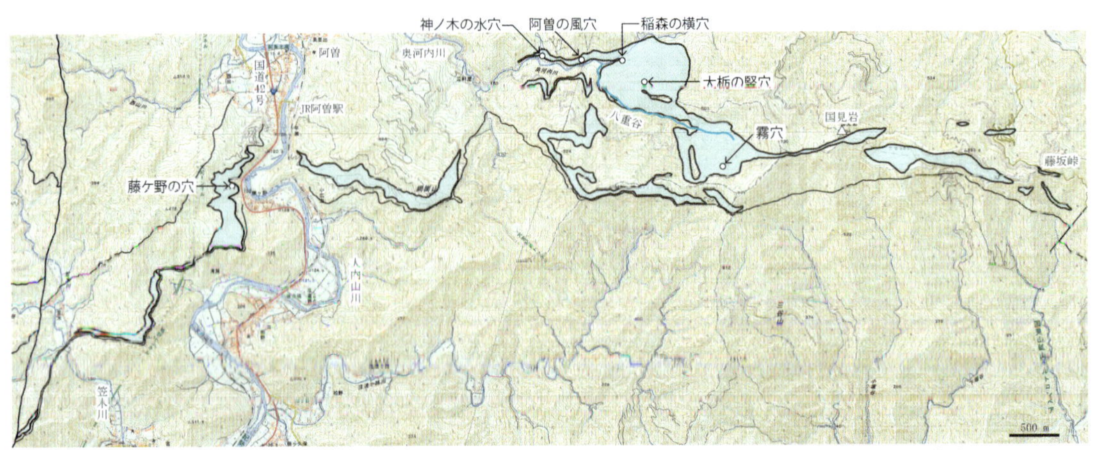

図1　阿曽カルストの概要図と洞窟の位置．柏木ほか（2003b，2007）をもとに作成．基図は25000分の1電子地形図．

八重谷湧水の東方の斜面上には，未整備で管理のない稲森（いなもり）の横穴と大栃（おおとち）の竪穴がある．稲森の横穴は測線延長15 mのほぼ平坦な横穴で，天井は低く洞内は匍匐で移動し，最奥は土砂で埋没している．大栃の竪穴は，深さ約17 mの竪穴である．

霧　穴

八重谷湧水より南方へと尾根に至る斜面上には，カレンが垂直に刻まれた石灰岩柱が所々に露出する．また，斜面上に径数m程度の浅い凹地であるドリーネも見られる．そして，国見山の西南西約1250 mの南北に伸びる尾根上に，竪穴の霧穴が開口している．

霧穴はJapan Exploration Team（J.E.T）により2000〜2002年に測量調査が実施され，測線延長2000 m以上で高低差195 m以上の竪横複合型洞窟である（Japan Exploration Team編，2002；柏木ほか，2007）．洞口から深さ約38 mの竪穴を降り（■図3），そこから北方に斜洞が伸びる．洞内にはフローストーンやつらら石，ストロー，石筍，石柱，カーテン，洞窟珊瑚など，様々な鍾乳石が豊富に発達する．また，洞壁や水平天井に付着する固結した礫層（■図4），洞壁に発達するノッチなど，様々な微地形が観察される（柏木ほか，2007）．

なお，洞口付近の地面は滑りやすく，興味本位で洞口に近づくのは大変危険である．霧穴の探検の様子と石筍を用いた古気候研究については，総説（1-4 1-6）でそれぞれ詳しく紹介している．

藤ヶ野（ふじがの）の穴

藤ヶ野の穴は，阿曽カルストの鍾乳洞群のうち西端に位置し，大内山川の西岸斜面に開口する未整備の洞窟である．測線延長661 mで高低差35 mの横穴型洞窟で，洞口から約30 mの区間は立って歩ける空間で，そこから上方に狭洞を通過してさらに奥に空間が連続する．最奥の直線的な空間は，幅約1.5 mの断層破砕帯に沿う典型的な断層洞窟である．

■図4　霧穴の横穴空間に見られる，水平天井と固結礫層．

■図5　木屋のコウモリ穴の洞内，およびコウモリのコロニー．

木屋（こや）のコウモリ穴

木屋のコウモリ穴は，秩父北帯中の小規模な石灰岩中に胚胎する横穴型洞窟である．車道脇の川沿いに開口し，古くからよく知られている．洞口を入ってすぐに広い空間があり，東方に伸びる狭胴を通過すると，南北に伸びるホールに到達する．天井には，コウモリのコロニー（■図5）を見ることができ，洞床には所々にグアノが見られ，洞内では独特のグアノ臭がただよう．鍾乳石として，乾燥したフローストーンと洞窟珊瑚が見られる．

【柏木健司】

■図2　阿曽の風穴の洞内．

■図3　霧穴の竪穴．洞内から上方に洞口を見る．

伊勢志摩の鍾乳洞群—信仰に護られた清流と洞窟—

Limestone Caves in Ise-Shima Area

【所在地】三重県伊勢市，志摩市
【地層】秩父北帯の石灰岩
【管理洞・未整備洞】恵利原の水穴と大沢の風穴は管理洞で，信仰対象で洞口見学まで．鷲嶺の水穴と覆盆子洞は未整備洞．
【指定】県天然記念物，伊勢志摩国立公園，環境省選定による昭和の名水100選（恵利原の水穴）．

概　要

三重県東部の志摩半島には，西南日本外帯の秩父累帯と四万十累帯の地層が広く露出し，石灰岩のレンズ状岩体が秩父累帯の北部を占める秩父北帯中に数多く分布する（日下部・宮村，1958）．これら石灰岩体中に，大小様々な規模の鍾乳洞が知られている．覆盆子洞と鷲嶺の水穴（伊勢市）は三重県天然記念物に指定されており，1960年代に『関西自然科学』に洞内地質の詳細が公表された（西宮，1962，1964）．1990年から1992年にかけて大学の探検部により6次にわたる探検調査と測量が実施され，報告書としてまとめられた（杉林編，1991）．両洞窟ともに，車の駐車地点から洞口へは所々に簡易な案内板もあり，洞口に至る行程は比較的容易である．洞内は支洞を含む複雑な平面形状をもち，入洞には複数名での十分な探検装備に加え，入念な計画書の作成，測図とクリノメーター（コンパス）の携行が必須である．

伊勢市と志摩市を南北につなぐ伊勢道路沿いの伊勢神宮境内地とその周辺で，レンズ状の石灰岩体中に複数の横穴と竪穴が知られている．それらは，恵利原の水穴（天の岩戸），倉谷の穴，大沢の風穴，廃釜の穴，旭の穴，燧石の穴，五知越の横穴，五知越のたて穴である．恵利原の水穴は国土地理院地形図に洞窟記号とともに天の岩戸と記され，大沢の風穴とともに伊勢神宮にかかわる信仰対象とし

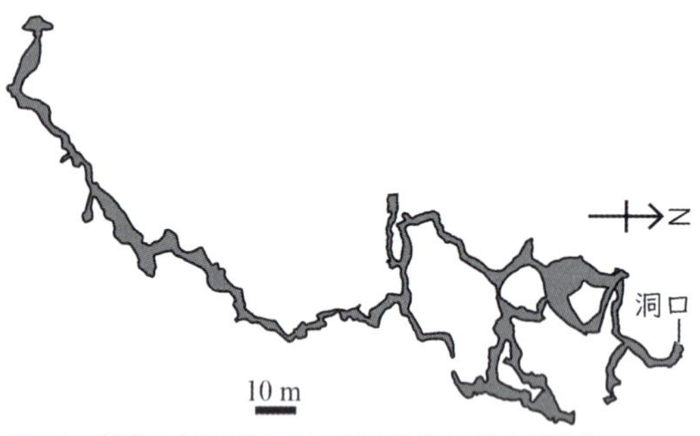

図1　鷲嶺の水穴の平面図．杉林編（1991）を簡略化．

図2　鷲嶺の水穴の洞口．

図3　鷲嶺の水穴の洞内．

図4　覆盆子洞の洞口．

■図5　覆盆子洞の平面図．現地看板を基に作成．

て，古来より大切に護られている．また恵利原の水穴は，名水百選の一つに指定されている．なお，伊勢神宮境内地の洞窟は入洞に許可を必要とし，恵利原の水穴と大沢の風穴は信仰対象で入洞できない．また，旭の穴，燧石の穴，および五知越のたて穴はすべて竪穴である．これまで，節足動物調査や脊椎動物化石調査がいくつかの洞窟で実施され，概略的な測図が公表されている（市橋・天春，1980；西沢ほか，1985；稲垣・稲垣，2016）．最近では，五知越の横穴と燧石の穴で，ホラアナゴマオカチグサ近似種の死殻が報告された（早瀬・岩田，2024）．

鷲嶺の水穴

林道奥の標高100 m付近に駐車スペースがあり，そこから北東方向に沢沿いの斜面を上流へと徒歩で移動する．途中，泥岩や砂岩，チャートなどの非炭酸塩岩の露頭や転石が見られる．標高160 m付近で沢が二又に分岐する．ここまでは，しっかりとした道がついているが，ここから東北東方向に沢沿いの斜面の移動は，踏み跡がややわかりづらく，地形図上の洞窟記号を目指す．鷲嶺の水穴は，国土地理院地形図の洞窟記号の位置から約70 m登った標高250 m付近の斜面上に開口する．

測量平面図（杉林編，1991）を参照すると，測線延長約500 mを超す横穴型洞窟で，地下河川が洞内に流れ，洞口より流出している（■図1）．洞口の洞床は非炭酸塩岩からなり，洞壁から天井は石灰岩からなる（■図2）．洞口付近に乾燥したフローストーンや洞窟珊瑚がみられる．また，洞内の洞壁にはノッチが所々に観察できる（■図3）．

洞口より10〜15 m上方に斜面には，石灰岩を礫状に多数含む玄武岩質火山砕屑岩類が露出している．礫の配列に基づく面構造は，南東方向に10°前後の低角度で傾斜している．鷲嶺の水穴は，玄武岩質火山砕屑岩類中に含まれる，厚さ10〜15 m程度の石灰岩礫中に発達する横穴である．

■図6　恵利原の水穴の洞口．

■図7　大沢の風穴の洞口．

覆盆子洞（いちごどう，ふぼんじどうとも呼ぶ）

林道奥の標高220 m付近に駐車スペースがあり，そこから南東方向に沢沿いの右岸に路をとり，石灰岩の急崖に到達したその基部に洞口が開口する．洞口は幅50 cmで高さ105 cmの長方形で，その左上に溶食を伴う洞壁からなる天然の洞口が見られる（■図4）．概念的な洞内見取り図（■図5）によると，測線延長は250 m前後である．洞口から入ってすぐにやや広い空間があり，そこから先は迷路状の狭洞につながる．なお，覆盆子洞の洞口は国土地理院地形図上に示されていない．

恵利原の水穴・大沢の風穴

伊勢神宮の信仰対象であり，案内板地図を含めて行程が整備されている．恵利原の水穴は石灰岩中の洞窟からの湧水で，天照大神の伝説に関連し，その前面には小さな鳥居が建立されている（■図6）．大沢の風穴は，渓流沿いに開けた石灰岩の急崖中に開口し，洞口に顔を近づけると冷気を感じることができる．（■図7）　【柏木健司】

5-10

鬼ヶ城海食洞(おにがじょうかいしょくどう)—紀伊半島の隆起を記録する侵食段丘と海食洞—

Onigajo Sea Cave

【所在地】三重県熊野市木本町
【地層】砂岩および凝灰岩
【年代】中新世
【規模】海食洞，最大奥行15m.
【観光洞】遊歩道は常時開放，隣接する鬼ヶ城センターは9:00～17:00の営業.
【指定】国天然記念物，世界遺産.

地質と地形

三重県熊野市と和歌山県串本町の海岸には中新世に堆積した地層が露出し，リアス式海岸が続く．この中新世の礫岩・砂岩・泥岩は中生代に形成した付加体の上に発達した前弧海盆に堆積したものであり，その後の隆起により地表に露出した．地層は波と風の力により特徴的な形になった．鬼ヶ城の他にも獅子岩や丸山千枚田などの景観が見られる．

海食洞の概要

鬼ヶ城海食洞は三重県熊野市の東部に位置する海食洞群である．ここでは紀伊半島南東部では志摩半島からリアス式海岸が続き，鬼ヶ城はその最南端にあたる．海食によってできた小規模の洞穴やテラスが，断崖の標高約30mの位置から5段にわたり発達している．この地形は，波浪面が地震によって段階的に隆起してできたものと考えられている．海食洞は大きいもので幅30m，奥行き15mに達する（■図1，2）．

母岩は石灰質な砂岩であり，溶解されやすい．露頭面には生痕化石（■図3）や石灰質ジュールの発達も見られる．また，特徴的な侵食構造として蜂の巣状の風食痕（■図4）が挙げられる．

鬼ヶ城は1935年に国の天然記念物に指定され，2004年には「紀伊山地の霊場の参詣道」のサイトとして世界遺産にも指定されている．【狩野彰宏】

■図1　鬼ヶ城海食洞の千畳敷付近に発達する海食洞.

■図2　遊歩道沿の海食洞．窪んだレベルが２つある．

■図3　鬼ヶ城海食洞の千畳敷の床面に発達する生痕化石．生痕の部分が硬く海食されにくい．

■図4　鬼ヶ城海食洞の天井に発達する蜂の巣状構造．風食によりできたと考えられている．

6. 甲信越・北陸地方

富山県から石川県，福井県北部の山岳地には，変成作用を受けた結晶質石灰岩が狭長に分布し，富山県東部黒部峡谷のサル穴 6-9 や石川県白山市の鴇ケ谷鍾乳洞 6-7 などが知られる．福井県の打波川石灰華 6-11 は，結晶質石灰岩からの湧出水が地表に形成する大規模なトウファ堆積物である．福井県の九頭竜湖畔の白馬洞は，古生代中頃のシルル紀～デボン紀の石灰岩中に形成された鍾乳洞で，以前は観光鍾乳洞であったものの現在は閉鎖されている．福井県には，越前海岸沿いに海食洞 6-10 が数多く見られる．新潟県のマイコミ平 6-1 には，日本で最深級の竪穴が密集し，竪穴に流れ込んだ水は横穴の福来口鍾乳洞から地表に流出する．佐渡ケ島南端の琴浦には，竜王洞をはじめとする多数の海食洞が，海食崖の海面沿いに発達する．富山県の大境洞窟 6-8 は離水海食洞である．新生代の石灰質砂岩中に胚胎する鍾乳洞が，新潟県の大沢鍾乳洞 6-2 と富山県の五十辺鍾乳洞群で知られ，学術的に貴重である．長野県は，南西部の秩父累帯分布地域で，小規模な鍾乳洞が知られるものの，観光洞はない．広川原の洞穴群 6-3 は，秩父帯のチャート中に発達するチャート洞窟である．山梨県南部の富士山北麓には，数多くの火山洞窟が知られており，鳴沢氷穴 6-4，富岳風穴 6-5，西湖コウモリ穴 6-6 は観光洞として公開されている．【柏木健司】

マイコミ平(だいら)—日本一深い竪穴群が集積するカルスト地形—

Maikomi-daira

【所在地】新潟県糸魚川市
【地層】秋吉帯青海石灰岩（石炭紀～ペルム紀）
【管理】見学には糸魚川ジオパークが主催するマイコミ平ジオツアーへの参加が必要.
【指定】糸魚川ユネスコ世界ジオパーク，県自然環境保全地域.

地形と地質

新潟県糸魚川(いといがわ)市には，秋吉帯の礁成石灰岩体が北北西－南南東方向に，幅1～2 kmで約10 kmにわたり分布する（中澤，1997）．石灰岩の年代は，豊富に含まれるフズリナの化石層序に基づき，石炭紀からペルム紀に至る（長谷川・後藤，1990）．このほか，当時の生物礁に生息していた様々な海生無脊椎動物化石の産出が知られている（二枚貝，巻貝，ゴニアタイト，腕足類，三葉虫，サンゴ，コケムシなど）（中澤，1997）．国土地理院発行の1/25000地形図によると，石灰岩地域には，多数のドリーネ（凹地）が分布し，黒姫山（1221.5 m）と明星山(みょうじょうさん)（1188.5 m）に代表される山岳カルストが発達する．

マイコミ平は，黒姫山の南南東約2 kmの標高700 m付近に位置する盆地状地形で，南西－北東方向に幅100～300 mで約700 mの長さをもつ．地表は高低差10～30 m程度の起伏に富み，後述する竪穴が点在している．マイコミ平南方の標高1,000 m付近を源流とする田海川(とうみがわ)は，北北東方向に流下し，マイコミ平の標高700 m付近から標高150 m付近までの石灰岩地域では，地表流のない枯れ沢となっている．マイコミ平から地下に浸透した表流水は，竪穴の深さ300～500 mを一気に流れ下り，地下河川として下流に位置する横穴型の福来口(ふくがくち)鍾乳洞を通り，標高200 m付近でその洞口から流れ出て，再び地表流となり日本海に注ぐ．

マイコミ平の名の由来は，洞口から水が舞い込む様子とされている．

気　象

新潟県糸魚川地域は日本海側気候帯に属し，大陸からの日本海モンスーンの影響を受けるため，豪雪地帯として知られる．マイコミ平は，海岸線から約7.5 kmの位置にあり，その冬季積雪量は約3～4 mである．例年，初雪は11月中旬に観測され，晩春から初夏にかけて融雪する．標高700 m程度でありながら，竪穴から出る冷気によりドリーネ底の雪渓は夏季から秋季にかけて残り，しばしば越年する．日本のカルスト地形の大部分は，冬季に積雪の少ない地域に位置し，マイコミ平には日本でも数少ない多雪地域特有のカルスト地形が発達する．

鍾乳洞

マイコミ平には，日本の洞窟で深さ第一位から第四位を占める竪穴型洞窟が発達する．それらは，白蓮洞(びゃくれんどう)（513 m），青海千里洞(おうみせんりどう)（405 m），奴奈川洞(ぬなかわどう)（345 m），銀鳳洞(ぎんぽうどう)（333 m）である．白蓮洞の名の由来は，洞口に白い蓮のような筋があることから名づけられたという．これらの竪穴は，1960～70年代に関西大学探検部や長門ケイビングクラブらにより探検調査が行われ，測図と記載を伴う報告書が発行された（中川ほか，1983）．マイコミ平北方から続く比高約70 mの崖（浄土門）には，横穴の西姥ケ懐(にしうばがふところ)（107 m）が開口している．福来口鍾乳洞はマイコミ平の北方約3 kmに位置する測線延長2714 mの横穴型洞窟である（福来口洞窟調査委員会，1990）．

1976年，白蓮洞内で遭難事故が発生し，レスキューが行われ全国に報道された．その後，マイコミ平の竪穴を含む周辺の洞窟は全面入洞禁止となり，現在に至る．

マイコミ平ジオツアー

マイコミ平は，糸魚川ユネスコ世界ジオパークのジオサイトの一つであり，ドリーネ群と竪穴，高山植物などを見ることができる．貴重なカルスト地形や高山植物の保護に加え，入山者の安全に配慮し，ジオパークが主催するマイコミ平ジオツアーが唯一の見学機会となっている（■図1）．

ジオツアーは2011年から始まり，7月中下旬から11月上旬にかけて年に10回，週末に開催される人気のツアーである．マイコミ平に通じる林道福来口線をマイクロバスで移動し，途中で一時下車して林道から福来口鍾乳洞の洞口を遠望し，ゲートのあるトンネルを通過して，マイコミ平手前から枯れ沢の田海川の右岸を林道沿いに歩く．左岸側の急崖には，

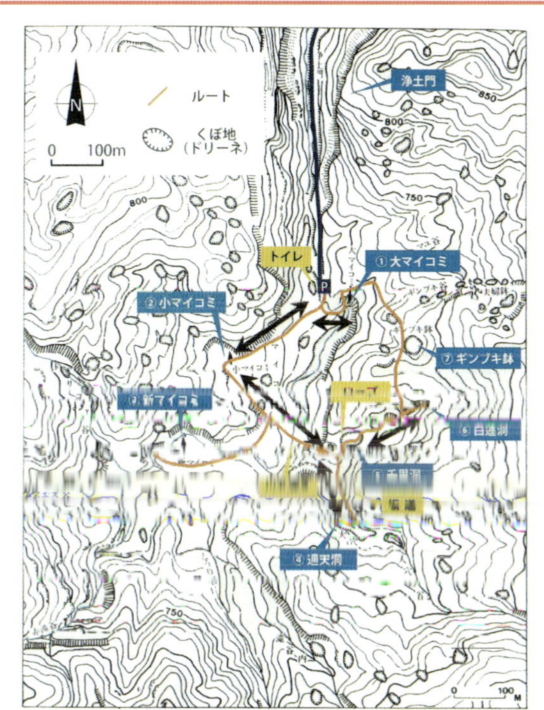

■図1 マイコミ平の地形と洞口位置図．マイコミ平ジオツアーでは「駐車場⇒①大マイコミ⇒②小マイコミ⇒川を渡る⇒⑤青海千里洞⇒⑥白蓮洞⇒通天洞⇒駐車場」を巡る．新潟県（1983）を元に加筆．

西姥ケ懐の洞口が見えている．石灰岩の急崖が両側から迫る浄土門は，通過して後に来た道を振り返ると，ダイナミックな姿を堪能できる（■図2）．その後，説明看板が前方に見えてくると，そこがマイコミ平の入り口である．

マイコミ平では，奴奈川洞のある大マイコミから小マイコミ，そして青海千里洞，白蓮洞，通天洞(つうてんどう)を巡る．ルート沿いには，小さなドリーネや冷風の噴き出す風穴などが点在し，地下に名もなき洞窟の存在を予感させる．高低差のあるドリーネの斜面を昇り降りし，ドリーネの底ではしばしば雪渓を注意深く横切り，洞口の縁から覗き込む青海千里洞と白蓮洞の姿は圧巻である（■図3）．通天洞では，急崖に開口する横穴から竪穴の中に入り，光の降り注ぐ洞口を仰ぎ見る（■図4）．

ツアーでは，マイコミ平の主要な竪穴とカルスト地形に加えて，積雪の影響を受けて幹が不規則に湾曲する落葉広葉樹の生息姿勢や希少な高山植物などを道すがら見ることができる．専門家によるマイコミ平のでき方の説明を含め，マイコミ平を知る唯一かつ絶好の機会となっている．

【香取拓馬・柏木健司】

■図2 マイコミ平へとつづく浄土門．

■図3 青海千里洞で竪穴を間近に見る．

■図4 通天洞で竪穴を下から仰ぎ見る．

大沢鍾乳洞（おおさわしょうにゅうどう）—ドリーネの底に広がる暗黒の大空間—

Oosawa Cave

【所在地】新潟県五泉市刈羽乙
【地層】新生代新第三紀鮮新世の石灰質砂岩
【指定】市天然記念物

大沢鍾乳洞は，新生代新第三紀鮮新世の石灰質砂岩中に胚胎する，総延長141.9 mの高低差14.9 mの横穴型洞窟である（■図1）．1913年に発見され，1993年に五泉市天然記念物に指定された．約10 m径のドリーネの端から階段を下りて洞口に至り（■図2），さらに階段を下りて平坦な横穴に達する．洞内に至る階段はすべりやすく，注意が必要である．

主洞は南南西－北北東に延び，洞奥へ観音堂と金明水に至るホール状の空間は6～8 m前後の高さで，幅は広い箇所で5 m前後である（■図3）．天井は所々ですり鉢状や平面状を呈し，平面部は石灰質砂岩の層理面である．洞床に点在する数m径の岩塊は，天井から層理面に沿って剥離した落盤である．金明水は，天井から降り注ぐ多量の滴下水を貯めたものである．観音堂と金明水を過ぎて階段を大黒天へと上がる．コウモリを洞壁と天井に見ることができ，洞床には所々にコウモリの糞のグアノが堆積する．

支洞は，観音堂の手前で北西に分岐し，1～2 m幅の狭い通路を上がり，銀明水を経て稲荷に至る．洞床から天井に幅を狭める裂罅状の空間で，天井には急傾斜で支洞にほぼ平行に伸びる割れ目（節理ないし断層）が連続し，典型的な構造洞窟である．

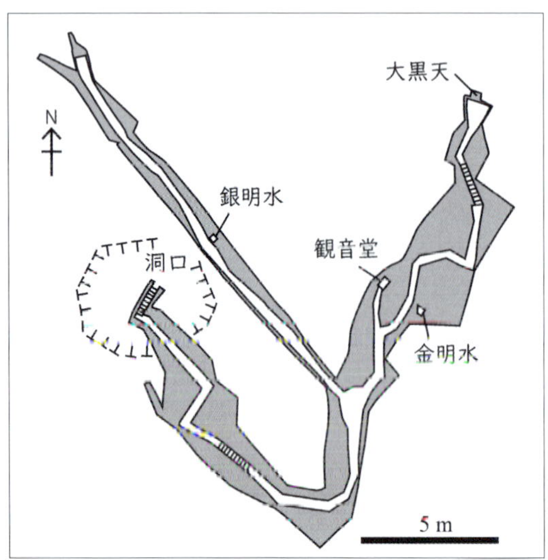

■図1　大沢鍾乳洞の平面図．現地看板を基に作成．

■図2　ドリーネとその底の洞口．

■図3　横穴ホール．奥は観音堂．

母岩の石灰質砂岩には，層理面が数十cm間隔で発達し，所々で低角度の斜交層理が観察できる．層理面は20°以下と緩傾斜である．岩質は軟質で，洞内の至るところの洞壁に，書いたり削ったりした落書きが見られる．古いものでは，1925年の戦前に書かれた落書きが確認されている（千葉，2009）．鍾乳石は，主に流れ石が見られる．元々はつらら石や石筍を含む多くの鍾乳石があったものの，多くが持ち去られたとのことである．

大沢鍾乳洞は，県道沿いの駐車場から山道を約300 m歩いた先に位置する．洞内には照明設備がなく，ルート沿いにコンクリートと階段が敷設されているものの，探勝にはヘッドライトを含み十分な準備に加え，複数名での訪問が望ましい．【柏木健司】

広川原の洞穴群—地底湖をもつチャート洞窟群—

ひろがわら　どうけつぐん

Hirogawara Caves

【所在地】長野県佐久市田口
【地層】秩父北帯チャート
【未整備洞】本穴（最勝洞）の長さは約62m.
【指定】県天然記念物

地質の概要

大規模な石灰岩体が少ない長野県には，鍾乳洞はそれほど多く発達していない．ただし，チャート層（SiO_2で構成される）に発達した珍しい洞窟がいくつかある．

広川原の洞穴群がある長野県東部の佐久市東部には，関東山地から連続する秩父累帯西端の地層が狭い範囲に露出する．洞窟があるチャートは秩父北帯に属し，これまで11の洞窟が確認されている（長野県南佐久郡誌編集委員会，1994）．

広川原の洞穴群を構成するチャート層は低〜中角度の層理面をもち，層理面に沿って発達する横穴的な洞窟が見られる．また，チャート層には高角度の亀裂が見られ，それに沿ってできた洞窟も認められる．洞窟の中には地底湖につながるものもあり，いくつかの洞内には石仏が安置されている．

主な洞窟

洞穴群の中で最大のものは最勝洞（さいしょうどう）である．20世紀初めの文献（澤，1911）によると，最勝洞は4つの洞窟からなり，第一洞が現在の本穴にあたる．ここでは本穴を最勝洞として扱う．

本穴（最勝洞）は，整備された階段の先に開口する（■図1）．洞内は緩い下り坂で，複数のルートに分かれ，地底湖に到達する．二次生成物がわずかに見られる．

抜穴は，足元の悪いアプローチ路の先に開口する．洞口は狭いが，中は広く立体的な空間が展開する（■図2）．時期によっては，洞口から冷気が噴出し，洞内は外気に比較して冷涼である．

谷沿いの両岸に露出するチャートの中にもいくつかの洞口を見ることができる．そのうちの一つには，平面的に広がる洞内の一角に石仏が安置され，その奥に地底湖が見られる（■図3）．ここでは，洞窟珊瑚に似た生成物もある．

広川原の洞穴群へは，広河原集落から橋を渡って山道を20分ほど歩くと到着する．その探査には，十分な装備を持ち複数名でいくのが望ましい．また，山道は所々で崩れており，2024年4月の訪問時，佐久市教育委員会により見学自粛のお願いが現地看板に掲示されていた．　　【柏木健司・狩野彰宏】

■図1　最勝洞の入口．

■図2　抜穴の洞内．

■図3　広く平面的な空間．空間の奥に地底湖がある．

6-4

鳴沢氷穴（なるさわひょうけつ）―青くライトアップされた氷の造形―

Narusawa Ice Cave

【所在地】山梨県鳴沢村鳴沢
【地層】玄武岩
【年代】貞観時代（西暦864～886年）
【規模】長さ150 mの竪穴的溶岩洞窟，高低差は約30 m.
【観光洞】9：00～17：00の営業（冬季は16：00まで）.
【管理】富士観光興業株式会社
【指定】国天然記念物

洞窟の概要

富士山は10万年前頃から火山活動を継続させており，今の美しい形になった．噴火は有史時代にもたびたび起こった．9世紀の貞観（じょうがん）大噴火もその1つで，北西斜面の長尾山火砕丘から大量の溶岩が青木ヶ原に流れた（高橋ほか，2007）．この噴火で青木ヶ原の30 km^{2}の面積が溶岩で覆われ，その厚さは最大25 mに達する．この溶岩には多数の溶岩チューブが発達する．

山梨県鳴沢村の青木ヶ原樹海の東部にある鳴沢氷穴と富岳風穴 6-5 は貞観大噴火の玄武岩溶岩中に発達した溶岩洞窟である．この洞窟は溶岩が固まる際にガスや水蒸気が吹き出してできたとされ，竪穴的な特徴をもつようになった．鳴沢氷穴は1929年に天然記念物に指定されている．鳴沢村には樹型溶岩群という見どころもある．これは溶岩に飲み込まれた樹木が燃焼ないし朽ちてできた樹形の空洞群である．

洞内の様子

鳴沢氷穴は長さ約150 m，幅は11 m，高さは3.6 mに達する．富岳風穴が横穴的であるのに対し，鳴沢氷穴は立体的であり空洞は複雑に連結した構造をもつ．上層と下層の間に約25 mの標高差があり，観光客は狭い連結空間の中に設置された階段を上り下りして散策する．

鳴沢氷穴には氷による造形物が多数発達しており，その一部は青い照明でライトアップされている（■図1）．造形物の形は鍾乳洞で見られるものと似ており，石柱やフローストーンのようなものがある．

上層には種子貯蔵庫跡が，下層には氷の壁があり，かつて氷穴で食物の保管や貯蔵に使用されていた様子が再現されている．

洞内の氷の造形物は冬季～初春に成長し，その後融解して小さくなるが，太いものであれば初秋までは保たれる．洞内の年間平均気温は3℃程度であり，夏でも寒さを感じてしまう．【狩野彰宏】

関連サイト

[1] 富士観光興業株式会社：天然記念物 富岳風穴・鳴沢氷穴 https://www.mtfuji-cave.com/

■図1 鳴沢氷穴の氷の造形物．上）天井から成長する多数のつらら．中）多数の氷柱．下）小さな空間に発達するつららと氷柱．

富岳風穴（ふがくふうけつ）—溶岩パイプの奥は天然の冷蔵庫—

Fugaku Wind Cave

【所在地】山梨県富士河口湖町西湖青木ヶ原
【地層】玄武岩
【年代】貞観時代（西暦864～886年）
【規模】長さ約200 mの溶岩チューブの特徴をもつ火山洞窟．
【観光洞】9:00～17:00の営業（冬季は16:00まで）．
【管理】富士観光興業株式会社
【指定】国天然記念物

洞窟の概要

山梨県富士吉田市の富士山麓の青木ヶ原樹海には，864年に起きた貞観噴火の時の玄武岩溶岩が広がっている．その時にできた溶岩洞窟の1つが富岳風穴である．この洞窟は1929年に天然記念物に指定されている．この地域は冬季には積雪するため，洞窟内の気温は低く保たれている（年平均気温3℃）．低温環境が保たれる洞窟は，昭和初期まで蚕の卵の貯蔵に使われていた．

■図1　富岳風穴の円形の通路．上）典型的な溶岩チューブの特徴をもつ．下）溶岩チューブの床に発達した条線．

■図2　富岳風穴の氷の造形物．上）支洞入口に発達する“氷柱”．左手にはリムストーン型の氷も見られる．下）支洞に発達するつらら．

洞内の様子

この洞窟は長さ約200 m，幅は15 m，高さは8.7 mに達し，奥へとゆるやかに降り傾斜している．支洞が一本あるものの，洞窟空間の大部分は1本の横穴である．

洞窟の一部では丸く屈曲した壁が残されており，典型的な溶岩チューブの形状を示している（■図1）．鳴沢氷穴が溶岩固結時のガスと水蒸気の放出でできたのに対し，富岳風穴は溶岩自体が抜けたことによりできたという違いがある．

富岳風穴の内部には鍾乳洞に発達するような鍾乳石はない．その代わりに，氷によるつらら石や石柱が多数発達する（■図2）．特に支洞との合流点に発達する“氷柱”は富岳風穴の見どころになっている．これらは冬季～初春に成長し，その後融解して小さくなるが，太いものは夏でも保たれる．【狩野彰宏】

6-6

西湖(さいこ)コウモリ穴(あな)—樹海に潜むコウモリの巣—

Saiko Bat Cave

【所在地】山梨県富士河口湖町西湖
【地層】玄武岩
【年代】貞観時代（西暦864-886年）
【規模】総延長400m弱の火山洞窟.
【観光洞】3月20日～11月30日の9:00～17:00の営業.
【指定】国天然記念物

洞窟の概要

山梨県富士河口湖町の西湖の南岸に隣接した場所に西湖コウモリ穴がある．この洞窟は入口付近を除くと公開部分は横穴であり，長さは400 m弱と富士山麓の溶岩洞窟の中では最大規模であるとされる．

この洞窟の母岩である貞観(じょうがん)大噴火の溶岩が，かつてあった大きな湖（せの海）に流れ込み，現在の西湖と精進湖に分断した（山元ほか, 2016）．この時，大量の水蒸気が発生し，溶岩チューブの複雑な構造が造られた．

■図1　西湖コウモリ穴の入口付近のホール.

■図2　空間を連結する細い溶岩チューブ.

■図3　洞窟の奥の底面に見られる円弧型の条線．網状溶岩と呼ばれている.

この洞窟は富士山麓の火山洞窟としては洞内の気温が高い.冬には外気よりもかなり暖かくなるので，コウモリが冬眠の場として利用していた．

洞窟事務所から洞窟入口までは整備された散策路になっており,青木ヶ原の植生を観察できる．なお，この洞窟は12月から3月中旬までは閉鎖される．

洞内の様子

この洞窟では，内部の温度が比較的高いため，鳴沢氷穴 6-4 や富岳風穴 6-5 とは違って，公開期間中には氷の造形物は見られない．内部ではいくつかの広い空間（■図1）が，溶岩チューブ（■図2）により連結しており，天井が低い部分が多い．また，壁面や底面に溶岩流や水蒸気などのガスの移動によってできた条線が残されている．

中でも，特徴的なのは網状溶岩である（■図3）．粘性の低い溶岩が，傾斜のゆるい場所に流れてくると，表面で薄皮のように固結した部分が，下部の柔らか溶岩流に引きずられ，ロープを並べたような網目模様が形成される．

かつて，コウモリ穴には多数のコウモリ（ウサギコウモリ，キクガシラコウモリ，コキクガシラコウモリの3種）が生息していたが，近年はその数が少なくなり，洞窟の奥はコウモリの繁殖場所として保護されている．　【狩野彰宏】

6-7

鴇ケ谷鍾乳洞(とがたにしょうにゅうどう)—清流の地下河川が流れる，石川県唯一の鍾乳洞—

Togatani Cave

【所在地】石川県白山市鴇ケ谷
【地層】飛騨帯の結晶質石灰岩
【未整備洞】長さ77.75 m＋の横穴．
【指定】白山手取川ユネスコ世界ジオパーク

概　要

鴇ケ谷鍾乳洞は石川県で唯一の鍾乳洞であり，手取川流域に広く露出する飛騨帯の結晶質石灰岩中に胚胎する横穴型洞窟である．結晶質石灰岩の時代は未詳で，その広がりは正確に把握できていない．2009年8月12日に『北國新聞』で紹介され，2011年には研究成果が学会で公表された（坂本，2011）．2018年11月，富山大学とJ.E.Tによる測量調査が実施され，測図の整備に加えて，真洞窟性の微小陸貝であるホラアナゴマオカチグサが確認された（柏木，2019；Kashiwagi et al.，2019）．手取川流域の結晶質石灰岩分布域には，ほかに数ヶ所で小規模な鍾乳洞を確認済みである．

なお，洞窟へ通じる林道は入口で閉鎖されており，私有地であり非公開である．

洞内の様子

測線延長77.75 mのほぼ平坦な横穴型洞窟である．洞口は，手取川左岸支流の鴇ケ谷沿いに開口する（図1）．狭い洞口を入り約7 m進むと，水深10 cm未満の地下河川に到達する．洞窟はここから上流方向に主に地下河川沿いに伸び，下流方向には数mで天井が急激に低くなり入洞不能となる．上流方向に地下河川沿いに移動する．洞壁には2段の離水

図1　鴇ケ谷鍾乳洞の洞口．

図2　鴇ケ谷鍾乳洞の洞内の地下河川．

図3　鴇ケ谷鍾乳洞の洞内外から産する微小陸産貝類．1. ホラアナゴマオカチグサ近似種の死殻（洞内）；2. ケシガイ類の生貝から作成した殻標本（洞外）．

図4　水　穴．

したノッチが発達し，過去に地下水面の安定期と下降期が繰り返したことがわかる（図2）．最上流部は地下河川の湧出で終わる．ホラアナゴマオカチグサ近似種の死殻は，最奥地点の洞壁で確認された．また，洞外の洞口付近の斜面では，ケシガイ類が多く生息する（図3）．鴇ケ谷沿いに洞口から下流へ約25 m地点に，鴇ケ谷鍾乳洞の地下河川を排出する水穴がある（図4）．未探検の空間を含むと，鴇ケ谷鍾乳洞は長さ100 mを超える．　【柏木健司】

大境洞窟(おおざかいどうくつ)—日本で初めて発掘調査が行われた洞窟遺跡—

Ozakai Cave

【所在地】富山県氷見市大境
【地層】藪田層（上部鮮新統）
【管理洞】洞口付近を見学可．
【指定】国指定史跡

大境洞窟遺跡の発見

洞窟遺跡として知られる大境洞窟は，富山県西北部，氷見(ひみ)市の灘浦(なだうら)海岸に所在する．落盤層で分かれた6つの文化層をもつ縄文時代中期から中世の複合遺跡である（■図1）．

灘浦海岸は，能登半島の基部東側にあたる．海岸まで丘陵がせり出し，海食崖に沿って上部鮮新統の藪田(やぶた)層の石灰質砂岩とシルト岩が露出する．藪田層の石灰質岩は地元で「藪田石(やぶたいし)」と呼ばれる．大境洞窟は，約7000～6000年前の縄文海進期にその海食崖に穿たれた海食洞で，南西方向に開口し，入口の高さ約8 m，幅約16 m，奥行約34 m，現在の底面は標高約5 mを測る．江戸時代には洞窟内に菊理姫神が祀られており，周辺で石器が出土することでも知られていた．

大正7（1918）年6月，洞窟内に鎮座する白山社を改築するために洞窟床面を掘り下げたところ，人骨や動物骨，貝殻のほか，土器や石器が多数出土し，注目を集めた．その報を新聞の欄外記事で知った東京帝国大学人類学教室の柴田常恵は，すぐさま氷見を訪れ現地を確認，7月から10月にかけて計3回の発掘調査が実施された．この一連の調査が，日本で初めての洞窟遺跡での発掘調査とされる．

層位学的発掘調査の実施

発掘調査は，柴田常恵を中心に，長谷部言人，小金井良精，松村瞭などといった当時を代表する研究者が参加して実施された．

小規模な2回の調査を経て，9月から10月にかけて実施された3回目の発掘調査では，富山県庁から土木技師が派遣され，詳細な測量図面が作成されたことが特筆される（■図2）．この当時，日本考古学界では層位学的研究法の導入がはじまっていた．層位学的研究法では，攪乱を受けていない同一地点の地層の堆積は，下層が古く，上層が新しいという原則に基づき，出土遺物の新旧関係を決定する．大境洞窟の落盤層によって分け隔てられた土層は，層位学的研究法の実践には格好の存在であり，層ごとに遺物が取り上げられ，正確な土層断面図が作成された．

調査の結果，洞窟内に落盤層でへだてられた縄文時代中期から中世の6つの文化層が残されていることが確認された．さらに，縄文土器を含む文化層が弥生土器を含む文化層より下位にあることが明らかとなり，縄文土器と弥生土器の新旧関係を裏付けることができた．こうした調査成果を受けて，大境洞窟は，大正11年（1922）には「大境洞窟住居跡」として，国史跡に指定された（■図3）．

大境洞窟遺跡の概要

縄文海進最盛期を経て，海面の低下や地盤の隆起で海食洞が現在の位置に離水した．洞窟が地上に姿を現した縄文時代中期にはその利用がはじまったと考えられ，最下層の第6層では縄文時代中期から後

■図1　大境洞窟近景（中央は白山社本殿）．

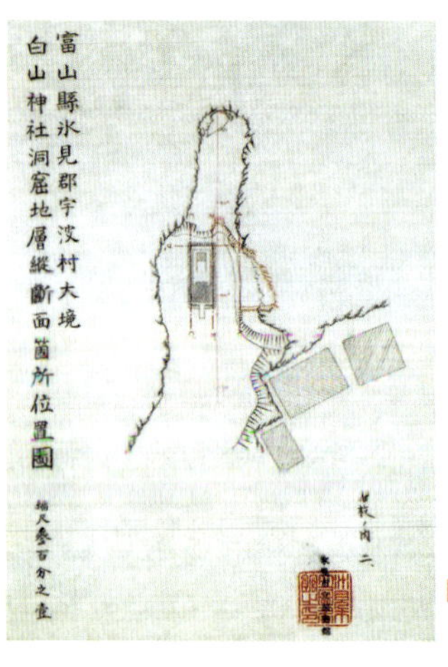

■図2　大境洞窟図面
（所蔵：氷見市立博物館）．

期の土器や石器が出土した．また，第5層では，縄文時代晩期末から弥生時代中期の土器，石器，骨角器，抜歯したものを含む多くの人骨のほか，大量の動物骨が出土した．この層の一部には灰層が厚く堆積し，貝塚のようだったと伝わる．

洞窟出土の動物骨などを分析すると，縄文時代に洞窟を利用した人たちは，野山でイノシシやニホンジカ，ノウサギなどを狩る一方で，洞窟近くの岩礁地帯でマダイ，ハタなどの魚や，サザエなど貝類を獲っていたことが明らかとなった．さらにマグロやイルカ，アシカといった大形の海棲動物，海鳥類なども捕獲し，食料としていた．この時代，縄文人たちは他の場所を生活の拠点とし，キャンプ地のようなかたちで，洞窟を利用していたものと考えられる．

続く第4層で弥生時代中期から古墳時代前期，第3層で古墳時代中期から後期，第2層で奈良・平安時代，第1層で中世の遺物が出土した．第1層と第2層の間を除き，各層の間には岩盤層が堆積し，洞窟内はたびたび落盤に見舞われていたことがわかる．また，洞窟向かって左側の上方には，小さな龕（がん）状の遺構が数か所確認できる．人工的に穿たれたもので，洞窟自体が信仰の場となっていた第1層の時代には，石仏などが安置されていた可能性がある．

なお，第4層では弥生時代終末期の土器が多く出土しており，中には赤く彩色された特殊なものも見られる．縄文時代の印象が強い大境洞窟だが，実際には弥生時代の遺物の出土が多く，富山県の弥生時代を代表する遺跡という一面ももつ．

現在，洞窟内には白山社の本殿が鎮座しているが，その基壇は大正7年の発掘調査で掘り残された，かつての洞窟床面の名残である．また，本殿基壇を囲んで洞内散策に整備された史跡園路より奥側については，岩盤が折り重なった洞窟の旧地形が手つかずのまま残されている．　【廣瀬直樹・柏木健司】

図3　史跡指定直後の大境洞窟（所蔵；氷見市立博物館）．

6-9

富山県（とやまけん）の洞窟（どうくつ）

富山県東部の黒部峡谷鐘釣（かねつり）に，結晶質石灰岩が狭いながらレンズ状に露出する．この石灰岩体中に，測線延長数mの小規模な洞窟を含み，十前後の鍾乳洞が確認されている．そのうち最大のサル穴は，測線延長約120 mで比高差約40 mの竪横複合型洞窟で，ニホンザルが厳冬期に避難場として利用していることが，世界で初めて報告された（柏木ほか，2012 a,b）．なお，サル穴を含む鍾乳洞群は，中部山岳国立公園および国有林内に位置し，見学できない．

富山県西部高岡市の丘陵地に，生物遺骸に富む石灰質砂岩からなる鮮新統–下部更新統の頭川層が露出する．頭川層中に形成されている五十辺（いからべ）鍾乳洞群は，7つの小規模な洞窟からなる．最大の2号洞は測線延長約7 mで，洞口から3 mほどは立って入れるものの，そこから奥に急に狭くなる（邑本・亀游，1976）（図1）．洞口から最奥部まで，外気と日射の影響を受けて，洞壁にはコケ類や植物の繁茂が見られる．規模は小さいものの，石灰質砂岩を母岩とする鍾乳洞として，学術的に貴重である．

富山平野を取り巻く丘陵地から山地の火山岩類分布地域に，地すべり地形が数多く発達する．地すべり移動体を構成する堆積物は，しばしば径十数mから数mの岩塊を乱雑に含む．移動岩盤中の連続する開口亀裂や累積する岩塊間の空隙は，小規模かつ狭いものの，それらは地すべりを起源とする洞窟といえる（橋本編，2002）．

鉱山跡地の旧坑道も数多く知られる．大境洞窟6-8が形成されている藪田層からなる崖には，貯蔵庫などのために人工洞窟がしばしば掘削されている．　【柏木健司】

図1　五十辺鍾乳洞群の２号洞の洞内．

越前海岸の海食洞群
―呼鳥門・愛染明王洞・厨1号洞穴・下長谷1号洞穴―
Sea caves in Echizen Coast

【所在地】福井県越前市
【地層】新生代の火山岩類
【指定】越前加賀海岸国定公園，天然記念物ほか．

概　要

越前海岸は，北は東尋坊から越前岬を経て南は杉津に至り，西方に凸の“く”の字を描く海岸である（扉地図；図1）．海岸沿いには主に，前－中期中新世の火山岩類を主とし，汽水成－海成の堆積岩類が伴われ（梅田ほか，2001），それらは比高数十mの海食崖と岩礁を構成する．南端部にはジュラ紀付加体の堆積岩類が露出する．国道305号線は，急崖をなす海食崖の前面をぬうように走り，日本海の激しい波浪により形成された様々な海岸地形を，道すがら数多く見ることができる．

越前海岸ではかつて，海食崖沿いに離水海食洞や岩陰が50をこえて存在した．しかし，国道305号線の建設の際に破壊されたものも少なくなく，落盤による洞窟空間の消失に加え，資材置き場や火葬場，ゴミ捨て場などとして利用されているものもある（仁科・山口，1979；伊藤ほか，2002）．このような現状ではあるものの，2000年代初頭に40地点前後の海食洞が報告され，主要な海食洞について基礎資料として測図が公表された（伊藤ほか，2002）．ここでは，アクセスの容易な国道沿いに位置し，整備され見学可能な海食洞を紹介する．

図1　越前海岸と海食洞．海食洞の位置は伊藤ほか（2002）に，海岸沿いの地層分布は福井県（2010）に基づく．基図は25000分の1電子地形図．

呼鳥門および愛染明王洞

呼鳥門は，1950年代に県道の新設中に発見された離水貫通洞門で，道路面からの高さは20m弱である（図2）．2002年3月まで，国道305号の天然トンネルとして利用されていた．その天井部分の岩盤は，上下を層理面に平行な割れ目で画され平板状を呈する．洞門の陸側と海側には，層理面に直交する高角度節理が発達する．旧国道の一部には落石による陥没孔があり，その海側には径数mの礫岩の岩塊が累積している．呼鳥門は，構造的に不安定な岩盤状態にあり，現在，その天井部分にはワイヤーネットが施工されている．

図2　呼鳥門．

愛染明王洞は，国道沿いの駐車場山側の海食崖基部に開口する離水海食洞である．長さ23.5 mで，洞口は海面から比高8.6 mに位置する（伊藤ほか，2002）．立ち入りは禁止されており，洞口を眺めるにとどまる．なお，呼鳥門と愛染明王洞ともに，駐車場からのアプローチは容易である．

厨（くりや）1号洞穴

厨1号洞穴は越前町指定文化財第二号で，国道脇に位置する．流紋岩中の急傾斜する節理に沿って形成されており，総延長は16 mを超える（伊藤ほか，2002）．現在，洞口前面には崩落した岩屑が累積している（■図3）．ここでは，弥生時代後期から古墳時代後期の3～6世紀に至る遺跡が報告された（越前町史編纂委員会，1977）．

下長谷（しもはせ）1号洞穴

下長谷1号洞穴は国道脇に開口し，洞口は高さ7 m前後で幅4.5 m前後と広く，奥行きは25～26 mである（■図4）．弥生時代と古墳時代の遺物が報告された（仁科・山口，1979）．西南西－東北東方向に開口し，3月18日の正午頃に訪問した際には，洞口から奥まで視認できた．洞口が広いため，天気のよい午後であれば，ヘッドライトなしで奥まで行けそうである．洞内は，中ほどから天井は低くなるものの，大まかに立ったままで最奥まで到達できる．最奥部は，天井の低い部分で高さは約1.6 mで，幅は35 cm前後である．洞床はおおよそ平坦で歩きやすく，波浪により円磨された海浜礫が見られる．また，洞窟の天井には，洞窟の伸びに平行な急傾斜節理が発達している．

越前海岸を特色づける海食洞と貫通洞門

越前海岸では，海岸線に沿う活断層群の活動により，0.2～1.0 m/1000年の平均隆起速度が推定されており（伊藤ほか，2002），17世紀頃に5 mを超える隆起を伴う断層活動も推定された（山本ほか，2010）．地盤の活発な隆起は，急傾斜で高い比高差を有する海食崖を形成し，日本海の激しい荒波と強風が作用することで，汀線付近に多数の海食洞が形作られた．離水海食洞と貫通洞は，越前海岸で生じた地盤の隆起を示す，代表的な離水地形といえる．加えて，地震の大まかな発生間隔を推定するうえで，重要な知見を提供することが期待される．

厨1号洞穴と下長谷1号洞穴を含み，越前海岸の海食洞の多くは，急傾斜する割れ目沿いに発達している．呼鳥門は，急傾斜節理と層理面に沿う割れ目で，貫通洞としての空間が形成されている．日本海の激しい波浪作用は，岩盤中の弱面である割れ目沿いに選択的に作用し，硬質な岩盤を穿ち空間を発達させるとともに，硬質な岩盤は海食洞を長期間にわたり保持している．【柏木健司】

■図3　厨1号洞穴の洞口．

■図4　下長谷1号洞穴の洞口から洞内．

6-11

打波川の石灰華

(うちなみがわ　せっかいか)

―地下から湧出する冷水が形作る石灰華の多様な造形―

Tufa along Uchinami River

【所在地】福井県大野市上打波
【地層】飛騨変成岩類の結晶質石灰岩
【指定】大野市天然記念物

概　要

北東から南西方向に流下する打波川流域の3か所で，石灰華の発達が知られる（伊藤・寺田，2002）（図1）．鳩ヶ湯－小池断層（森本・松田，1961）が打波川沿いに存在し，石灰華の見られる地点には，断層に挟まれて飛騨変成岩類の片麻岩と結晶質石灰岩が分布する．石灰華は，天水起源の冷水から形成されており，結晶質石灰岩と断層の重要性が指摘されている（伊藤・寺田，2002）．

石灰華

地点1は，大野市により天然記念物に指定されている．林道沿いに位置し，訪問は比較的容易である．道路から比高約14 mの範囲で，石灰華の発達を遠望できる．石灰華の表面は乳白色を呈し，葉や茎などが埋没している様子を観察できる．上部の比高約6 mの急崖には滝が見られ，房状やつらら状の石灰華が成長し，滝状トゥファ（狩野，1997）に相当する（図2）．滝状トゥファの標高沿いに北東に伸びる崖も，石灰華の沈澱物に覆われている．林道からは判別できないが，滝状トゥファから上方に比高約10 m間の斜面にも石灰華が発達している．地点1から南西に約50 mの地点の谷沿いにも石灰華が見られ，現在は成長をしていないようである．林道からは判別できず，藪のために接近は困難である．

地点2と地点3は林道の対岸に位置し，地点2は上打波発電所の水路管が林道をまたぐ付近より，地点3は鳩ヶ湯（はとがゆ）鉱泉のすぐ上流の橋梁付近より，それぞれ全体像を観察できる．地点2では，比高差約24 mで石灰華が見られ，その基部には奥行き1 m程度の洞窟状の凹部が発達する（図3）．

【柏木健司】

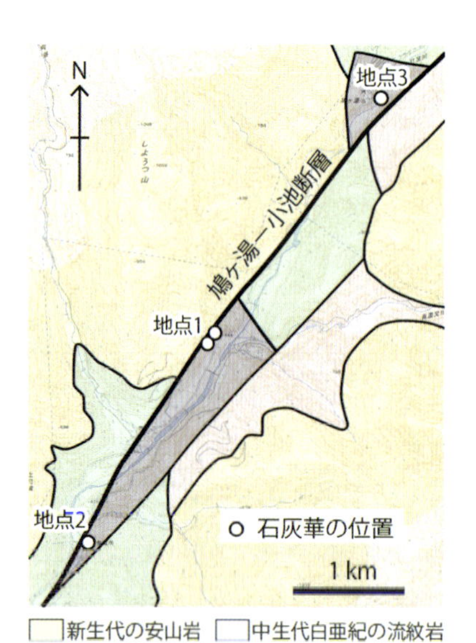

図1　打波川沿いの石灰華の位置と地層の分布．地層分布は伊藤・寺田（2002）を基に作成．基図は25000分の1電子地形図．

図2　大野市天然記念物指定の地点1の滝状トゥファ．

図3　打波川沿いの地点2．対岸の道路からの遠望．

7. 近畿地方

近畿地方の観光鍾乳洞として，滋賀県の河内風穴 7-1，京都府の質志鍾乳洞 7-2，和歌山県の戸津井鍾乳洞 7-8，奈良県洞川の五代松鍾乳洞と面不動鍾乳洞 7-3，不動窟鍾乳洞 7-4 が挙げられる．これらは，美濃帯または秩父累帯のジュラ紀付加体中の石灰岩に発達し，周辺には多数の鍾乳洞が見られる．兵庫県の淡路島北部に位置する野島鍾乳洞は，第三紀の石灰質砂岩中に胚胎し，学術的に重要であるものの，洞口までの見学にとどまる．日本海に沿う山陰海岸は海岸地形の博物館ともいわれ，兵庫県の竹野海岸 7-6 には淀の洞門をはじめとして数多くの海食洞が知られる．

玄武洞 7-5 は，玄武岩の採石場跡にできた人工洞窟で，地質学的に極めて重要であり本章に含めた．滋賀県の琵琶湖の竹生島には，花崗岩中に節理沿いに形成された湖食洞が知られる．和歌山県南部の海岸沿いには，多数の海食洞が形成されており，観光洞として公開されている三段壁洞窟 7-9 のほか，鳥毛洞窟 7-10 や九龍島の海食洞などが有名である．和歌山市の雑賀崎と紀伊水道沖の友ケ島にも，上人窟や観念窟といった海食洞が知られる．大阪府東部の生駒山系の磐船神社 7-7 は，花崗岩のコアストーン間に形成された花崗岩洞窟の岩窟巡りで有名である．【柏木健司】

7-1

河内風穴（かわちのかざあな）―地下に広がる暗黒の迷宮―

Kawachi-no kaza-ana Cave

【所在地】滋賀県多賀町河内
【地層】美濃帯のペルム紀石灰岩
【観光洞・管理】河内風穴観光協会
【指定】県天然記念物，日本の重要湿地（環境省），琵琶湖国定公園．

近江カルストは鈴鹿山脈北部の芹川（せりかわ）沿いに位置し，河内から上流の権現谷にかけて石灰岩の急崖やドリーネを含むカルスト地形が発達し，多賀町内で50前後の洞窟が知られる（水島編，1989；阿部・多賀の自然と文化の館監，2009）．石灰岩中には四射（ししゃ）サンゴやフズリナ，三葉虫などの礁生生物の化石が豊富に含まれる．河内風穴は芹川支流のエチガ谷の左岸斜面に開口する，近江カルストを代表する観光鍾乳洞である．イザナギ・プロジェクトの測量調査によると，河内風穴は全長10000 m+で高低差88 mの横穴型洞窟で，横穴空間は複数レベルに発達する．その規模は近畿地方で最大を有し，観光洞としての公開部分は洞口からわずか200 mに過ぎない．

八幡神社前から遊歩道を進み，エチガ谷にかかる橋を渡り，谷沿いに斜面を登りがちに進む．遊歩道に沿う斜面上に転がる石灰岩の風化面には，しばしばフズリナ化石を見ることができる．注意深く観察すると，イブキゴマガイをはじめとする数mm大の微小陸産貝類に気づく．カルストの自然を堪能しつつ，しばらくすると河内風穴の洞口に到達する．

エチガ谷左岸の石灰岩急崖に開口する，約1.5 m四方の洞口から頭をかがめて洞内に入り，しばらく進み目線のすぐ先にある洞壁では，風化面に多数のフズリナ化石を見られる（■図1）．このすぐ先が，大広間と呼ばれる巨大ホール（長さ約60 m，幅約20 m，高さ20 m）である（■図2）．天井にはコウモリの群れがしばしば見られる．洞床には数十cmから数m径の岩塊が乱雑に広がり，天井からの落盤によるものである．大広間を過ぎ，天井の低い空間の洞壁には洞窟珊瑚が見られる．鉄製階段を上り，高さ2 mに満たない天井に低い横穴空間の先に，鉄格子で仕切られた空間があり，ここが観光洞の最奥地点である．

河内風穴の大部分を占める未公開空間のうち，上層の横穴にはつらら石や石筍，リムストーンをはじめとする豊富な鍾乳石が発達し（■図3），最も下層には地下河川と地底湖が広がる．洞内の気温は1年を通じて11～12℃と安定し，90％以上の高い湿度が保たれている．さらに，まったく光の差し込まない特殊な環境に適応した真洞窟性生物が生息し，河内風穴の固有種（コバヤシミジンツボ，カワチメクラチビゴミムシ）も報告されている．ユビナガコウモリやコキクガシラコウモリが，河内風穴をねぐらや越冬場所として利用し，冬季には大規模な越冬集団が確認されている．地下河川の水はエチガ谷に湧き出し，芹川の重要な水源となっている．

【柏木健司・阿部勇治】

■図1　ホール手前の洞壁で観察できるフズリナ化石．

■図2　河内風穴の巨大ホール．

■図3　未公開空間の鍾乳石．

質志鍾乳洞—竪穴観光洞かつ洞窟生物学発祥の地—

（しずししょうにゅうどう）

Shizushi Cave

【所在地】京都府京丹波町質志
【地層】丹波帯のペルム紀石灰岩
【観光洞】1・2月は閉園．12・3月は土・日・祝のみ．
【管理】質志鍾乳洞公園協力会
【指定】府天然記念物，京都の自然200選．

概　要

質志鍾乳洞は，1927年（昭和2年）11月，猟師により発見された．総延長約120 m，高低差約26 mの竪穴を主体とする鍾乳洞である．洞口から横穴に至る第一室と第二室，竪穴の第三室，そして竪穴下部から分岐する裂罅（れっか）状の支洞の第四室から構成される．発見当時より，竪穴手前の横穴につらら石，フローストーン，石筍，および石柱が豊富に発達することが知られていた（君塚，1928）．石筍は，第一室最底部に多く発達していたようだが，現在はまったく見られない．第一室の石柱は，発見当時から既に黄金柱と称され，戦後の観光案内書にもその名が見られ，現在も観光ルートの目玉の一つとなっている．

戦前から戦後にかけて，洞窟探検の場としても注目され，1993年8月からは質志鍾乳洞公園として整備され現在に至る．なお，鍾乳洞は丹波帯のジュラ紀付加体中に含まれる厚さ200 m内外の石灰岩体中に胚胎する（安斎・河田，1960）．石灰岩体は鍾乳洞付近で約75 mの層厚をもち，ペルム紀を示すフズリナ化石が産する（武蔵野ほか，1979）．

洞内の様子

夏の暑い時期，洞口をくぐり洞内に入るとすぐに，外界とは一変して冷涼な環境に身が置かれる．進行方向の横穴の洞壁には，黄金柱が洞床から天井へとそびえ立ち（図1），周囲の洞壁はフローストーンで広く覆われている．最低部まで進み，そこから上り調子で天井の低い部分をかがみながら通過し，竪穴の降り口に到達する．鍾乳石は，竪穴手前までの横穴空間でよく発達する．竪穴では急な勾配の階段を慎重に下る（図2）．竪穴途中で天井に，シーリングポケットを見ることができる（図3）．高い湿度のため，手すりは水滴で湿っている．階段の勾配がゆるくなり暫くすると，観光ルートの最深部が目に入る．最深部の手前に，裂罅状の空間が洞壁に開口している．この空間が未公開の第四室である．最深部から洞口までは，同じ階段と通路を引き返す．

観光ルート沿いの洞壁に時折，真洞窟性生物を見ることができる（1-8 図1.5，1.7）．洞窟環境に適応した真洞窟性生物は，一般に数mm大以下で全体に白色を呈し，照明設備を整えた空間で観察できることは少ない．観光ルートも含み，洞窟生物にとって良好な洞内環境が保全されており，貴重な質志鍾乳洞の環境を見守っていきたい．　　【柏木健司】

図1　横穴の黄金柱．

図2　竪穴と急勾配の階段．

図3　竪穴空間の天井に見られるシーリングポケット．

洞川の鍾乳洞群 —霊峰が見守る名水の里—

Limestone caves in Dorogawa area

【所在地】奈良県吉野郡天川村洞川
【地質】秩父累帯の石灰岩
【観光洞】面不動鍾乳洞と五代松鍾乳洞は観光洞で，洞口までモノレールあり．
【管理】洞川財産区
【指定】県天然記念物

地形と地質

洞川鍾乳洞群は，紀伊半島のほぼ中央に位置し，東部の大峰山脈から西方に流れる山上川の河岸に発達している．付近の標高は800 mから1200 m程度あり，夏でも冷涼である．山上川の水源である山上ヶ岳付近の地質は，主に砂岩とチャートが複雑な褶曲構造を呈する山上ヶ岳層群に定義される．山上ヶ岳層群は，三畳紀中期-ジュラ紀後期に堆積した秩父累帯に属し，低角衝上断層である大迫構造線を境に南側の四万十累層群と区切られている（志井田ほか，1989）．洞川地域は，第三系の大峯花崗岩類によって隔てられた山上ヶ岳層群の西端に位置し，砂岩・チャートに加えて，緑色岩類と頁岩に富む．石灰岩は，緑色岩類中に厚層のレンズ状岩体として分布し，ここに複数の鍾乳洞が発達している（志位田ほか，1989）．石灰岩の多くは結晶質である．

歴　史

山上ヶ岳山頂付近には，修験道の根本道場である大峰山寺が建立され，山全体が聖域とされている．洞川から山上川沿いを東に遡上する道はその参道となっており，『母公堂』と呼ばれる女人禁制の結界口を見ることができる．現在は，山上ヶ岳の登山口にある女人結界門までは女性の通行が認められており，それより先は，女人禁制が守られている．大峰山寺の建立は飛鳥時代にさかのぼり，国宝に指定されている．こうした歴史的背景から，2004年には大峯山寺と大峯奥駈道がユネスコの世界文化遺産に登録された．洞窟群のうち，蟷螂の岩屋（窟）と蝙蝠の窟（岩屋）の2か所は今も修験道の一之行場として，信仰の対象となっている．

頁岩・石灰岩層を浸透した地下水は，良質な湧水群でも知られ，環境省の名水百選に選ばれている．山上川北西部に位置する龍泉寺には，龍の口伝説として知られる泉があり，大峯山唯一の水行場である．

参道には宿場町として栄えた旅館が立ち並び，掘削孔から取水される温泉（弱アルカリ性単純泉）に浸かることができる．

洞窟探索

洞川には，未記載のものも含めて10以上の洞窟があり，そのうち，面不動鍾乳洞と五代松鍾乳洞の2か所は観光洞として一般に公開されている（■図1）．いずれも奈良県の天然記念物に指定されている．厳寒期には，閉門していることもあるため，冬季の訪問に際しては，ホームページ[1]などで確認したほうがよい．

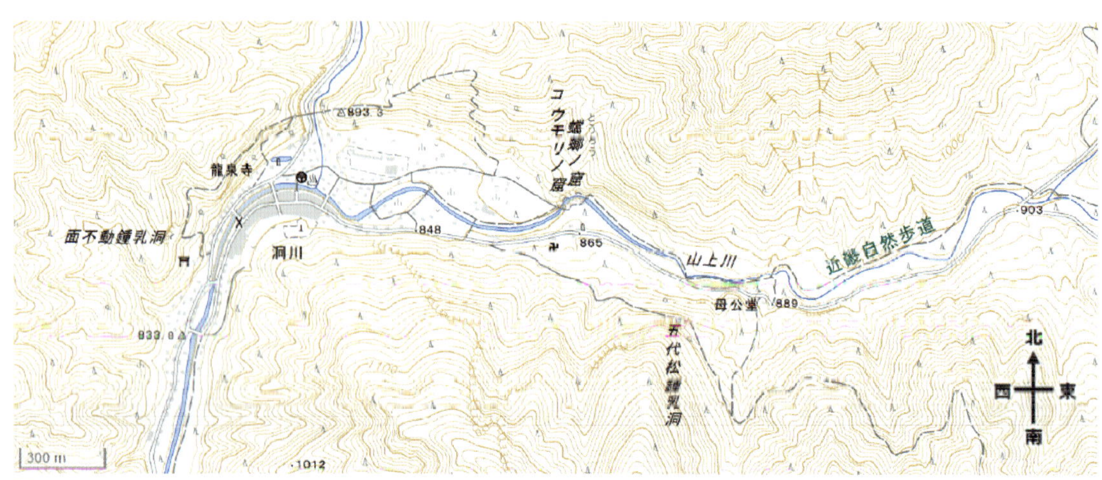

■図1　山上川両岸における洞窟群の分布．国土地理院　電子国土 Web より作図．

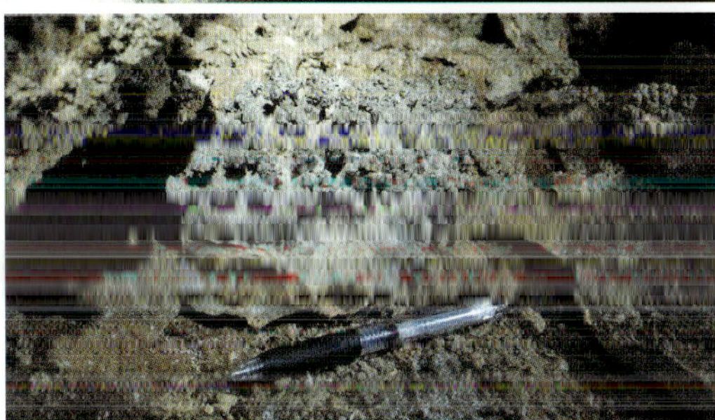

■図２　面不動鍾乳洞内に発達するつらら石（上）と転石で見られた洞窟サンゴ（下）.

面不動鍾乳洞と五代松鍾乳洞

面不動鍾乳洞は，山上川の北西側斜面に位置し，標高900 m付近に開口した全長約200 mの横穴である．二次生成物一つ一つの規模は，やや小ぶりなものが多いが，つらら石，ストロー，ケイブコーラルなど，形態的多様性に富む．洞内からは，カワウソ，テン，ニホンザルなどの獣骨が発見されている（山中・武内，1991）.

五代松鍾乳洞は，面不動鍾乳洞から東に1800 mほど進んだ山上川の南斜面に位置し，標高約950 m付近に開口した全長約200 mの横穴である．鍾乳洞の名称は，発見者である赤井五代松氏にちなむ.

洞内は二層構造になっており，下の階層は通路がやや狭く泥に富むものの，上の階層は開けており，フローストーンや石筍などのダイナミックな二次生成物を見ることができる（■図３）．洞川鍾乳洞群の中で最も二次生成物が発達している鍾乳洞といえるだろう．洞口は入口と出口の２か所に分かれ，比較的空気が抜けやすい構造であることも，二次生成物の発達に寄与した可能性がある.

山上川の河川敷から2つの鍾乳洞までは，約100 mの標高差があり，斜面は20度に達する．洞口までは，散策ルートを歩いて登るか，斜面をほぼ垂直に登るモノレール（トロッコ）を利用する．面不動鍾乳洞の入口からは，洞川の街並みを一望できる．五代松鍾乳洞では，長靴とヘルメットの貸し出しがあるほか，小グループごとに案内人が同行する.

蟷螂の岩屋と蝙蝠窟

蟷螂の岩屋（窟）と蝙蝠窟（岩屋）は，五代松鍾乳洞の対岸に並んで位置している．山上川からの標高差はほとんどなく，河川沿いに発達した溶食洞である．二次生成物は乏しいものの，その分，スカラップなどの溶食形態が顕著である．また，（蟷螂の岩屋は）奈良県の天然記念物に指定された，岩燕の越冬地の一つとしても知られている.

湧水群

洞川湧水群を構成する名水には，ごろごろ水・神泉洞・泉の森の三か所がある．個人所有の神泉洞を除き，他2か所は一般に開放されている．ごろごろ水の源流は，五代松鍾乳洞のトロッコ乗り場からすぐの県道沿いにあり，取水設備が完備されている．施設利用料を支払うことで誰でも利用可能なため，県内外からの利用者が多い．泉の森は，龍泉寺から支流を700 mほど北上した場所に湧水する.

【堀　真子】

関連サイト

[1] 洞川財産区 https://zaisanku.weebly.com/

■図３　五代松鍾乳洞の上層は，洞窟を構成する母岩の石灰岩が見えないほど二次生成物で覆われている.

■図４　洞口まで行くトロッコ：五代松モノレール.

7-4

ふどうくつしょうにゅうどう

不動窟鍾乳洞—国道沿いにある4つの連結した空間—

Fudou-kutsu Cave

【所在地】奈良県川上村柏木
【地層】秩父南帯三宝山ユニットの石灰岩
【観光洞】現在は土日祝のみの営業.
【指定】県天然記念物

洞窟の概要

不動窟鍾乳洞は紀伊山地中央部の吉野川上流に位置し，19世紀初頭の書物に探勝の記録が残され（川上村史編纂委員会編，1989），明治時代から著名な名所として知られていた（森永編，1913）．秩父南帯三宝山ユニットの石灰岩ブロック中に胚胎し，石灰岩からは三畳紀のコノドント化石が報告された（大和大峯研究グループ，1979）．全長約140 mの横穴型洞窟で，入口から第一窟～第四窟と名づけられた4つの連結した空間がある.

洞内の様子

国道169号線沿いの建物の2階にある発券所から，階段でしばらく下りると，不動窟の洞口に到達する．洞口は間口が広く，祠と石仏が安置され，天井と洞壁には乾燥した鍾乳石が豊富に見られる（■図1）．洞口を入ってすぐに第一窟があり，そこから奥へと横穴を移動する．第二窟までの区間の洞壁と天井には，乾燥したケイブコーラルやフローストーンが見られる．2024年3月下旬に，「三の門」と名づけられた天然橋付近でコキクガシラコウモリが見られた.

第三窟は天井が高く幅広い空間で，不動尊が安置されている．その脇には，岩塊で埋められた急斜面上に地下河川が流れ，不動滝と名づけられている（■図2）．さらに奥には，天井が低い空間を数mほど階段で下り，不動窟鍾乳洞の最低所に達する．そこでは地下河川とともに，フローストーンを含む豊富な鍾乳石を観察できる．ここからさらに奥に数mほど上がると，終点の第四窟に達する．第四窟は，天井の高いホール状の空間で，フローストーンが洞壁から洞床にかけて広い範囲に形成されており，所々に数十cm高の石筍も見られる．天井の一部には，つらら石が発達する（■図3）．洞窟はここで終点となり，もと来た通路を引き返して洞口に戻る．なお，通路の数箇所で天井が低く，滑りやすい場所もある点に注意を要する．観光洞の営業については，川上村website[1]を参照されたい．【柏木健司】

関連サイト

[1] 川上村 website　https://www.vill.kawakami.nara.jp/kanko/docs/2017022500126/

■図1　不動窟鍾乳洞の洞口.

■図2　第三窟の地下河川（不動滝）.

■図3　第四窟（終点）の豊富な鍾乳石.

玄武洞—地球磁場の反転と玄武岩の命名への貢献—

Genbu-do Cave

【所在地】兵庫県豊岡市赤石
【地層】玄武岩
【観光洞】洞口まで見学可.
【管理】玄武洞公園
【指定】国天然記念物，山陰海岸ユネスコ世界ジオパーク，世界の地質遺産100選.

玄武洞は，近世～近代にかけて玄武岩を採石した跡地で，近傍には採石跡地として北朱雀洞，南朱雀洞，白虎洞，青龍洞も点在する．1807年に当地を訪れた儒学者の柴野栗山により玄武洞と命名され，そのほかは大正時代以降に観光用に名づけられた.

玄武洞を含む赤石付近の岩石は灘石と呼ばれ，小藤文次郎(1856-1935)は1884年，basaltの日本語名称に玄武洞にちなみ玄武岩を採用した．松山基範(1884-1958)は，1926年に玄武洞で採取した玄武岩の残留磁化方位を測定し，現在の残留磁化方位と反対方向に磁化していることを見出した．マツヤマ逆磁気(258万-77万年前)は，松山による地球電磁気学への功績を讃えて1964年に命名された.

玄武洞は，主に六角形の横断面をなす柱状節理とそれに直交する板状節理が魅せる景観と学術的重要性により，青龍洞とともに1931年に国天然記念物に指定された．2022年には，世界の地質遺産100選に，日本から野島断層とともに玄武洞が選出された．現在，玄武洞公園として整備され，北から南に北朱雀洞，南朱雀洞，白虎洞，玄武洞，青龍洞が位置する．柱状節理は，規則的かつ様々な方向に流線形を描き，[illegible]る．玄武洞と青龍洞では，柱状節理のダイナミックな景観を遠望できる(図1，2)．北朱雀洞，南朱雀洞，白虎洞は，規模は小さいものの，美しく規則的な柱状節理の発達を，目と鼻の先に見ることができる(図3)．これら採石場跡地は，落石の危険があり立ち入りできない．なお，探勝路沿いでは玄武岩の柱状節理を間近に見て触れることができ，さらに石積としての利用に人の生活との密接な関係が感じられる(図4).

【柏木健司】

図1　玄武洞.

図2　青龍洞.

図3　白虎洞.

図4　玄武岩の石積.

竹野海岸の海食洞—岩が“はさかる”特異な海岸地形—

Sea caves along Takeno Coast

【所在地】兵庫県豊岡市竹野町
【地層】北但層群村岡累層の礫岩（約2000万年前）
【指定】山陰海岸国立公園，県天然記念物，山陰海岸ユネスコ世界ジオパーク

山陰海岸国立公園

山陰海岸国立公園は，鳥取県から兵庫県，京都府の日本海側沿いに約75 kmの範囲で，1963年に指定された．急峻な海食崖には，波浪と海流により形作られる地形が数多く見られ，海食洞は山陰海岸国立公園を特色づける侵食地形の一つである（■図1）．海岸沿いに，様々な発達段階を示す海食洞が知られ（池辺，1963）[1]，ここでは兵庫県豊岡市竹野町の海食洞を紹介する（■図2）．

淀の洞門

淀の洞門は，高さ13.8 m，幅24 m，長さ約40 mの貫通洞である[2]（■図3，4）．切浜北端の展望地点から，約70 mの急崖の基部に，南南東側の洞口を遠望できる．洞門を構成する岩石は，中新世の約2000万年前に堆積した礫岩（北但層群村岡累層）で，後述するはさかり岩とじゃじゃ山洞窟も，同じ地層中に形成されている．貫通洞に向かって左側に位置する山陰花崗岩類（6000万年前）と不整合関係で接している．洞門の天井からは，上へと伸びる急傾斜の割れ目が発達し，洞門は割れ目に沿って形成されている．春から秋にかけての波の穏やかな季節には，海側から北北西側の洞口と洞内の様子を楽しむことができる[3]．なお，天井からの落石の危険があるため，洞内への立ち入りは禁止されている．また，はさかり岩の展望台からも遠望できる（■図4）．

■図2　竹野海岸の海食洞．

■図3　淀の洞門の南南東側洞口を臨む．

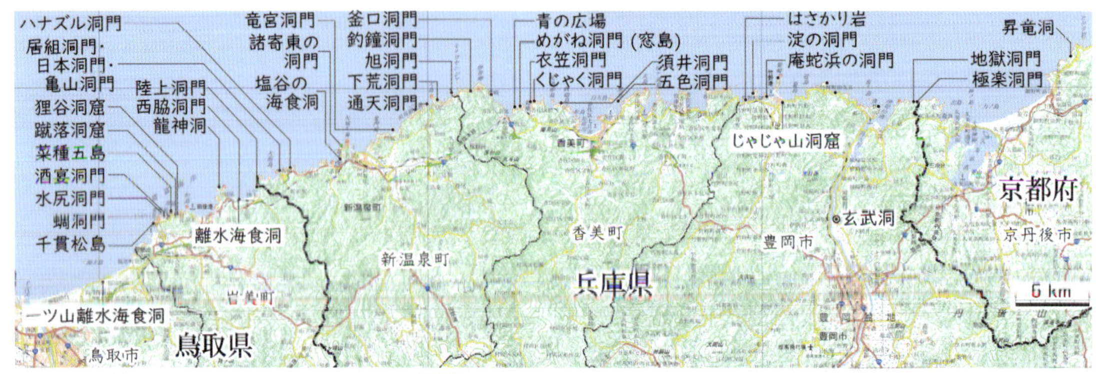

■図1　山陰海岸国立公園の海食洞，および玄武洞 7-5 の位置．20万分の1電子地勢図を基図に使用．

■図4　淀の洞門の遠望．はさかり岩の展望台から．

■図5　はさかり岩．

はさかり岩

はさかり岩は，道路沿いの展望台から見ることができる，約15～20 mの高さの岩塔間に挟まれた，直径3～4 mの見かけ丸い岩塊である[2]（■図5）．一方，はさかり岩を上から見ると，岩塊はさらに奥に10 m前後は延び，岩盤中の割れ目沿いに挟まれた長柱状の岩塊であることがわかる．はさかり岩は，かつての貫通洞の天井部分が割れ目沿いに崩落し，両側の壁に挟まれて残されたものである．山陰海岸国立公園には，例えば香住町の沖ノ浦香住峡谷のように，峡谷状の地形が所々に見られ，元々は貫通洞であったと考えられている（池辺，1963）．はさかり岩は，貫通洞から峡谷地形への変遷途上にある．

じゃじゃ山洞窟

じゃじゃ山洞窟は，竹野町中心部の東端に位置し，じゃじゃ山の北西麓の基部に開口する（■図6）．標高約4～5 mに位置する離水海食洞で，洞口から奥まで約23 mで，急傾斜節理沿いに発達している．約6000年前の縄文海進時に形成されたと考えられている[2]．洞口は目線より高い位置に開口し，そこから4～5 mほど下ると，高さ5 m強で洞床が平坦なホールとなる．ホールからさらに先に，天井の低い空間が続く．2024年3月19日の調査の際に，ホールの天井にはコウモリの懸垂がみられ（■図7），最奥部でハクビシンの糞が確認できた．

はさかり岩，淀の洞門，じゃじゃ山洞窟は，北北西–南南東から北西–南東に伸びる割れ目沿いに発達する．同じ成因に加え，三つの異なる発達段階の海食洞を，道路沿いから遠望，ないし近づいて見ることができるなど，竹野町は海食洞を手軽に観察できるスポットといえる．　【柏木健司】

■図6　じゃじゃ山洞窟の洞口．

■図7　じゃじゃ山洞窟のホール天井のコウモリ．

関連サイト

[1] 山陰海岸ユネスコ世界ジオパーク　https://sanin-geo.jp/
[2] 竹野海岸コース https://sanin-geo.jp/play/routes/takenokaigan/
[3] たけの観光協会　http://www.takeno-kanko.com/

7-7

磐船神社—巨石信仰に結びつく花崗岩洞窟の岩窟巡り—

Iwafune Shrine

【所在地】大阪府交野市私市
【地層】私市花崗岩類（約1億年前）
【管理洞・管理】信仰対象で，磐船神社が管理．
【指定】金剛生駒国定公園

磐船神社は，巨石信仰や修験道の行場として知られる．その御神体である天の磐船は，高さと幅ともに約12 mで，重さ約3000 tに達する花崗岩の巨石である（交野市教育委員会，2022）．この天の磐船から北西に数十mにわたり，径5～10 mの花崗岩の巨石が，北西に流下する天野川に沿って累積し，相互に組み合わさる巨石間に岩窟が形成されている．この岩窟は，花崗岩の風化により形成されたコアストーンが，周囲の真砂の侵食により取り残されることで，コアストーン間に形成された花崗岩洞窟である．なお，花崗岩類は領家深成岩類の私市花崗岩の粗粒斑状黒雲母花崗岩である（宮地ほか，2001）．

花崗岩洞窟であるコアストーン間の空間を，磐船神社では岩窟と呼んでいる．一般の参拝者は，岩窟を移動して巡る“岩窟巡り（岩窟拝観）”を行うことで，行を達成できるといわれている[1]．ここでは，岩窟を自然科学と信仰の両側面から眺めてみよう．

岩窟には，天の磐船の脇からコアストーンの間を階段で下り，そこからコアストーン間を移動する．コアストーン間から差し込む日光により，晴れた日中であればヘッドライトなしで移動できる（■図1）．空間の広さは，天井が高く開けた場所や立って歩ける空間に加え，所々で身をかがめる狭い空間など様々である（■図2）．“生まれ変わりの穴”は，足から滑るように体を入れてくぐる狭い空間である（■図3）．出口手前の空間には龍神様が祭られている．龍神様は光を苦手とするため，ライトで照らしてはいけない．この空間を過ぎると出口である．

岩窟を出てしばらく歩いた天の岩戸は，低角度と高角度の節理で分離したコアストーンからなり，高角度節理面が開いた岩戸に譬えられる．帰路の道すがら，御神体を間近に見ることができる．

岩窟拝観には，社務所で受付が必要である．岩窟内の撮影は禁止で，ここでは特別の許可を得て撮影した．また，様々な注意点は磐船神社websiteを参照されたい[1]．なお，日本では花崗岩洞窟として磐船神社に加えて，長野の岩海（北九州市小倉南区長野）（鮎沢・藤井，1993；藤井・山口大学洞穴研究会，1995）が知られる．両方とも，数m径の花崗岩類のコアストーンが谷地形に沿って累積し，その地下に出現した連続空間である．花崗岩洞窟の形成において，巨大なコアストーンを形成する花崗岩類の岩型，地表付近で被る風化作用，および集積を促す谷地形の存在が重要といえる．【柏木健司】

関連サイト

[1] 磐船神社 website　https://www.iwafune-jinja.net/

■図1　岩窟内の広い空間．

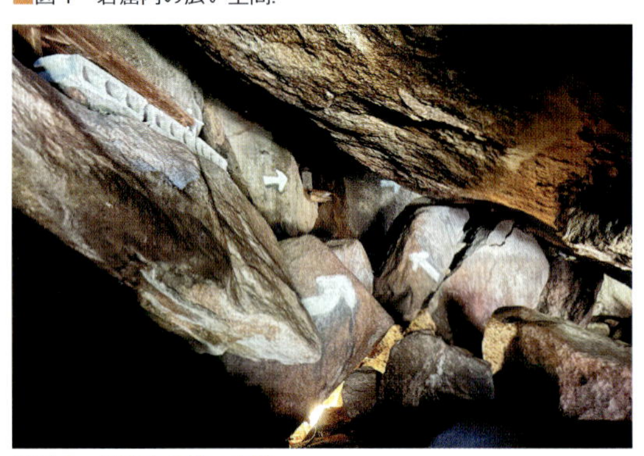
■図2　岩窟内の狭い空間．

■図3　岩窟内の“生まれ変わりの穴”の入口．

7-8

戸津井鍾乳洞

(とついしょうにゅうどう)

—中生代放散虫化石研究のパイオニアの地—

Totsui Cave

【所在地】和歌山県由良町戸津井
【地層】秩父南帯中紀コンプレックスの石灰岩.
【観光洞】現在は土日祝のみ営業.
【指定】白崎海岸県立自然公園

戸津井鍾乳洞

和歌山県由良町(ゆらちょう)に分布する秩父南帯中紀コンプレックス(Yao, 1984；八尾, 2012)中には，小規模な石灰岩体がレンズ状に数多く露出し，主に戦前に石灰石が町内の所々で採石された. 戸津井鍾乳洞は，戸津井鉱床における採石の際に1935年に偶然発見された. 1945年に鉱床は閉山され，戦後の町による調査で鍾乳洞が再確認され，観光洞として1989年から営業が始まり，現在に至る.

戸津井鍾乳洞は，元々は全長250 mで高低差30 mの竪横複合型洞窟であったが，観光開発の際に空間の拡幅や竪穴の埋積を含む洞内の整備が行われた. 現在，洞口から10 mほど階段を降りる人工空間を除いて，比高差のほとんどない平坦な横穴空間であり，測線長は短縮し約100 mである.

階段を下りたホールに，鍾乳洞の沿革が記された説明板が設置されている. 横穴を進むと左に東北東に直線状に伸びる空間と，右に南方に伸びる空間に分岐する. それぞれ奥まで行って戻るコースである. 左の通路をたどり，洞窟天井に目を移すと，裂罅状に上方に伸びる空間や，一部でシーリングポケットが観察できる. 右の通路をたどると，洞壁に体が触れがちな狭い空間を通過して後，「白蝋の滝」と「針天井の間」に到達する(■図1). ここでは，目線の高さで美しいフローストーンと短い石筍を見ることができる. 天井に目を移すと，上方に伸びる裂罅に沿ってフローストーンが全体を覆い圧巻である.

白崎半島と付近の海岸線

白崎(しらさき)半島は，由良町の西端に位置する東西約500 mで南北約200 mに伸びる半島で，全体が石灰岩から構成されている. 現在，白崎海洋公園として整備されている. ここには，海食洞を含むいくつかの洞窟が知られているが，未整備で入洞禁止である. 白崎半島から南東に約400 mの立巌岩は，海岸沿いに海中にそびえ立つ石灰岩の独立峰で，車道から貫通した海食洞を見ることができる(■図2).

由良町は放散虫化石研究のパイオニア

由良町の地層は，石灰岩から産するフズリナとサンゴ化石より，従来は古生代ペルム紀に堆積したと考えられていた. 1970～80年代に進められた放散虫化石を用いた再検討は，より新しい中生代のジュラ紀－白亜紀に堆積した地層であること，石灰岩は巨大な礫であることを明らかにした. これは，本邦における電子顕微鏡を用いた，最初期の中生代放散虫化石研究であり(Yao, 1984)，由良町は放散虫研究のパイオニアの地といえる.　【柏木健司】

■図1　戸津井鍾乳洞の洞内.

■図2　立巌岩(たてごいわ)の海食洞.

7-9

三段壁洞窟（さんだんべきどうくつ）―断崖に開いた熊野水軍の船着場―

Sandanbeki Cave

【所在地】和歌山県白浜町
【地層】中新統田辺層群白浜累層の厚層砂岩層
【管理】観光開発株式会社
【指定】県立自然公園，吉野熊野国立公園，南紀熊野ジオパーク．

周囲の地形と地質

三段壁は，太平洋に突き出す湯崎（ゆさき）半島の先端付近に位置する，比高差約40 mの断崖絶壁である．崖を構成するのは，中新世に浅海で堆積した田辺層群の厚層砂岩層である（田辺団体研究グループ，1984）．田辺層群堆積後に紀伊半島の広範囲に生じた火成活動は，三段壁付近の砂岩層に鉱化・変質作用を与えるとともに，白浜温泉の湧出と熱水鉱床の形成をもたらした（佐藤，1964；吉松ほか，1999）．

三段壁洞窟から北西約1 kmには，千畳敷という景勝もある．ここでは，波によって削られた砂岩が，ゆるやかに海側へ傾斜して拡がっている．

三段壁洞窟

三段壁洞窟は，現在の海面レベルに発達した，幅約15 m，奥行き約50 mの海食洞である（■図1）洞窟の南側（■図1では右側）には断層が見られ，この弱線部に沿って海食が奥へと進んだものと考えられる．

この海食洞へは，三段壁の上にあるホールからエレベータで高低差36 mを降りる．洞口付近の空間は，連続性のよい割れ目に沿って発達する．洞窟の壁面からしみでる鉄分に富む温泉水は，壁面上に赤色の沈澱物を広く形成し（■図2，3），つらら石様の析出物も天井に見られる．洞窟の天井には，一部の層理面上にリップルマーク（漣痕（れんこん））が観察できる（■図4）．

海食洞の水深は深く，平安時代末期に源平合戦の際には，熊野水軍の船着場になっていた．洞内には，当時の熊野水軍の番所小屋が復元され，瀬戸鉛山鉱山跡も見学できる．【狩野彰宏・柏木健司】

■図1　海側から見た三段壁洞窟の入口．

■図3　海食洞の洞口を臨む．

■図2　海食洞の壁面を覆う赤色沈澱物．

■図4　洞窟の天井のリップルマーク．

7-10

鳥毛洞窟（とりけどうくつ）—若者が訪れるインスタ映えスポット—

Torike Cave

【所在地】和歌山県白浜町日置
【地層】田辺層群白浜累層のS1部層中の砂岩泥岩互層
【指定】吉野熊野国立公園，南紀熊野ジオパークジオサイト．

鳥毛洞窟は，紀伊半島南西部の白浜町（しらはまちょう）南部に位置する海食洞である．約1600万年前に浅海域で堆積した田辺層群白浜累層のうち，最下部を占めるS1部層中に形成されている（田辺団体研究グループ，1984）．S1部層の砂岩泥岩互層は，北北東-南南西走向で西に10度前後でゆるく傾斜する層理面をもつ．チューブ状の生痕化石を層理面上の所々に見ることができる．洞窟とその周辺の岩盤中には，北東-南西走向の亀裂系が密に発達する（図1）．このほか，南北性の亀裂系も見られる．これら両者の亀裂系は，相互に変位を与えていない．

鳥毛洞窟は，北東－南西走向の急傾斜節理に沿って洞口から奥へ北東方向に発達し，構造洞窟に分類できる（図2）．向かって右側の洞窟は，洞口で高さ約10～11 m強の幅約8 mで，天井の岩盤は約1.5 m前後と薄い．向かって左側の洞窟は，洞口で高さ約7 mの幅約6 mで，天井の岩盤は約5 mと厚い．洞奥は約22 mである．

洞窟の前方には，広い波食棚が広がっている．海食洞と波食棚の形成に，波浪作用が少なくとも作用したことは間違いない．加えて，砂岩泥岩互層中に発達する層理面と節理面は互いに直交することで，天井や洞壁からの母岩の剝落や落下を伴い，洞窟の拡大に寄与した．これは現在進行中に現象であり，洞内に入る際には少なくともヘルメットを着用し，入洞前に十分な確認が必要である．

洞窟へは，白浜日置川自転車道801号線を経由して海岸に下り，海食棚と礫浜を移動して到達する．とくに降雨時には，岩の表面が濡れて滑りやすいため，歩行の際に注意が必要である．　【柏木健司】

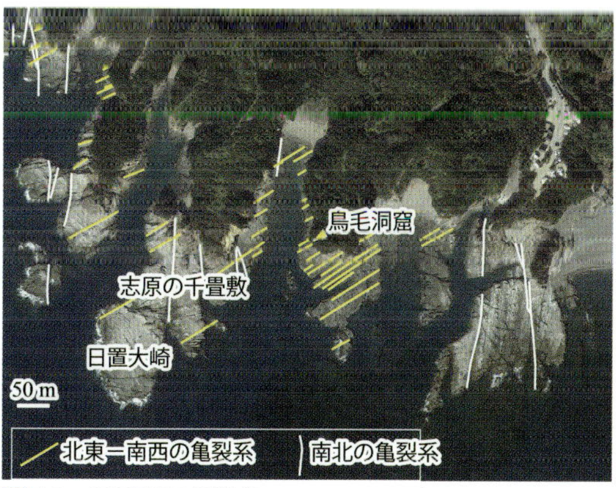

図1　鳥毛洞窟の位置（Google Earth Pro）．

図2　鳥毛洞窟．

図3　向かって右側の洞窟を洞口から奥へ臨む．

7 近畿　9 三段壁洞窟　10 鳥毛洞窟

Column 5

洞窟と温泉

地表下に拡がる地下空間である洞窟と，25℃以上もしくは溶存成分を規定量以上含む地下水脈である温泉は，地下という言葉で共通している．日本には27261か所の源泉と12871か所の温泉宿泊施設が知られ（森・井上，2021），温泉は平野の街中から険しい山奥の秘境までどこにでもある印象を受ける．また，洞窟でもあり温泉でもあるという事例もいくつか存在する．

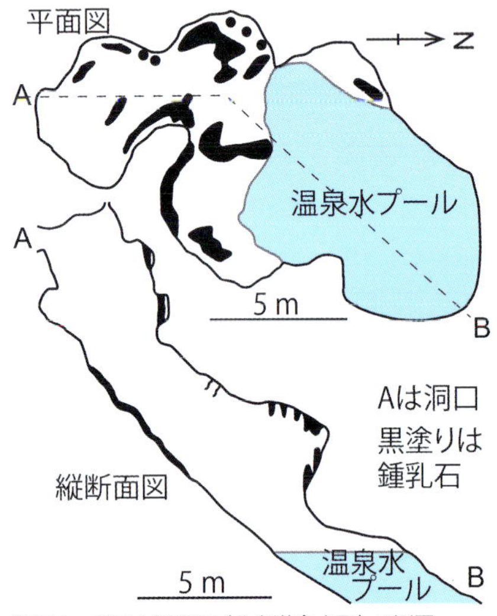

■図1　ピリカ鍾乳洞（北海道今金町）の測図．日下ほか（1996）より作成．

洞窟の地下空間に25℃以上の温度基準を満たした水が湧出している事例は，ピリカ鍾乳洞（北海道今金町（いまかねちょう））が日本で唯一かもしれない．ピリカ鍾乳洞の空間は，洞口から下方へと40～60°傾斜し，温泉水プールの水面は洞口より約10 mほど低い位置にある（日下ほか，1996）（■図1）．入洞には急斜面を昇降するための装備とスキルが必要であるため，残念ながら温泉水プールでの入浴は禁止となっている．なお，調査のために入洞した記録がパイオニアケイビングクラブのwebsiteに公開されている[1]．

洞窟内に浴槽を作り，そこに温泉を引き込んだ，いわゆる洞窟風呂が日本各地に知られる．洞窟風呂では，天然の海食洞やトウファのほか，人工的に掘削した洞窟などが利用されている．次に，洞窟風呂の戦前の記録として富山県黒部峡谷鐘釣（かねつり）の例を紹介する．

新鐘釣温泉は，石灰岩からなる東鐘釣山の基部にかつて存在し，黒部川対岸に湧出する温泉水をホースで引湯していた（■図2左）．現在は廃業し，温泉跡地の背後の急崖には，間口が広く奥行きに乏しい横穴が開口している．2018年末の調査では，洞内には近年の洪水による川砂が堆積しており，浴槽を思わせる石組みが残されていた（■図2左上の白三角）．新鐘釣温泉跡と洞窟は，黒部峡谷鉄道トロッコ電車の車窓からは死角となり，残念ながら見ることができない．

鐘釣温泉は，黒部川沿いに上流約1 kmに位置する．結晶質石灰岩を穿つ洞窟とその前面の広い浴槽は，戦前の絵葉書の定番であった（■図2右）．トロッコ電車を鐘釣駅で下車して黒部川の河原に下り，当時の洞窟の痕跡を間近に見ることができる．　【柏木健司】

■図2　新鐘釣温泉（左），鐘釣温泉と洞窟（右）．富山県黒部市の黒部峡谷．白黒写真は戦前の絵葉書．左上は，新鐘釣温泉の背後にある洞窟の現況．

関連サイト

[1] https://pioneercaving.club/2003/09/08/ピリカ鍾乳洞調査ケイビング.html

8. 中国地方

中国地方の鍾乳洞は岡山県阿哲台 8-1，広島県帝釈峡 8-8，山口県秋吉台 8-13 の石灰岩地帯に集中して分布している．これら３つの地域の石灰岩は秋吉帯に属し，石炭～ペルム紀にかけて海山上に堆積したものである．

阿哲台 8-1 は３つの石灰岩地域の中で最も面積が広く，森林植生に覆われているという特徴がある．国道沿いにある井倉洞 8-5 を除くと目立った観光地は少なく，自然がよく残されている．鍾乳洞も多数発達しておりケイビングも盛んである．特に，岩中地区にある岩中３洞と豊栄地区にある日咩坂鍾乳穴は有名である．ただし，かつてケイビングの最中に事故が起きたこともあり，入洞にあたっては新見市教育委員会に申請したうえで，十分な準備をする必要がある．

帝釈峡 8-8 は，庄原市帝釈から神石高原町神竜湖までの峡谷であり，その両側に石灰岩が発達する．石灰岩の岩陰や小規模な洞窟には縄文時代早期から人が暮らしており，考古学的には貴重な遺跡が多い．帝釈峡の北側には考古学資料が展示されている「時悠館」がある．紅葉の時期には観光客で賑わう．

秋吉台 8-13 は草原化した東部に観光洞や博物館があり，秋芳洞 8-14 などの施設を訪れる観光客は３つの地域の中で最も多い．洞窟に関連した地質学や生物学についての研究も多く，国内で最も著名なカルスト地域であるといえる．秋吉台での研究成果は，美祢市立秋吉台科学博物館で展示されている．

これに対し，日本海側の海岸地域には多くの海食洞が発達している．ここで紹介するもの以外にも，島根県太田市の静之窟などがある．また，島根県の隠岐諸島の西島には明暗の岩屋と呼ばれる長さ 250 m の海食洞が発達しており，観光船やカヤックによるツアーに参加できる．【狩野彰宏】

8-1

阿(あ)哲(てつ)台(だい)—森林に覆われたカルスト台地—

Atetsu-dai Plateau

【所在地】岡山県新見市および真庭市
【地質帯】秋吉帯
【地層】石灰岩および玄武岩
【年代】石炭紀～ペルム紀
【規模】東西20km，南北10kmの石灰岩台地．
【特記事項】県立自然公園

地質と地形

岡山県北西部の阿哲台は，山口県秋吉台 8-13 とともに中国地方最大級のカルスト地域である．石灰岩は東西20 km，南北10 kmの範囲に分布する（図1）．石灰岩は石炭紀～ペルム紀にかけて海山上で堆積したものであり，プレートの移動により玄武岩とともに大陸に付加された．その後，石灰岩体は侵食と溶解作用を受け，現在の台地状の地形がつくられた．阿哲台の台上は標高300～350 mの比較的平坦な面になっており，吉備(きび)高原面と呼ばれる．

観光地化と草原化が進んでいる秋吉台に対し，阿哲台は森林植生がよく保たれている．一般に森林植生では土壌中で二酸化炭素が活発に作られるので，阿哲台の石灰岩体では溶解作用が活発に起こっていると思われる．そのため，地下水のCaイオン濃度が高い（Kano et al., 1998）．洞窟内での鍾乳石の沈澱も活発であり，湧出した地下水からも炭酸カルシウムが沈澱する．

石灰岩台地にはウバーレやドリーネのような陥没地形が見られ，台地上での集落の多くは窪地に集中している．

石灰岩の中央には佐伏(さぶし)川が流れ，それを境に東側が豊永台，西側が草間台(くさまだい)とも呼ばれる．また，高梁(たかはし)川の西側の大地は石蟹郷台(いしがさとだい)と呼ばれる石灰岩台地である．

洞窟の発達状況

阿哲台には200近くの鍾乳洞が発達しているといわれている．このうち観光洞として公開されているのは井倉洞 8-5 と満奇洞 8-3 の2か所であるが，他にも大規模な洞窟の発達が知られている．中でも新見市岩中にあるゴンボウゾネの穴，本小屋の穴，牛追い小屋の穴は岩中3洞と呼ばれ，総延長は3 km

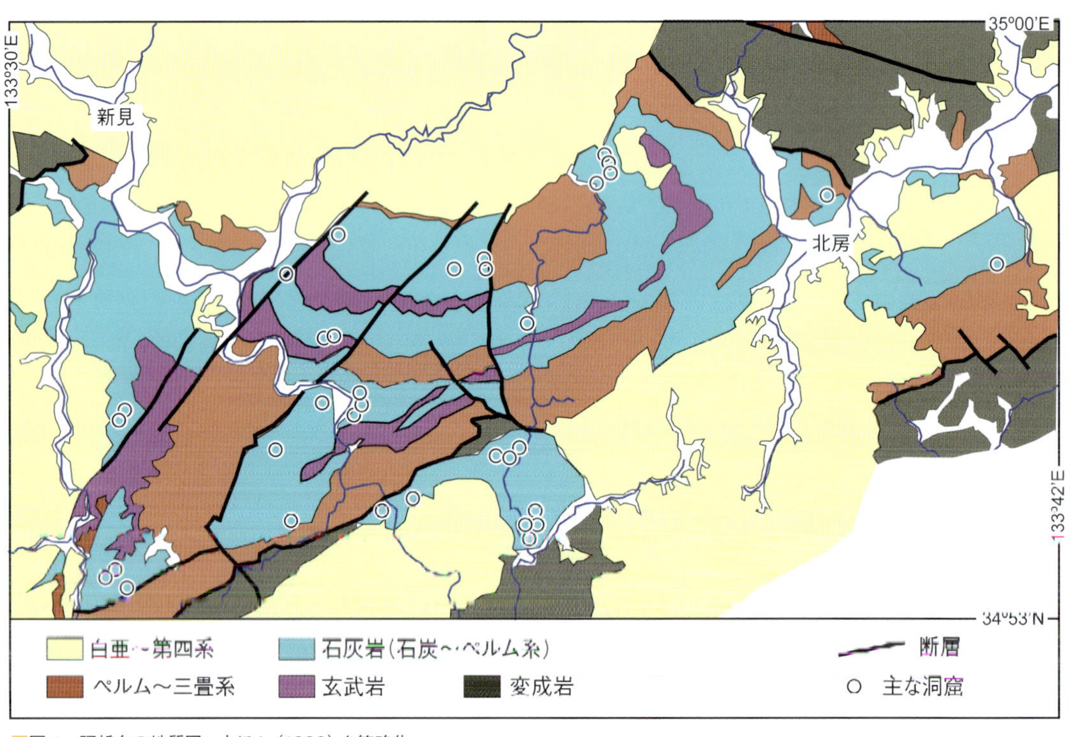

図1　阿哲台の地質図．中ほか（1999）を簡略化．

を超える．これらの洞窟では過去に事故があったことがあり，探検にはケイビングの技能が必要である．入洞を希望する際には新見市教育委員会に届出を出さなければならない．

阿哲台の洞窟には，断層付近に発達する直線的なもの（井倉洞 8-5 など），迷路状の横穴タイプ（満奇洞 8-3 など），ドリーネの入口から水を吸い込むもの（日咩坂鍾乳穴など）などがある．洞窟は現在の河川のレベルから上位に5段程度のレベルに発達しているとされる（阿哲台団体研究グループ，1970；藤原ほか，2000）．

阿哲台のトゥファ

洞窟から湧出した水から炭酸カルシウムが沈澱し沢沿いに堆積することがある．これはトゥファと呼ばれ，水のカルシウム濃度が高い場所でできやすい．

先に述べたように阿哲台での水のカルシウム濃度は高く，多くの場所でトゥファが堆積している．新見市下位田 8-7 (Kawai et al., 2006)，上野 (Shiraishi et al., 2017) や北房町上野呂（狩野ほか，1999）などに国内最大級のトゥファ堆積物があり，その堆積学的および化学的な特徴が記載されている（中ほか，1999）．国道180号線沿いにある絹掛の滝にもトゥファが発達している（図2）．

阿哲台地域ではトゥファは「水岩石」とも呼ばれ商品化されている．空隙に富むトゥファは水を含みやすく，根が成長しやすい特徴をもち，盆栽に使われる．

【狩野彰宏】

図2　阿哲台南部の井倉峡にある絹掛の滝．滝の上部にトゥファが発達している．高さは60mある．

8-2

羅生門

Rashomon

【所在地】岡山県新見市草間
【地質帯】秋吉帯
【地層】石灰岩
【年代】石炭紀～ペルム紀
【規模】高さ40mの自然橋．
【指定】国天然記念物，日本の地質百選．

阿哲台の草間台地は標高400 m前後のカルスト地形である．台地は隣接する佐伏川とは150 m以上の標高差があり，その間に石灰岩の溶食でできたドリーネなどの陥没地形が発達する．

中でも有名なのが羅生門であり，「日本の地質百選」にも選ばれている．高さ最大40 mに達する石灰岩の自然橋は第一門から第四門まであり，その末端は深い吸い込み穴となっている．地形的特徴から，羅生門はかつて洞窟であったと考えられる．長い間の石灰岩の溶食により洞窟の天井の大部分が崩落し，わずかに崩落を免れた4つの門が自然橋として保存された．

羅生門では吸い込み穴から地下空間との間で換気が起こっており，夏には冷たく湿った空気が噴き出てくる．吹き出し口付近での気温は8月初旬でも約10℃であり，上部に行くと30℃近くまで上昇する（瀬尾ほか，1985）．

そのため高山性のコケ類（サガリヒツジゴケ・セイナンヒラゴケ）など特異な植生が発達する（立石，2009）．また，石灰岩地帯に特有の植物（チョウナガマズミ・ヤマトレンギョウなど）も見られる．

【狩野彰宏】

図1　羅生門の第一門．

満奇洞（まきどう）—映画の舞台になった怪奇な洞窟空間—

Maki-do Cave

【所在地】岡山県新見市豊永赤馬
【地質帯】秋吉帯
【地層】石灰岩
【年代】石炭紀～ペルム紀
【規模】横穴，測線延長は約2000m.
【観光洞】8:30～17:00の営業.
【管理】満奇洞管理事務所
【指定】県天然記念物

洞窟の概要

岡山県新見（にいみ）市の阿哲台北部にある横穴型の洞窟である．現在，観光ルートとして公開されているのは450 mの部分であるが，その奥にも洞窟は続いており，総延長は2000 mに達する．

満奇洞の存在は少なくとも江戸時代から知られており，かつては槇（まき）の穴（あな）と呼ばれていた．1929年に歌人与謝野鉄幹・晶子がこの地を訪問し，「満奇の洞 千畳敷の蠟の火のあかりに見たる顔を忘れじ」と詠んだことから，満奇洞と呼ばれるようになった．満奇洞は映画「八つ墓村」のロケ地としても知られている．原作者の横溝正史は第二次世界大戦の際，岡山県に疎開しており，そこで満奇洞などの洞窟を舞台に小説の構想を練っていたらしい．この映画はこれまで4度も製作されたが，そのすべてで撮影現場になっている．

満奇洞では学術調査も行われている．洞窟の測量調査は岡山大学ケイビングクラブなどが行っており，非公開部分の様子も順次公開されている（木村・植野，2019）．洞窟の動物相についての研究も多く，昆虫やヤスデ類などの記述がある（石川，1955）．他にもコウモリや巻貝が生息しているという報告もある．

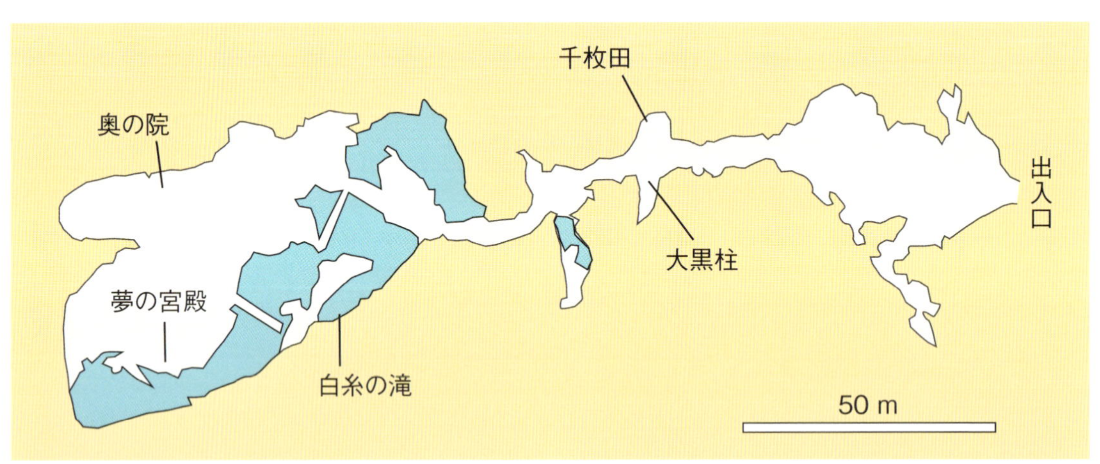

図1　満奇洞の公開ルートの地図.

図2 「大黒柱」と名付けられた石柱（画像の左側）とリムストーン（中央）.

図3 「千枚田」のリムストーン.

洞内の様子

満奇洞は複数の大きな空間が狭い通路で連結する構造になっている（■図1）．洞窟空間は閉鎖的であり，気温は年間を通じて13℃ほどに保たれている．満奇洞の横穴のレベルはほぼ地下水面と一致しており，観光ルートの洞窟の奥には広い地底湖が発達する（■図1）．

入口から2〜3 m進むと，広いホールになっている．ここにも鍾乳石は見られるが，奥に行くほど鍾乳石の発達はよくなる．ホールからしばらく進むと，大黒柱と名づけられた石柱（■図2）と千枚田と呼ばれるリムストーン（■図2，3）が見られる．

その先の比較的低い通路を進むと，経路が2手に分かれる．右側に進むと鍾乳石に富む空間になり「奥の院」と呼ばれる場所になる．ここには多数の石筍と石柱が発達している（■図4）．洞窟はその先にも続くが一般観光客は立ち入れない．

左側に進み鍾乳石に囲まれた空間を抜けると観光コース最奥の「夢の宮殿」に着く．ここは地底湖になっており，ライトアップされた洞窟空間は右側に続いているのが見える．天井からは多数のつらら石とストローが成長している（■図5）．また，洞窟真珠も見られる．

帰り道の別の細い経路沿いにも多くの鍾乳石が発達する．白糸の滝と名づけられたフローストーンに加え，石柱・石筍など多様な鍾乳石が見学ルート沿いで観察できる．

井倉洞 8-5 と同じように，人工物にも析出物が沈澱しており，鍾乳石の成長速度はかなり早いものと思われる．【狩野彰宏】

関連サイト

にいみ公式観光サイト 満奇洞 https://www.city.niimi.okayama.jp/kanko/spot/spot_detail/index/77.html

■図4 「奥の院」に見られる石筍と石柱．

■図5 「夢の宮殿」の地底湖．天井からは，つらら石とストローが成長している．

■図6 白糸の滝と名づけられたフローストーン．

8-4

宇山洞（うやまどう）—ドリーネに開口する広い横穴—

Uyama-do Cave

【所在地】岡山県新見市宇山
【地質帯】秋吉帯
【地層】石灰岩
【年代】石炭紀〜ペルム紀
【規模】横穴，測線延長は約600m.
【未整備洞】入洞の際には新見市教育委員会に届出が必要．奥部を探査する際にはケイビングの装備が必要．
【指定】県天然記念物

図1　宇山洞の入口．

図2　コブ状の短い石筍．中央が凹んでおり，溶解を受けている可能性がある．

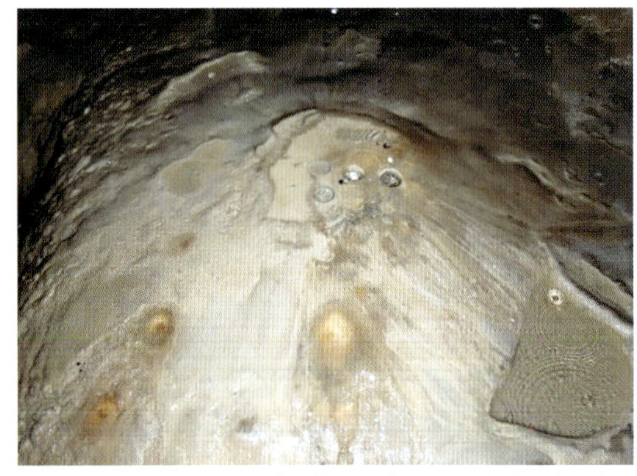

図3　フローストーン．中心部分に直径5cm程度の穴が空いている．

洞窟の概要

佐伏川（さぶしがわ）の東側にある豊永台（とよながだい）は耕地化・宅地化が進んでおらず，ほぼ森林で覆われたカルスト台地である．多数のドリーネが発達しており，地形は起伏に富む．

豊永台の中央部にある宇山洞は，阿哲台の探検洞の中では比較的アクセスがよく，宇山洞駐車場からドリーネを少し下りると，石灰岩体の割れ目に着き，そこが入口である（図1）．全長600 mのうち最初の150 mの部分は初心者でも容易に踏査できる．その奥を探査するには，ロープやヘルメットなどの装備が必要である．

事故防止の観点から，宇山洞に入洞する際には新見市教育委員会からの許可が必要である．

宇山洞では動物学・古生物学的研究も行われており，ナウマンゾウの歯牙化石などが報告されている（長谷川・山内，1977）．

洞内の様子

洞口から中に入ると，大きなホールになっている．その先にも横穴的な空間が続く．洞窟の入口付近から流れる地下水は奥へ行くと水量が増えていく．途中に高さ3mほどの段差があり，そこから先は地下河川的な様相に変わる．地下河川沿いをほふく前進して進むと，長い横穴的な経路に入り，そこではリムプールや石筍などの鍾乳石も観察できる．

宇山洞では溶解作用が卓越しており，鍾乳石の発達は比較的悪い．現在，成長しているものはコブ状の石筍（図2）やストローに限られる．洞窟の入口付近にはフローストーンやつらら石が多く確認されるが，これらは現在は成長を停止している．図3に示したフローストーンには中心部分に直径5 cmほどの穴が数個空いている．これは滴下水による溶解でできた．かつて，滴下水は炭酸カルシウムに過飽和であったが，近年は未飽和に転じてフローストーンを溶解したと思われる．　【狩野彰宏】

洞窟にまつわる物語と和歌

洞窟が物語の舞台となった例としては，横溝正史の『八つ墓村』の岡山県新見市の満奇洞 8-3 が有名である．横溝正史は第二次世界大戦中に疎開していた岡山県で洞窟を知ることとなり，洞窟の神秘的な空間を取り入れた小説の構想を練ることになる．『八つ墓村』では洞窟の奥に眠る埋蔵金の探査，洞窟内での岩盤崩落の場面などが描かれている．しかし，満奇洞の奇に満ちた空間は『八つ墓村』のイメージに合い，この小説が映画化された際には，毎回満奇洞がロケ地として使われた．洞窟の資料室には撮影時の写真が多数展示されている．満奇洞には歌人の与謝野晶子の逸話もある．この洞窟は江戸時代末に発見され，当時は槙の穴と呼ばれていた．1929年，この洞窟を訪れた与謝野晶子が洞内の様子に感動し，「満奇の洞 千畳敷の蠟の火の あかりに見たる顔を忘れじ」と詠んだことにより満奇洞となった．

洞窟を題材とした物語として，2004年に出版された神山裕右の『カタコンベ』が挙げられる．洞窟が主な舞台となるこの小説は，江戸川乱歩賞を受賞している．小説の中には，遭難者を救出するために，主人公が洞窟内で奮闘する場面が描かれており，ケイビングに関心がある読者にとって読み応えのある作品になっている．

東北地方の２つの洞窟には和歌が刻まれた石碑がある．岩手県住田町の滝観洞 3-4 では，大正～昭和に活躍した女流歌人の柳原白蓮に関する逸話がある．彼女の一番弟子であった佐藤霊峰が38歳の若さで亡くなった際，白蓮は彼の出身地である住田町の洞窟を訪れた．滝観洞の石碑には，彼女が洞内の滝について詠んだ「神代よりかくしおきけむ滝つ瀬の世にあらわるゝときこそ来つれ」の和歌が刻まれている．また，滝観洞に隣接する洞窟は彼女の来訪にちなんで白蓮洞と名付けられた．

宮城県気仙沼市の管弦窟 3-6 の石碑には，江戸時代後期の本草学者である菅江真澄の和歌「いと竹のいはやの神やまもるらん波のしらべの音もしづけし」が残る．菅江真澄は北日本各地を紀行し，多くの優れた随筆や図集を残している．北海道ではアイヌ民族とも交流し，その当時の暮らしぶりについての貴重な記録もある．

洞窟が和歌に詠まれるようになったのは万葉集の時代までさかのぼる．万葉集には島根県太田市の静之窟や和歌山県美浜町の三穂(みほ)の石室(いわや)などの海食洞を詠んだ和歌がある（由良，2012）．静之窟に設置された万葉集の石碑には，「日本書紀」に記される大国主神(おおくにぬしのかみ)がこの洞窟を訪れたことが詠まれている．

最後に洞窟探検家が書いた書物を３つ紹介しておく．櫻井進嗣著『未踏の大洞窟へ』（櫻井，1999）は山口県秋芳洞 8-14 探検の歴史を紹介したものであり，サイフォンダイビングという新しい水中探査方法の採用により，秋芳洞の全容解明への経緯が詳しく書かれている．ローバート・F・バージェス著『挑戦者たち（The Cave Divers）』（Berges，1999）も水中洞窟に関連した物語であり，北米や中米の水中洞窟に残された遺跡調査の話などが書かれている．吉田勝次著『洞窟ばか』（吉田，2017）は著者の自叙伝的な作品である（■図1）．岩手県安家洞 3-1，三重県霧穴 1-6，鹿児島県銀水洞 10-16 などでのエピソードを軸に，ケイビングのノウハウがコミカルなタッチで描かれている．これらの３作品には洞窟の魅力とともに，著者が洞窟探検にのめり込む様子が生々と描かれている．

【狩野彰宏】

■図１　吉田勝次著『洞窟ばか』の書影．

8-5

井倉洞 —断層沿いに発達した滝のある鍾乳洞—

Ikura-do Cave

【所在地】岡山県新見市井倉
【地質帯】秋吉帯
【地層】石灰岩
【年代】石炭紀～ペルム紀
【規模】竪穴および横穴，測線延長は1200m，高低差は約90m.
【観光洞】8:30～17:00の営業.
【管理】株式会社井倉洞
【指定】県天然記念物

洞窟の概要

岡山県新見市井倉にある竪穴型の洞窟．高梁川沿いの高さ240 mの断崖の中腹で1958年に発見された．国道180号線に隣接し，近くにはJR井倉駅があり，阿哲台の洞窟の中では最もアクセスがよい．全長は1200 mである．

井倉洞の内部の気温は15～16℃と年間を通して安定している．洞窟を流れる地下水は入口付近の岩壁の中腹で滝を作る（図1）．岩壁には所々に広葉樹が繁茂し，秋に渓谷を散策すると，紅葉も楽しめる．

図1　井倉洞の入口付近に見られる滝．滝の水からも析出物が生じている．

洞内の様子

観光ルートは高梁川に架かる橋を渡り，洞窟の最下部から入り，石灰岩体の亀裂に沿って上へと登っていく．洞窟の前半は竪穴的な経路であり，途中には落差50 mの地軸の滝がある．井倉洞では，全体的に鍾乳石の発達がよく，石筍，石柱（図2），つらら石，ストロー，フローストーン（図3）など，種類も多彩である．現在も成長している鍾乳石も多く，透明度が高い．

通路に設置された人工物にも厚く析出物が沈澱しており，鍾乳石の成長速度はかなり早いものと思われる．その後，横穴的な経路を通り洞窟上部の出口に到達する．出口には阿哲台や井倉洞の成り立ちについての解説板が設置されている．近くにはキャンプ場があり，売店も充実している．　【狩野彰宏】

図2 「水衣（みずごろも）」と名付けられた釣鐘型の石柱．

図3　フローストーン．表面にはセンチメートルサイズのリムストーン状の紋様が発達している．

8-6

備中鍾乳穴（びっちゅうかなちあな） —ホールの中央に鎮座する富士山—

Bicchuu Kanachi-ana Cave

【所在地】岡山県真庭市上水田
【地質帯】秋吉帯
【地層】石灰岩
【年代】石炭紀〜ペルム紀
【規模】横穴主体，測線延長800mのうち約300mが公開.
【観光洞】4月〜10月は9:00〜17:00，11月〜3月は10:00〜16:00．ただし，1月〜2月は土日祝のみ営業.
【管理】北房鍾乳洞観光株式会社
【指定】県天然記念物

洞窟の概要

カルスト台地として有名な阿哲台 8-1 の東側の岡山県真庭（まにわ）市南部にも石灰岩が分布する．この石灰岩体に発達する備中鍾乳穴は平安時代に書かれた『日本三代実録』に記述があり，日本で最も古くから知られる洞窟の1つである．洞窟周辺の清流はヒメホタルの繁殖地になっており，6月下旬〜7月上旬に観察できる．備中鍾乳穴は岡山県の天然記念物にも指定されている．

洞内の様子

鍾乳洞へはドリーネの底から出入りする．駐車場からドリーネへの道を下ると，洞口からの冷気を感じることができる．湿気の多い洞口付近には石灰岩地帯に特有の苔類や貝類が見られる．備中鍾乳穴は吸い込み穴的な特徴をもつが，地下空間は地下水面に沿って広がっており，横穴的でもある．洞内の平均温度は9℃であり，阿哲台の他の洞窟に比べて3〜5℃ほど低い．これは鍾乳穴の下層から空気が逃げにくいため，冷気が溜まりやすいためである．

備中鍾乳穴に発達する鍾乳石の中で，最も特徴的なのは「洞内富士」である（図1）．この鍾乳石は，直径5 m，高さ3 mのマウンド状のフローストーンであり，天井からしたたる水から成長している．でき方は石筍と同じであるが，滴下する水の量が多いため，規模の大きい沈澱物になったものと思われる．洞内富士が発達するホールには多くの鍾乳石と析出物が発達し，リムストーン，つらら石，石柱（図2），石筍（図3）などが見られる．

その後，やや狭い通路を通って奥のホールへと入る．洞窟経路からは水がしたたり，天井にはストローが見られる．観光ルートの奥まで多数の鍾乳石が発達している．【狩野彰宏】

関連サイト

[1] 備中鍾乳穴オフィシャルホームページ
http://ww9.tiki.ne.jp/~kanachiana/

図1　洞内富士．入口付近のホールにあるマウンド型のフローストーン．

図2　通路の両側に見られる鍾乳石群．画面右側の石柱は「大黒柱」と呼ばれる．

図3　高さ2 mほどの石筍．画面の奥には多くのつらら石の発達が見られる．

8-7

下位田(しもくらいだ)のトゥファ —本州最大のトゥファの沢—

Shimokuraida Tufa

【所在地】岡山県新見市下位田
【地質帯】秋吉帯
【地層】石灰岩
【年代】石炭紀～ペルム紀
【規模】長さ450 m，高低差約100 mの沢
【特記事項】私有地につき，地主に入山の許可を得ること．

トゥファの概要

岡山県新見(にいみ)市下位田集落へと流れる長さ450 mほどの沢には日本最大級のトゥファが発達している．沢水は小規模な洞窟からの湧水を起源としている．なお，洞窟を15 mほど進むと，高さ30 cmほどの狭い経路となっており，さらに奥には進めない．

洞窟（図1）から流れる水は50 mほど緩傾斜の水路を下り，トゥファの沈澱がはじまる．トゥファが最もよく発達しているのは上流部の30度ほどの急斜面である（図2）．ここでは幅25 mほどの谷に数か所に分かれて水が流れ，厚くトゥファが堆積している．沢は下流に行くと狭くなるが，トゥファの発達は連続している．全体的にリムプール状の地形になっており，幾重にもマウンド型のトゥファの発達が見られる（図3）．また，下流部のトゥファには明瞭な年縞が発達することが多い（古気候の項 1-4 を参照）．$CaCO_3$の沈澱は水温が高い夏季に活発になる．

沢の上流域と中流域には過去に堆積したトゥファが露出しており，トゥファの堆積は遅くとも数千年前から起こっていたと思われる．

図1　下位田トゥファの水源になっている洞窟．15 mほど進むと進めなくなる．

学術研究

下位田トゥファでは多くの学術研究が行われてきた．5年間の継続的観測をもとにした研究では，トゥファ中の年縞の生成プロセスが明らかにされた（Kawai et al., 2006）．また，大雨時に洞窟から流出した泥がトゥファの表面に貼り付き，粘土によるバンドが発達する．これを用いることで，過去の大雨の記録が読みとれる（Kano et al., 2004）．

【狩野彰宏】

図2　上流部のトゥファ．

図3　下流部に見られるマウンド型トゥファ．

8-8

帝釈峡（たいしゃくきょう）—3つの自然橋をもつ紅葉の名所—

Taishaku Gorge

【所在地】広島県庄原市東城町および神石高原町
【地質帯】秋吉帯
【地層】石灰岩
【年代】石炭紀〜ペルム紀
【規模】石灰岩大地を流れる全長18kmの峡谷.
【指定】比婆道後帝釈国定公園，日本百景.

峡谷の様子

広島県北東部にある帝釈台は秋吉台 [illegible] や阿哲台 [illegible] と同じ地質学的背景をもつ石灰岩地域である．その中央部分を流れる帝釈川の流路のうち，庄原市東城町帝釈から神石高原町神竜湖（じんせきこうげんちょうしんりゅうこ）までの区間が帝釈峡になる．ここは国定公園に指定されており，峡谷に沿って遊歩道が設置されている．特に，帝釈集落から雄橋までのルートはよく整備されており，紅葉の時期には多くの観光客が訪れる．

帝釈峡では石灰岩とその下位の塩基性凝灰岩の上を水が流れる．長期間の溶解作用と崩落により，3か所で自然橋が発達している．上流側での鬼の唐門（からもん）（図1）と雄橋（おんばし）（図2），下流側の雌橋（めんばし）である．このうち，最も規模が大きい雄橋は，実際に生活道として利用されていた．また，唐門の下部には石灰岩と塩基性凝灰岩の境界が露出しており，地質学的にも貴重な露頭になっている．唐門の近くには白雲洞 8-9 と寄倉岩陰遺跡（よせくらいわかげ）がある．

神竜湖より下流の帝釈川では遊歩道は断続的になるが，見どころは多い．神竜湖では遊覧船が運行し，紅葉橋と帝釈川ダムの間を往復する．帝釈川ダムは1924（大正13）年に建造された，日本最古のコンクリートダムである．ダムに沿ってトンネルが作られており，壁面の石灰岩にはフズリナやストロマトライトが観察できる．さらに下流には幻の鍾乳洞 8-10 がある．

考古学の研究

帝釈峡は考古学の研究でも有名である（帝釈峡遺跡群発掘調査団編，1976）．広島大学の調査により，洞窟や石灰岩の岩陰を住居として，縄文時代にはいくつかの集落があったことが知られている．遺跡は50か所以上にもおよび，帝釈峡遺跡群と呼ばれる．縄文人は石灰岩壁の窪んだ場所（岩陰）に好んで暮らしていたとされ，その例として帝釈集落付近の寄倉岩陰遺跡（図3）がある．「まほろばの里時悠館」では，帝釈峡地域の遺跡から出土した遺物や骨が展示されている．

【狩野彰宏】

図1　自然橋「鬼の唐門」.

図2　自然橋「雄橋」．帝釈橋で最も著名な観光スポットになっている.

図3　寄倉岩陰遺跡．右下は遺跡に関する石碑.

8-9

白雲洞（はくうんどう）

Hakuun-do Cave

【所在地】広島県庄原市東城町帝釈
【地質帯】秋吉帯
【地層】石灰岩
【年代】石炭紀
【規模】横穴，測線延長は200m.
【観光洞】9:00～17:00の営業．3月初旬～7月初旬は木曜定休.

帝釈峡 8-8 の入口から遊歩道を10分ほど歩くと入口に着く．白雲洞は帝釈峡で唯一の観光洞であり，全長は200 m，洞内の温度は11℃である．石灰岩の亀裂に沿って発達した横穴であり，壁や床には水が流れた跡が見られるが，現在は水がほとんど流れていない．おそらく，石灰岩の侵食により帝釈峡の地下水面が低下したのだろう．フローストーン（図1）などが見られるが，鍾乳石は過去に成長していたものが多い．洞窟内では動物の形をした奇岩（図2）やコウモリも観察できる．【狩野彰宏】

図1　白雲洞の壁面．表面はフローストーンで覆われている.

図2　「月の兎」と名づけられた奇岩.

8-10

幻の鍾乳洞（まぼろししょうにゅうどう）

Maboroshi Cave

【所在地】広島県神石高原町永野
【地質帯】秋吉帯
【地層】石灰岩
【年代】石炭紀～ペルム紀
【規模】横穴，測線延長は約1000m.
【管理洞】2018年5月から閉鎖中.

洞窟発見の経緯

幻の鍾乳洞がある広島県神石高原町（じんせきこうげん）帝釈台は西南日本外帯の秋吉帯に点在する石灰岩地帯の1つである．その中心に位置する永野集落からつづら折の山道を帝釈川へと降りていくと洞窟の入口に着く．このあたりの帝釈川の河岸は急峻な石灰岩の壁になっており，ボルダリングを楽しむことができる.

帝釈川での鍾乳洞の存在は認知されていたが，それが広く知られるようになったのは1990年以降である．地元の「永野を考える会」が洞窟内の通路に溜まっていた土砂を取り除いたところ，帝釈台で最大である長さ1000 mの地下空間が現れるとことなった．「幻の鍾乳洞」と名づけられた洞窟は一時，一般に公開されていた．しかし，たびたび通路が土砂に埋もれ崩落の危険性もあるため，安全上の理由で現在は閉鎖中であり，特別な許可がなければ入洞できない．また，梅雨時などに大雨が降ると入口から50 mの地点が完全に水没し，その先は通れなくなる.

2023年に神石高原町で洞窟学会が開催された際には，久しぶりに巡検で洞内が案内された.

図1　「幻の鍾乳洞」の水路上に発達する石筍.

■図２　天井から発達するつらら石とストロー．

■図３　水面に沿って成長す洞窟サンゴ．水の過飽和度が高い時に発達する．

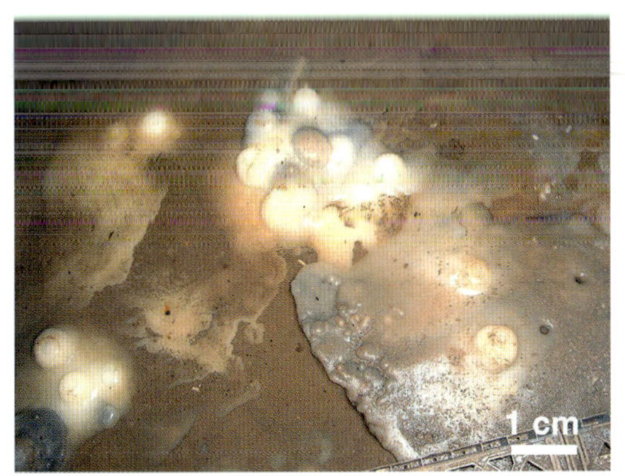

■図４　水たまりに発達する洞窟真珠．

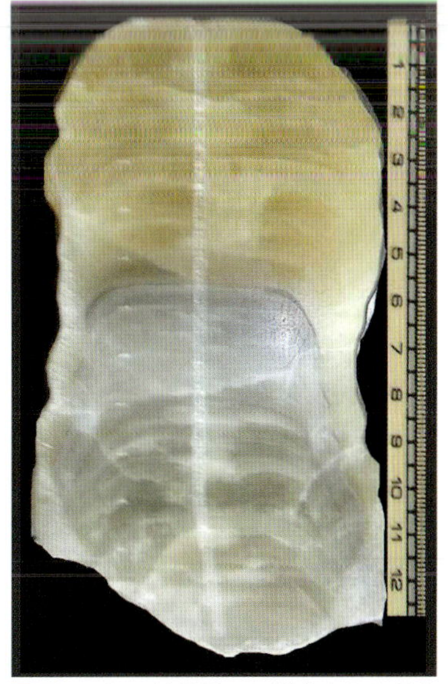

■図５　幻の鍾乳洞から採集された長さ 15 cm の石筍の横断面．この石筍は 18000～4500 年前に成長した（Shen et al., 2010；Hori et al., 2013）．

洞内の様子

この洞窟の地下空間は長い横穴を主体とする．入口は帝釈川の河床から20 mほど登ったところにあり，そこを下ると最深部に着く．そこから約100 mの地点には石筍（■図1）などの二次生成物が発達している場所がある．その付近にはつらら石，ストロー（■図2），洞窟サンゴ（■図3）や洞窟真珠（■図4）が発達する．また，洞窟の壁にはアラゴナイトの結晶が析出している．

さらに奥に進むと横穴の基底となる長い地下河川に到達する．ここでは鍾乳石の発達は悪く，スカラップなどの溶食構造が卓越する．崩落による石灰岩の巨礫も多い．

学術研究

幻の鍾乳洞では古気候研究も行われた．この洞窟の鍾乳石は透明度が高くウラン濃度が高いという特徴があり，形成年代を正確に求めることができる．この点で幻の鍾乳洞は古気候研究には最適な場所である．

■図1に示す幻の鍾乳洞の地点で長さ15 cmの石筍（■図5）を対象に行われていた研究では，最終間氷期から完新世初期にかけての分析結果が示され，汎世界的な気候変動と同調するパターンが確認された（Kato et al., 2021）．その後も研究が続けられ，完新世の降水量が評価されたり，最終間氷期～完新世初期の時期に約8℃の気温上昇があったことが示された（Hori et al., 2013；Kato et al., 2021）．

これらの研究は，日本における石筍古気候学を先駆けたものであり，長期的な気候変動を理解するうえで貴重な成果となった．幻の鍾乳洞での今後の研究を進めるためにも，洞窟経路を整備し，探査の安全性を高めることが望まれる．　【狩野彰宏】

8-11

浦富海岸の海食洞群 ―小型遊覧船でくぐる貫通洞―

(うらどめかいがん かいしょくどうぐん)

Sea caves in Uradome Coast

【所在地】鳥取県岩美町
【地層】約3300万年前の花崗岩類.
【指定】山陰海岸国立公園, 山陰海岸ユネスコ世界ジオパーク.

地形と地質の概要

鳥取県岩美町(いわみちょう)の浦富海岸は山陰海岸国立公園の西端付近に位置し, 海食崖沿いには多数の海食洞が分布する(竹野海岸の海食洞 7-6 の図1). 海食崖の地層は, 約3300万年前に地下深部でマグマがゆっくりと固結した花崗岩類から構成され(菅森ほか, 2019), 花崗岩中には節理を含む割れ目が発達する. 海食洞の多くは, 主に節理に沿って侵食が進むことで形成されており, 構造洞窟に分類できる.

浦富海岸の西南西5-6 kmには, 縄文海進時に形成後に離水した, 一ツ山離水海食洞がある.

遊覧船で巡る海食洞群

山陰松島遊覧[1]の運航する「島めぐり遊覧船」のうち, とくに小型船の『うらどめ号』では, 船上から海食洞を間近に観察できる. 海食洞は, 航路に沿って順に海賊穴→千貫松島→岩燕洞門→黒鷺洞窟→鯛洞門→石垣島→菜種島と巡り, そのほかにも多くの海食洞を見ることができる. 以下では, 遊覧船上での現地解説も参考に, 浦富海岸の海食洞について, 航路に沿って順に記す. なお, 遊覧船の運行期間は春から秋の3～11月で, 期間中においても風や波のうねりによっては, 欠航になることもある.

海賊穴は節理沿いに侵食された洞口をもち, 奥へ約50 mの空間が発達する(図1). 洞内は狭く, 小型船では入洞できない. 一方, シーカヤックではより奥への探勝が可能である. 千貫松島は高さ約10 mの小島で, 頂上付近に一本の松が生え, 浦富

図1 海賊穴(かいぞくあな).

図2 千貫松島(せんがんまつしま).

図3 岩燕洞門(いわつばめどうもん).

図4 黒鷺洞窟(くろさぎどうくつ).

海岸を代表する景観となっている．中央部の貫通洞は，花崗岩の節理に沿って発達している（■図2）．

小型船は，千貫松島の貫通洞を通過後，岩燕洞門へと向かう．岩燕洞門は，洞口付近に小型船が入洞可能な広がりをもち，短い時間であるものの海食洞内に船で入り，洞内を観察できる（■図3）．黒鷺洞窟は，奥行きの浅い海食洞である（■図4）．岩燕洞門と黒鷺洞窟，および引き続く鯛洞門ともに，海食洞の空間は節理沿いに発達している．

菜種島は，遊覧船コースで最大の島（標高48 m）で，山頂部付近は植生で覆われるものの，全体が岩山の景観を呈する（■図5）．菜の花が咲くことで知られている．海面付近には，青の洞窟と菜種島北の洞門の2つの貫通洞が見られる（■図6）．いずれも，節理を含む割れ目に沿って，海食洞の空間が発達している．

遊覧コースはここで終了し，ここからはやや沖合を高速で移動して，船着き場へと戻る．船上から海食崖を遠望すると，比高数十mの海食崖を構成する花崗岩中に多数の節理が発達すること，海食洞はこれら節理に沿って形成されていることがわかる．とくに，岩燕洞門を胚胎する海食崖，千貫松島とその背後の海食崖，および海賊穴を含む海食崖は，互いに相似の三角形の輪郭をもち（■図7，8），花崗岩中の発達する規則的な節理群は，より大スケールの地形形成にも寄与している．

浦富海岸の海食崖に沿うトレッキングコースは，山陰海岸ユネスコ世界ジオパークのジオトレイルとして整備されている[2]．千貫松島の貫通洞は，ジオトレイル沿いから遠望できる．また，海岸東側のエリアには，所々に下りられる海浜が点在し，そこから海食洞を見ることができる．　［illegible］

関連サイト

[1] 山陰松島遊覧 website
https://yourun1000.com/yuransen_uradome/
[2] 山陰海岸ユネスコ世界ジオパーク　https://sanin-geo.jp/

■図5　菜種島（なたねじま）．

■図6　青の洞窟（左）と菜種島北の洞門（右）．

■図7　岩燕洞門．

■図8　千貫松島（矢印）．

8-12

幽鬼洞と竜渓洞 ―大根島の地下に広がる溶岩洞窟―

Yuki-do Cave and Ryukei-do Cave

【所在地】島根県松江市八束町
【地層】新生代新四紀更新世の玄武岩
【規模】幽鬼洞は長さ90 m，竜渓洞は長さ80 mの火山洞窟.
【管理洞】幽鬼洞は入洞禁止，竜渓洞はガイドの案内で入洞可.
【指定】国天然記念物（竜渓洞），国特別天然記念物（幽鬼洞），島根半島・宍道湖中海ジオパーク.

地質と地形の概要

大根島は中海中央部に位置する，約3.4 km × 2.3 kmの四角形の小島で，約19万年前に陸上で噴火した火山から流れ出た玄武岩から構成される（図1）．島内では，約19万年前の火山活動に関連する現象を所々で観察できる．島のほぼ中央部に位置する標高42.2 mの大塚山は，噴出口の一つである．また，周囲より標高が高い場所の多くは，小規模な火口と考えられている．玄武岩は，海面下約60 mの基底から表層に至り風化帯や土壌を伴わず，火山活動中に長期の休止期はなかったと解釈されている（沢田ほか，2006）．ボーリング調査では，大根島と北東に隣接する江島の玄武岩中で，空洞がしばしば確認されている．ヒトが入洞可能な溶岩洞窟として，幽鬼洞と竜渓洞が知られ（佐藤，1902；島根県，1934），国内で2番目に古い歴史をもつ．大根島の玄武岩中に浸透した天水は，地下で淡水レンズを形成し，島南部で湧水が観察できる（和田，1986）．

図1　大根島と幽鬼洞，竜渓洞の位置.

幽鬼洞

幽鬼洞は，1902年に『地質学雑誌』で紹介され（佐藤，1902），1931年の国天然記念物指定に引き続き，1952年に特別天然記念物に格上げされた．以下は2003年に実施された富士山火山洞窟学研究会による現地調査結果（富士山火山洞窟学研究会，2003）（図2）に基づく．幽鬼洞は，西側のループ状空間の旧洞と，1926年に発見された東側の新洞で構成される（島根県，1934）旧洞と新洞を含む洞窟全体はガス圧力により表層溶岩層が持ち上がってできたガスだまり空間である．旧洞の西端には溶岩が，新洞の東端の天井には溶岩鍾乳に加えて，植物根が確認された．旧洞は水量が少なく，新洞は豊富な帯水がある．崩落と帯水による危険性，および洞内の希少生物の保護を目的に，洞口の四方は金網で囲まれ，現在は入洞禁止となっている（図3）．

竜渓洞

竜渓洞は，1933年に道路工事の際に偶然に発見

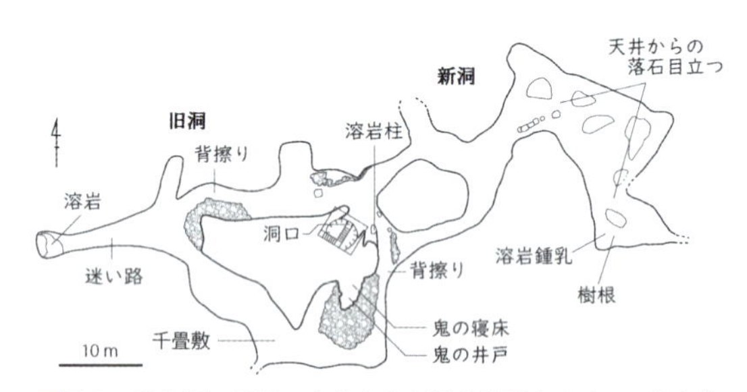

図2　幽鬼洞の測図．富士山火山洞窟学研究会（2003）を基に作成.

図3　幽鬼洞の洞口.

され，1935年に国天然記念物に指定された．以下では，火山洞窟学会が2004年に実施した現地調査結果に基づいて記述する（立原，2005）（■図4）．

竜渓洞は，溶岩流の表層固結後の内部流動により形成された空間である．北西－南東方向の空間と，北に伸びる支洞からなり，人が入洞可能な空間の長さは約90 mである．

洞内へは，ガイドの案内により入洞できる[1]．昭和40年代前半に設置された人工通路から入り階段で降り（■図5），最初に“御饌の棚”の空間に降り立つ．ここでは2001年10月の鳥取県西部地震の際，岩盤の一部が剝落し，入洞していたガイドが負傷したことがあった．そこで天井を透明なポリカーボネイトで覆い，回廊状の空間を設置し，見学路としている（■図6）．“神溜り”は，御饌の棚から南東に数mに位置する，直径約10 mの円形の空間である．その北東端に溶岩の噴出口があり，洞床には北東から南西方向への流れを示す縄状溶岩が観察できる．天井には数cm長の溶岩鍾乳が広がる（■図7）．なお，安全面と洞内地形の保全のため，“神溜り”に入ることはできない．“御饌の棚”の洞壁に見られる筋状の模様は，粘性の低い溶岩が洞壁に沿って固結した溶岩棚である．洞床北東側の溝には，キョウトメクラヨコエビが生息する（沢田ほか，2007）．回廊は北西に数mまでで，そこから北西に“千畳敷”を眺める．入洞できるのはここまでである．

【柏木健司】

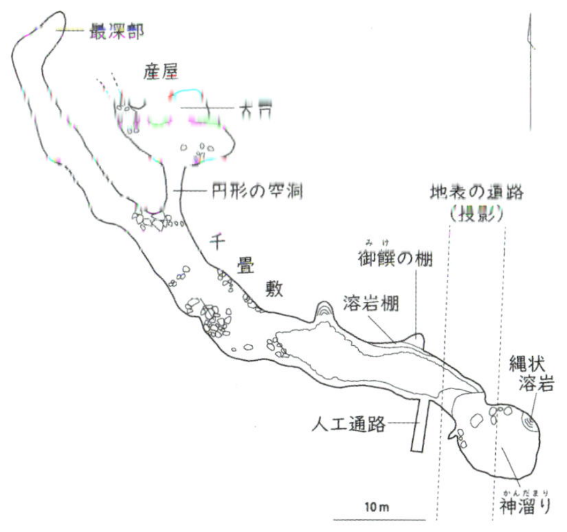

■図４　竜渓洞の測図．立原（2005）を基に作成．

■図５　竜渓洞の洞口．人工空間から入洞する．

■図６　落石防止のために洞内に設置された回廊．

関連サイト

[1] 竜渓洞定時ガイド https://www.city.matsue.lg.jp/material/files/group/32/ryukeido.pdf（2024年6月28日確認）

■図７　竜渓洞の“神溜り”の縄状溶岩（上）と溶岩鍾乳（下）．

秋吉台(あきよしだい)―緑の草原とカルストの学びの場―

Akiyoshi-dai Plateau

【所在地】山口県美祢市
【地質帯】秋吉帯
【地層】石灰岩
【年代】石炭紀〜ペルム紀
【規模】石灰岩分布域の総面積93km²
【観光洞】秋芳洞・景清洞・大正洞の3つが観光洞として営業.
【指定】秋吉台国定公園，国特別天然記念物.

秋吉台の地理と地質

秋吉台は山口県美祢(みね)市にある総面積93 km²の日本最大級のカルスト地域である．その中央を流れる厚東(ことう)川により西台と東台に分かれており（図1），そのうち国定公園になっているのが東台である[1].

秋吉台の石灰岩は石炭〜ペルム紀に太平洋の海山上に堆積した．海山はプレートの運動により当時のアジア大陸へと衝突付加し，その後の隆起により現在の姿になった(Sano and Kanmera, 1988)．同じような成り立ちの石灰岩体を含む地層は新潟県，岡山県，広島県，福岡県に分布しており，ペルム紀の付加体として秋吉帯と呼ばれている.

東台は広大な草原であり，多数のカレンフェルトやドリーネが見られる典型的なカルスト地形が発達する（図2〜4)．東台は人為的な山焼きにより草原化した．山焼きは当初は耕作や牧畜が目的であったが，近年は草原の景観維持のために行われている.

カルスト台地ではハイキングが楽しめる．地獄谷，帰り水，冠山(かんむりやま)などカルスト特有の地形を楽しめるスポットも多い．東台には秋芳洞 8-14，大正洞 8-15，景清穴 8-16 など，400を超える鍾乳洞がある（近年も新しい洞窟が発見されている)．カルスト台地上の降水は地下に浸透し，秋芳洞をはじめとする多くの洞窟内の地下水系を通じ，水の大半が厚東川に排出する．東台には，秋芳洞などの観光洞に加え，秋吉台科学博物館や秋吉台家族旅行村などの観光施設が集中している.

西台の大半は樹林地で，台地内のくぼ地に集落が点在している．西台は天然記念物などの指定から外れており，石灰石は数か所で採掘されている．また，美祢市台山では秋吉台大理石と呼ばれる石材が採掘されており，石材の加工場も多い.

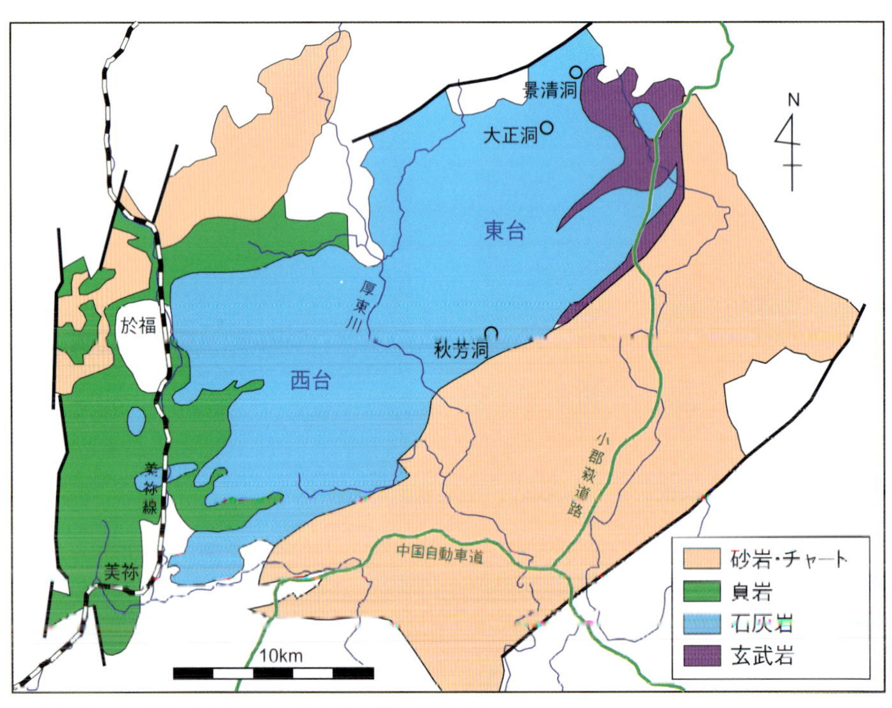

図1　秋吉台に分布する古生代の地層（秋吉帯と呼ばれる).

■図２　秋吉台に見られる典型的なカルスト地形．山焼きにより草原植生になっている．

■図３　秋吉台に見られるドリーネ地形．

■図４　秋吉台のカルスト地形．左）新緑の草原．右）冠山付近のカレンフェルト．

学術研究と博物館

秋吉台の石灰岩は1920年代から学術研究の対象になってきた．特に，フズリナ・サンゴ・アンモナイト・ストロマトライト（■図5）などの化石研究は盛んである．戦前に東京大学の小澤儀明博士が行った研究では，フズリナ層序から秋吉台の石灰岩が逆転構造をもつことが示された（小澤，1923）．

その後，帰り水で採集されたボーリング試料から世界的なフズリナの標準層序が示されるなど重要な成果が示されてきた（Watanabe，1991）．

約３億年前に太平洋の前身であるパンサラッサ海に浮かんだ海山に集積したサンゴ礁堆積物は，多くの保存のよい化石と堆積構造を包有しており，今後も学術研究の対象となるだろう．

東台には秋吉台科学博物館や秋吉台エコミュージアムなどの学びの施設が整備されている．また，美祢市街地には美祢市歴史民俗資料館と美祢市化石館がある．

【狩野彰宏】

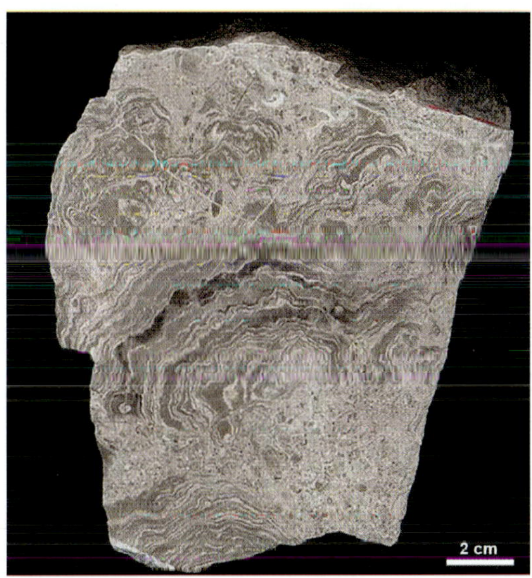

■図５　冠山に見られるストロマトライト．

関連サイト

［1］秋吉台国定公園 https://www.akiyoshidai-park.com/

秋芳洞 ―黄金柱と百枚皿がある洞窟研究のメッカ―

Akiyoshi-do Cave

【所在地】山口県美祢市秋芳町秋吉
【地質帯】秋吉帯
【地層】石灰岩
【年代】石炭紀～ペルム紀
【規模】横穴主体，測線延長は約10km.
【観光洞】営業は8:30～17:00.
【指定】国天然記念物

洞窟の概要

秋吉台東台の南部に開口する秋芳洞は日本でも有数の規模をもつ鍾乳洞である．入口へ向かう参道には土産物屋が並び，観光客が多く訪れる．秋芳洞は1922年に特別天然記念物に指定されている．

秋芳洞の歴史は長い．1909年には観光洞として管理・経営が開始され，1925年には照明が設置された．その翌年，後の昭和天皇が行幸された際に，名称が滝穴から秋芳洞へ変更された．1960年代には現在ある観光設備の大部分が整備された．1980年代から行われた琴ヶ淵プール奥の調査により全容が明らかになった．洞窟経路の総延長は10 kmになり，最終的に葛ヶ穴と呼ばれるドリーネの底まで達することがわかっている．

■図1　秋芳洞観光洞のマップ．右下の写真は入口．

秋芳洞では様々な学術研究も行われてきた．地下水に関する研究では石灰岩の溶解速度が見積もられている（井倉ほか，1989）．また脊椎動物化石や洞窟性節足動物の研究も行われている（長谷川，2009；Ueda et al. 1996）．観光客や洞内照明による洞窟環境への影響についての調査も行われている（安藤，2020）．

洞内の様子

洞窟の入口は石灰岩の亀裂になっており（■図1），洞内から流れる豊富な水が滝を作っている．洞内に入ると空間は急に広くなり（青天井と呼ばれる，■図2），歩道が整備された観光コースには典型的な横穴が1 kmほど続く．

観光コースの前半の700 mは地下河川沿いの空間であり，百枚皿（■図3左）・千町田のリムプール・洞内富士のフローストーンなど見どころが続く．百枚皿ではメクラヨコエビやアキヨシミジンツボなどの洞窟生物が確認されている．鍾乳石の発達は洞窟の奥ほどよくなり，多くのつらら石や石筍が観察できる（■図3右）．その後，千畳敷と呼ばれるホール（■図4A）で洞窟は二手に分かれ，観光コースは左手の黒谷支洞へと続く．

黒谷支洞の入口にある黄金柱は高さ15 m，太さ4 mの国内最大級の石柱である（■図4B）．石柱の表面には縦縞模様が見られ，水が多数の筋のように流れたことを示している．黒谷支洞に入ると，経路

■図2　秋芳洞内の入口付近のホール．

はやや狭くなるが，両側の壁や天井には多数の鍾乳石が発達している（■図4C）.

なお，黒谷支洞の奥から洞窟に出入りすることもできる（黒谷口，■図1）．ここから入ると，「3億年のタイムトンネル」を通って逆方向から入洞することになる．このトンネルでは，地球の歴史に関する興味深い展示が楽しめる．

一方，右手の主洞の方は一般公開されていない．主洞は地下河川沿いに約400 mほど続くが，琴ヶ淵のプールで水没してしまう．そこから奥は特別な装備と入洞の許可が必要である．琴ヶ淵を抜けても，断続的に経路は水没しており，洞窟潜水に関する十分な経験と知識がない限り，アプローチするのは極めて危険である．【狩野彰宏】

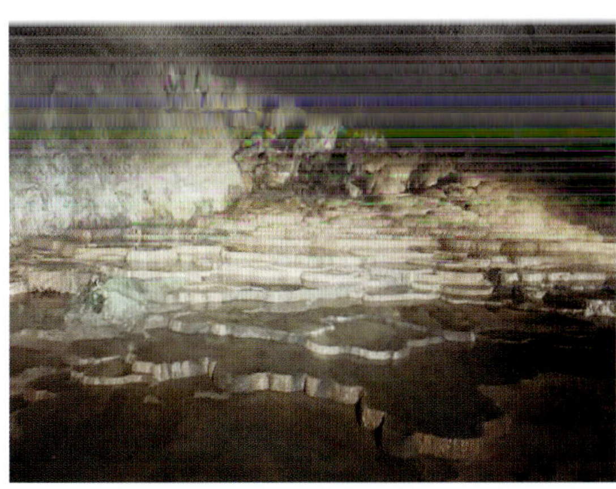

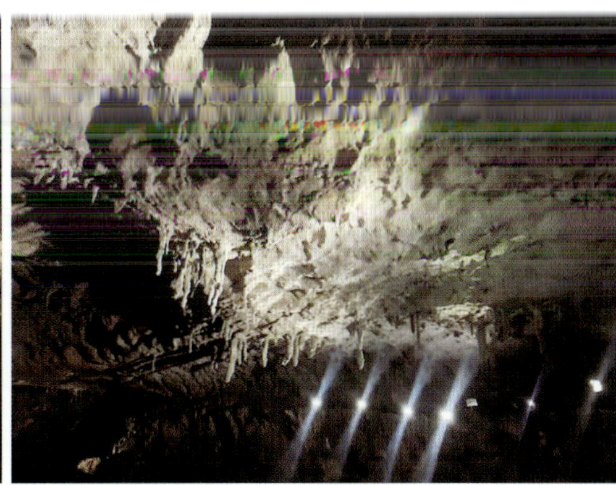

■図3　秋芳洞主洞内の様子．左）百枚皿のリムプール．右）天井に発達するつらら石．

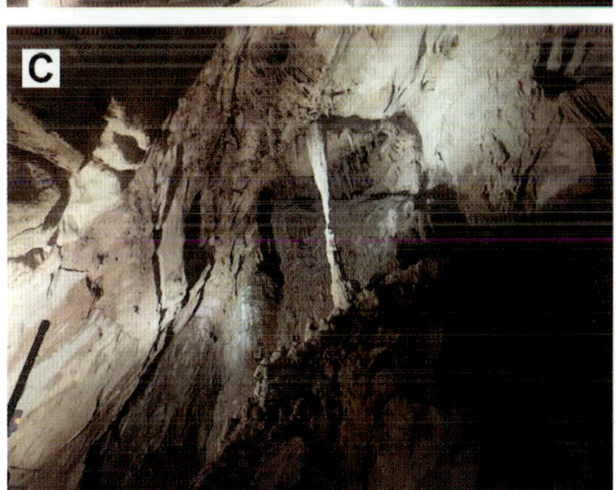

■図4　秋芳洞観光ルートの様子．
A）千畳敷のホール．
B）黄金柱と呼ばれる石柱．
C）黒谷支洞に発達する鍾乳石．

8-15

大正洞（たいしょうどう）—大正時代に見つかった牛の隠し場所—

Taisyo-do Cave

【所在地】山口県美祢市美東町赤
【地質帯】秋吉帯
【地層】石灰岩
【年代】石炭紀〜ペルム紀
【規模】竪穴と横穴が複合した洞窟，観光洞は800mほど，未公開部分を合わせると約2kmの長さがある．
【観光洞】営業は8:30〜17:15（受付は16:30まで）．
【指定】国特別天然記念物

洞窟の概要

秋吉台からカルストロードを北に進み，坂を下りきったところに大正洞はある．秋吉台東台の北東部に位置する大正洞は立体的な竪穴的要素をもつ洞窟で，大正時代（1920年代）に全容が発見されたことが名称の由来である．古くは「牛隠しの洞」とも呼ばれ，戦乱の時に牛を盗難から逃れるため洞窟に隠したという伝承がある．秋芳洞 8-14 と同様に国特別天然記念物に指定されている．

洞窟は「よろめき通路」という場所を境に北側の上層部と南側の下層部に分けられ，洞内には観光用の通路が設置されている（図1）．

隣接する秋吉台エコ・ミュージアムでは，カルスト台地の自然をわかりやすく解説している．不定期ではあるが，秋吉台の生物についての観察ツアーも開催されている．また，秋吉台サファリパークも近くにあり，東台の北部も家族で楽しめる観光地になっている．

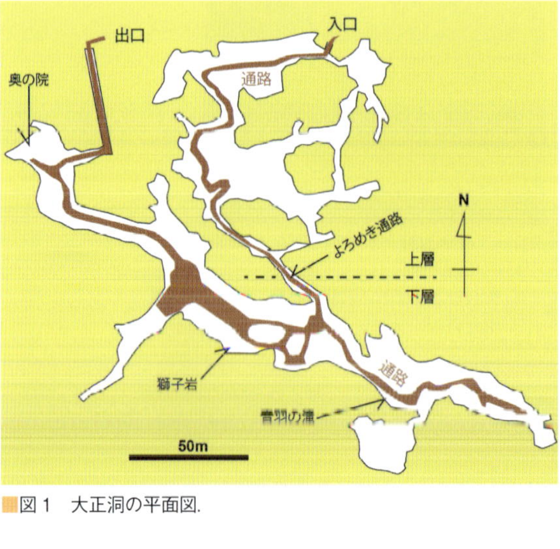

図1　大正洞の平面図．

洞内の様子

大正洞はドリーネの下に発達しており，大理石で作られた藤棚がある「ロマンロード」を通り，洞入口へ進む．入口から上層部までは下り坂が続く．上層部の経路は全般的に狭く，坂が多い．また，上層部では水が少なく，鍾乳石はあまり発達していない．通路沿いでは崩落した岩盤（図2）や侵食でできたスカラップなどの構造が卓越する．

一方，「極楽」とも呼ばれる下層部に入ると水が多くなり，鍾乳石も増えてくる．鍾乳石の中には，現在も成長しているものも見られる（図3）．下層部は横穴的な空間で通路も広くなっており，「音羽の滝」や「獅子岩」などのみどころも多い．

【狩野彰宏】

図2　大正洞上層の空間．崩落した石灰岩が多数転がっている．

図3　大正洞下層の様子．左上に茶色鍾乳石（つらら石）が見えるが，現在は成長していない．

景清洞（かげきよどう）—平坦な天井が続く平家の隠れ家—

Kagekiyo-do Cave

【所在地】山口県美祢市美東町赤
【地質帯】秋吉帯
【地層】石灰岩
【年代】石炭紀～ペルム紀
【規模】横穴，測線延長1.7kmのうち1.1kmが公開されている．
【観光洞】8:30～17:15（受付は16:30まで）の営業．探検コースの受付は16時まで．探検洞は長靴とヘッドライトを借用して入る．
【指定】国天然記念物指定

洞窟の概要

秋吉台東台の大正洞 8-15 のさらに北東にある景清洞は地下河川（三角田川）に沿って発達する横穴である．総延長は1.7 kmだが，公開されているのは入口から700 mの一般コースと，その奥400 mの探検コースである（図1）．

名前の由来は，壇ノ浦の戦いに敗れた平景清が潜んでいたという伝承による．洞窟入口付近には景清を祀った「景清明神」もある（図2）．

洞内の様子

一般コースは溶食によって拡がった横穴であり，鍾乳石は比較的少ないものの，天井の割目に沿って二次沈澱物が発達している（図3A，B）．また，スカラップ（図3C）などの溶食構造も多く発達する．洞窟の天井は探検コースに向かって次第に低くなる．

探検コースに入ると照明がなくなり，地下河川沿いとヘッドライトを頼りに進むことになる．洞窟の壁面の石灰岩には，見事なサンゴやフズリナの化石も見られる．

【狩野彰宏】

図1　景清洞の平面図．

図2　景清洞入口付近にある景清明神．その左手には表面が緑色の昔の鍾乳石が見られる．

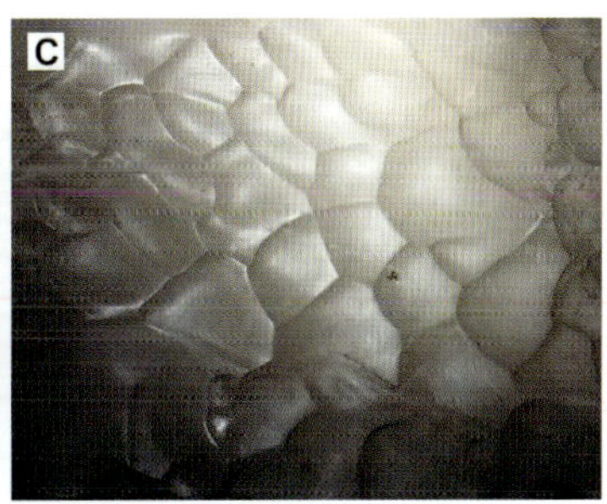

図3　景清洞内の様子．A）一般コースの広く平坦な空間．B）一般コース深部の低く平坦な天井．C）スカラップ．

Column 7

洞窟の名前 ―そこにも歴史あり！―

観光洞はもちろん，未整備洞であっても地元でよく知られる洞窟であれば，通常，それぞれの洞窟には名前がつけられる．また，一般には知られておらず，ケイバーのみが知るような洞窟にも，そのほとんどに名前がついている．

洞窟に名前をつける（命名する）作法に，明確な基準はおそらく存在しない．研究者やケイバーの共通認識として，新しく発見した洞窟に名前を正式につけるには，測図（平面図，縦断面図，横断面図），地形図上の洞口位置，測線長などの基本データが必要である．洞窟探索で新洞を発見した際，便宜的によく仮称をつけるものの，仮称は洞窟の正式な名前とは認められない．一方，仮称がケイバーの間に伝搬することで，その洞窟の名称として定着することもよくある．

洞窟の名前は，洞窟のある地域の地名，地域の伝説や伝承，発見の経緯，特異な現象，生物との関係などに関連するが，おそらくは地名に基づく名前が最も多い．名前のつけ方に明確な規則はなく，命名の自由度は比較的高い．また，関係者間での共通認識として，命名の先取権（初めてつけられた名前を尊重する）も存在するようである．倫理的に，先人が付けた名前を変える際には，改名にかかる十分な根拠と慎重な対応が必要となる．以下では，洞窟の名前に関するいくつかの事例を示す．

山口県秋吉台を代表する秋芳洞 8-14 は，記録に残る14世紀中頃より，洞口に滝のかかる景観（■図1）から滝穴と長らく呼ばれていた．1926（大正15）年，東宮殿下（昭和天皇）が滝穴を探勝したことがきっかけに，東宮殿下の思召しによる名前“あきよし洞”が山口県に伝えられ，滝穴から現在の秋芳洞と改名された（山口県，1927；大庭，1963）．これに対し，秋吉台にある景清洞 8-16 と大正洞 8-15 の命名については歴史的経緯が関係しており，それぞれの項目で解説を加えた．

富山県黒部市のサル穴 6-9 は，富山県下最大の竪横複合型洞窟で，1970年代初頭に探検調査が実施され測図が示されるとともに，ニホンザルの骨の発見を根拠に“サルの墓穴”と命名された（早稲田大学探検部，1970，1971）．2010年代初頭に洞内の測量と調査が改めて実施され，以前の測量図と数値

■図1　秋芳洞の洞口の景観．（おそらく戦前）

データに不正確な点があること，およびニホンザルが洞窟を墓として利用した証拠はないことから，サル穴と改名された（柏木ほか，2012）．生物の生態を洞窟の名前に反映させる際には，その実態を十分に精査する必要がある．

龍谷洞（ろうこくどう）は，埼玉県にある竪横複合型洞窟（測線延長2088 m＋）で，パイオニアケイビングクラブ（PCC）により1989年に発見された．その名前の由来は「洞内には高さ50 m以上に連なる多段滝や深さ30 m以上の谷があり，その特異な洞窟形態から，PCCでは，この石灰洞を“龍谷洞”と命名した」と，洞窟全体の高低差のある形状を龍にたとえた．

本書には龍ないし竜が名前に入る洞窟として，龍泉洞 3-2，竜ヶ岩洞 5-4，竜渓洞 8-12，龍河洞 9-3，青龍窟 10-2，昇竜洞 10-15 を掲載している．岩手県岩泉町の龍泉洞は日本三大鍾乳洞の一つで，透明度の高い地底湖の存在で知られる．洞口付近から湧き出る清水にちなみ，地元で湧窟（わっくつ）と昔から呼ばれていた．1937年に天然記念物調査に訪れた脇水鉄五郎博士により，「水神龍の棲む洞窟」として龍泉窟と命名された（吉井ほか，1988；佐々木，1988；岩泉町教育委員会，1992；島野・永井，1992）．翌1938年に国天然記念物「岩泉湧窟及び（いわいずみわっくつおよ）コウモリ」と指定されていたが，その後，観光洞として整備されていく過程で，龍泉洞と呼称されるようになったようである（島野・永井，1992）．　【柏木健司】

9. 四国地方

四国地方は，日本三大カルストの一つである「四国カルスト」を有する，日本有数の石灰岩地域である．その四国カルストを含む秩父帯は，四国中央部を横断するように帯状に分布し，その中の古生代から中世代の石灰岩体には，日本三大鍾乳洞の一つである龍河洞 9-3 や，日本最古級の洞窟探検記に記される羅漢穴 9-8 などといった全国的にも名を馳せる鍾乳洞を含む多種多様な鍾乳洞が分布している．穴神鍾乳洞 9-7 には縄文時代の，龍河洞には弥生時代の遺物が出土し，考古学的にも重要である．さらに，愛媛県は日本における洞窟探検の第一人者である山内浩氏の出身地でもある．

八十八ヶ所の霊場巡りの場である四国では，信仰に関連する洞窟も多い．徳島県上勝町の慈眼寺にある鍾乳洞は，穴禅定と呼ばれる修行の場となっている．また，香川県三豊市の弥谷寺では，火山岩中の洞窟が神仏の世界の入り口とされ，信仰の対象となってきた．本章で紹介する，御厨人窟と神明窟 9-5 も大師ゆかりの地であり，多くの巡礼者や観光客が訪れる．

大規模な海食洞としては，徳島県海部郡美波町沿岸に恵比寿洞があり，岩石と海の作り出す雄大な自然の造形美を楽しめる．また，香川県高松市の沖に浮かぶ女木島の鬼ヶ島大洞窟 9-1 は，凝灰角礫岩中に石材の採掘のために掘られた横穴を利用して作られた観光洞で，桃太郎伝説の舞台として知られる．

【奥村知世】

高知県龍河洞に建つ山内浩氏の銅像．

おにがしまだいどうくつ

鬼ヶ島大洞窟 —地下に見るお伽話の世界—

Onigashima Cave

【所在地】香川県高松市女木島
【地層】土庄層群の角礫凝灰岩（始新世～漸新世）
【規模】人工洞窟（坑道堀の採石場跡），横穴，測線長400m，総床面積4000m².
【観光洞】年中無休，8:30～17:00.

桃から生まれた桃太郎の伝説は多くの方がご存じだろう．お伽話の原型は室町時代から江戸時代初期に成立し，様々なバリエーションがあるようである．香川県では，吉備国の吉備津彦命の弟であった稚武彦命が讃岐の国主に赴任した際に，住民を困らせていた鬼（海賊）を退治したという民間伝承がある．それと大正3年に女木島で発見された大洞窟が結びつき，女木島を鬼ヶ島とする桃太郎説話が流布されたことがある．

洞窟は，女木島の北部に聳える鷲ヶ峰の山頂近くにある（図1）．山頂部は中新世（1500万年前）の玄武岩類であり，それに不整合関係で覆われた凝灰角礫岩層を掘削した人工的な横穴（坑道堀の採石場跡）である．この地層は始新世～漸新世（3000万年前）の土庄層群の最上部にあたる．

洞窟の入口は屈んで通るほどの狭さで，少し進むと，天井も高さ2m以上になる（図2）．天井はほぼ水平な地層面で，壁は鉛直に近い節理面である場合が多い．そのためか，母岩の固結度は弱いにもかかわらず，安定した大きな空間が数か所に作られている．総延長は約400m，総床面積は約4000m²とされる．いくつもの支洞があり，桃太郎伝説にちなんだ名称がつけられている（図3）．

地層面や節理面を利用した掘削は，石の切り出しが行われていたことを示唆する．洞窟に見られる凝灰角礫岩は，豊島から産する石材（豊島石）とよく似ている．豊島石は，室町時代ごろから灯篭や五輪塔などに広く利用されており，豊島以外の小豆島や男木島，女木島でも採掘されていた（長谷川ほか，2009）．明治期には丁場と呼ばれる坑道掘りが盛んにおこなわれていたので，この洞窟は女木島における丁場跡と考えられる（図4）．桃太郎伝説の舞台であるとともに，明治期の産業遺産ともいえる．

【公文富士夫】

図1　鬼ヶ島大洞窟は女木島鷲ヶ岳の山頂直下に位置する．

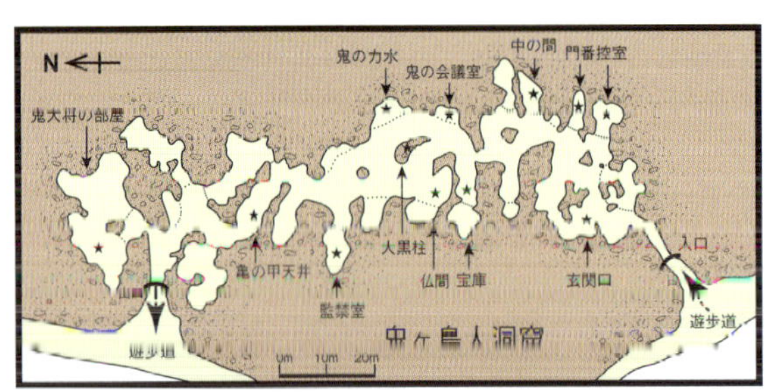

図2　鬼ヶ島大洞窟の平面図．点線は見学範囲．（高松市・鬼ヶ島観光協会案内図を簡略化．）

図3　鬼の会議室と大黒柱のある大空間．

図4　宝庫と名づけられた空間．鉛直方向の劈開面が壁になり，天井にはゆるやかに傾く地層面が見られる．

9-2

菖蒲洞（しょうぶどう）—二段の洞窟が重なる地下世界—

Shoubu-do Cave

【所在地】高知市土佐山菖蒲
【地層】秩父帯北帯　白木谷層群の付加体中の石灰岩（ペルム紀）
【規模】横穴，延測線長約700m，高低差14.4m，主洞の測線長291m.
【管理洞】洞内見学には事前に高知市役所総務部民権・文化財課に要連絡.
【指定】県天然記念物

洞窟の入口は施錠されており，高知市の管理下にある．許可を得て，地元のガイドと同行して見学できる．ほぼ水平な二段の洞窟で構成されるが，一部では両者が合体している（図1）．

入口は直接的に下の段の洞窟につながる．洞窟底を常に水が流れており，上流部で隣接する谷の水が流れこんでいる．河床や壁面下部の石灰岩には波型模様の侵食痕（スカラップ）（図2）やノッチがよく見られる．入口から40 mほど奥まで見学ができるが，下の段の洞窟には鍾乳石はほとんど見られない．

入口から10 mほどの右側の壁際に狭い竪穴が有り，5～6 mほど上の洞窟へ上がることができる．この上の段の洞窟は比較的乾燥しており，散点的に鍾乳石の発達が見られる．上の段は部分的に崩落して下の段の洞窟と合体して天井の高い空間をつくる．上り下りを繰り返して進むと「天女の間」にフローストーンの絶妙な造形があり，その先で「灌頂の間」の大空間が現れる．最後の隘路を抜けた先にある「極楽の間」には多数の石筍や絞り幕様のフローストーンが形成されており，見ごたえのある地下景観を楽しめる（図3）．キクガシラコウモリとコキクガシラコウモリの越冬が確認されており，ホラハシリダニ，メナシヒメグム，ショウブオビヤスデ，ショウブツヤムネハネカクシ，ヤマモトメクラチビゴミムシなどの固有種を含む多数の節足動物が報告されている（山内，1991）[1]．　【公文富士夫】

図2　スカラップ（Scallop）．

図3 「極楽の間」の石筍群とフローストーン．

関連サイト

[1] 菖蒲洞ガイドブック（菖蒲洞案内記）6p.

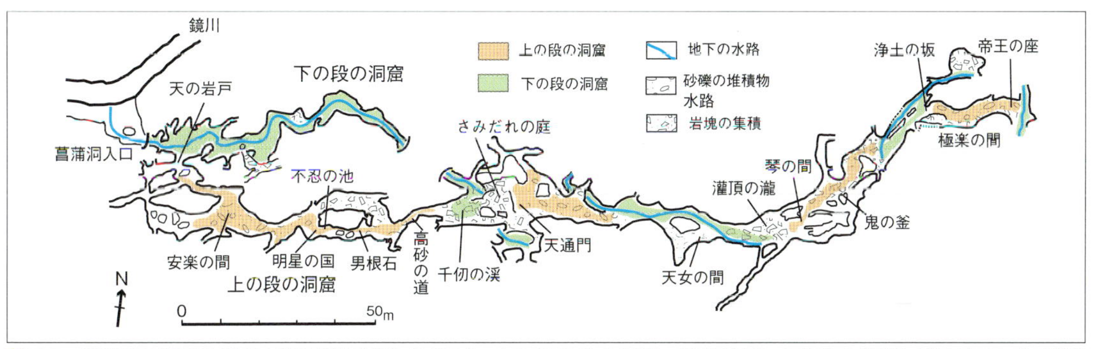

図1　菖蒲洞の平面図（愛媛大学学術探検部作成の図を，山内（1991）を参照して加筆修正）．洞窟内の名称は土佐村有志による菖蒲洞ガイドブック[1]より．標高の違いや洞窟内の堆積物の特徴も併せて示す．

龍河洞（りゅうがどう）—黄金色した弥生人の忘れ物—

Ryuga-do Cave

【所在地】高知県香美市土佐山田町逆川
【地層】秩父累帯南帯　三宝山ユニットの石灰岩（三畳紀）
【規模】竪横複合型，全長約4000m，高低差約70m.
【観光洞】年中無休，8:30～17:00（3～11月），8:30～16:30（12～2月）.
【管理】（公財）龍河洞保存会
【指定】国の史跡・天然記念物（1934年指定），日本三大鍾乳洞，日本の地質百選.

日本三大鍾乳洞の一つである龍河洞は，高知県中部，高知空港から車で北に30分ほどの香美市逆川（かみ　さかかわ）地区に位置する．龍河洞は，東西約250 m南北500 mのブロック状に分布する秩父累帯南帯三宝山ユニットに含まれる石灰岩の中に胚胎される．同じ三宝山ユニットでは，龍河洞から南西方向に約1.5 kmの位置にある三宝山（金剛山）の山頂付近で，大規模な石灰岩の好露頭が分布し，ここから二枚貝や腕足類といった保存良好な三畳紀の化石が産出している．石灰岩の周りには，海山起源の溶岩に加えチャート，泥岩・砂岩などの堆積岩も分布し，チャートと泥岩にはジュラ紀や白亜紀の放散虫化石が含まれる（甲藤，1991）.

発見の歴史

龍河洞の由縁は，1221年の承久の乱の後，土佐に配流された土御門上皇が入洞された際，錦の蛇が現れ，上皇を案内したという伝説が元とされており，天皇の乗り物「竜駕」が転じて「龍河」となったとされている（岡本，1974）．龍河洞は令和3（2021）年に開洞90周年を迎えたが，昭和6（1931）年6月に高知県立中学海南学校の教諭であった山内浩氏と松井正実氏による探索で，入口から約400 mの位置にある“記念の滝”から先が探索された時点を開洞としている．発見の同年8月の探索で，現在の洞窟出口を含む経路に加え，弥生時代の遺跡と，現在の洞窟出口が発見された．その後の度重なる調査を経て，国の天然記念物および史跡の指定を受け，現在まで，龍河洞保存会により大切に管理されている（■図1）.

■図1　龍河洞入口．正面の山の中腹に位置する.

洞内外の様子

■図2は，1931年から1957年にかけて山内浩氏によって作成された龍河洞の洞内図に追記したものである．発見から26年の歳月をかけて測量を行った結果，全長約4000 mで高低差約70 mに達する竪横複合型洞窟であることが明らかとなった．そのうち東本洞と名づけられたルートの一部が観光洞として公開されている．観光洞の中央ルートと，西本洞と名づけられ別の入口から入るルートは，冒険コースとして予約制のガイド付きツアーで見学できる.

洞内は，大きく3つのレベルの標高に分けられる．入口から記念の滝までの最も標高の低いレベルでは，鍾乳石の発達する場所は限られ，ポットホールなどの基盤の石灰岩の溶食構造が発達する．記念の滝では，すぐ横に天降石（てんこうせき）と名づけられた10 mを超えるフローストーンが発達する．記念の滝を登ると，天井が低い空間が続き，前の千本・奥の千本・くらげ石と名づけられた石筍・石柱・つらら石・ストローなどの鍾乳石が発達している．この地点から，冒険コースや，観光ルートの天井の一部から伸びる支洞が発達する．その後傾斜35°の斜面を登ると，最も標高の高いレベルとなり，石筍・フローストーンが多数分布する万象殿（ばんしょうでん）を経て，10 mを超える天井高の広い空間に出る．出口手前の30 mほどの空間には，「神の壺」と呼ばれる鍾乳石に覆われた土器や，第一室から第三室に分けられる居住跡の弥生時代の遺跡が見られる（岡本，1974）．弥生式土器の発見当時は居住スペース周辺の棚状鍾乳石の上に多数の土器が整然と並んでいた（龍河洞保存会・龍河洞博物館編，1994）．弥生人達が自然の作り出した造形を

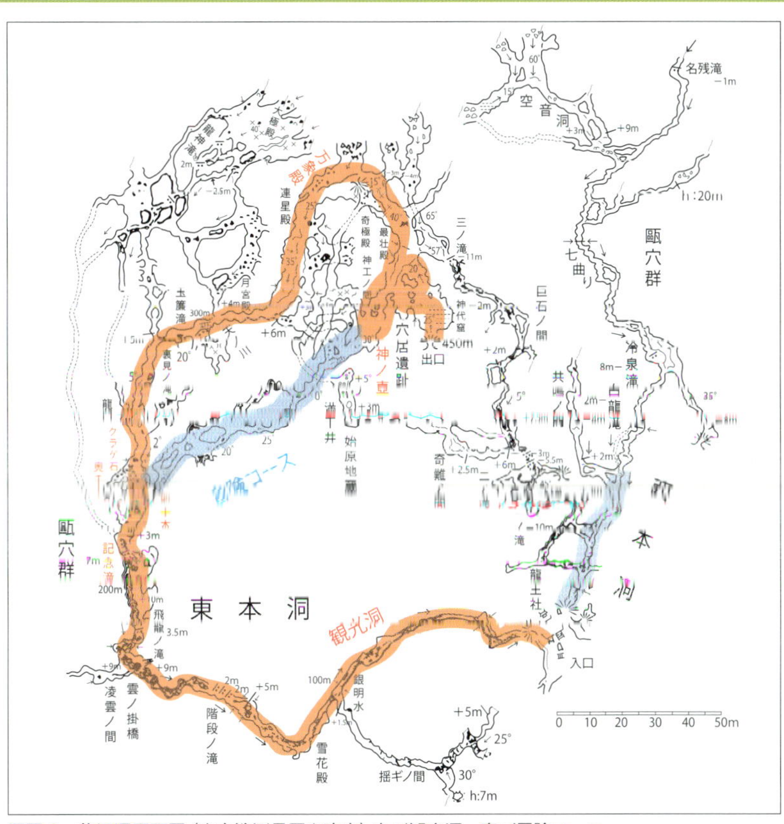

■図２　龍河洞平面図（山内浩測量図を改変）赤が観光洞，青が冒険コース．

活かした生活を送っていたことを，現代に伝えてくれる貴重な遺跡といえる．龍河洞からは弥生式土器のほかに，貝輪，鉄鏃，石錘，鹿角の加工片などが発見され，一部は，併設の資料館にて公開されている．

観光ルートの後半では，春から秋にかけて，コウモリが鳴きながら上空を飛行したり，天井にぶら下がって休んだりする様子を見ることができる．龍河洞からはキクガシラコウモリ，コキクガシラコウモリ，アブラコウモリ，ユビナガコウモリ，モモジロコウモリの5種の棲息報告がある．このほか，洞内土壌やグアノが堆積する場所で，リュウガヤスデ・イシカワミミズ・オオウロカニムシなどの洞窟性生物が棲息することが報告されている．また，公開されていない支洞では，イシカワメクラチビゴミムシ・シロツチカニムシ・メクラシコクヨコエビなどの真洞窟生物が棲息し，報告された種のうち，約20％が真洞窟性生物とされている（石川，1974）．

観光洞の出口から，駐車場への帰路の遊歩道では，基盤の石灰岩のブロックが露出する山肌に，アラカシなどの常緑広葉樹が多く生え，クモノスシダなどのシダ科・ニシキギ・ツルマサキなどのニシキギ科

■図３
上：鍾乳石に覆われた弥生式土器
下：ライトアップされたつらら石．

などといった石灰岩地を好む植物も分布する（大倉，1991）．併設の博物館では，遺跡の遺物や鍾乳石などが見学できる．　【奥村知世】

猿田洞—忍者気分でケイビング—

Saruda-do Cave

【所在地】高知県高岡郡日高村沖名
【地層】秩父南帯　大平山ユニットの石灰岩（ペルム紀）
【規模】竪横複合型，測線長1,422 m
【管理洞】探勝には日高村観光協会へ要連絡．協会にて事前予約するとガイド同行でのケイビングも可．
【指定】村指定民俗文化財（昭和35年指定）．

地形と地質

猿田洞は，高知市街地から車で約30分に位置するフルーツトマトの産地として有名な日高村南西部に位置する．仁淀川水系の一つである戸梶川中流域にある秩父累帯大平山ユニット中のペルム紀石灰岩中に本洞は胚胎される（脇田ほか，2007）．林道脇に入口があり（■図1），教育委員会による説明看板も設置されている．

発見の歴史

安政5（1858）年に地元の農民であった虎之丞により発見された．当時，洞窟の様子が描かれた版画「岩窟往来略図」（■図2）が作成・販売され，見物人で賑わった（日高村史編纂委員会編，1976）．この洞窟は，「土佐ねずみ小僧」とも譬えられ，数多くの民話に登場する江戸時代の義賊的忍者の日下茂平が修行を行ったことでも有名である[1]．昭和35（1960）年に日高村文化財に指定され，その後，洞内に鉄橋や鉄梯が設けられた（日高村史編纂委員会編，1976）．令和4（2022）年度には文化庁の天然記念物保護活用事業に採択され，猿田洞を含む村内の天然記念物の活用が検討・調査中である．

■図1　猿田洞の洞口．

■図2「岩窟往来略図」の一部

洞窟内外の様子

■図3は高知大学探検部により測量された猿田洞平面図を簡略化した測図である（関，2010）．下部洞口から続く最下層に加え，7.5～10 m上位に中層，さらに7.5～10 m上位に上位層と，少なくとも3層の石灰洞が発達する立体構造を有し，山頂近くの上部洞口に抜けることができる．竪横複合型洞窟で，総延長は1422 mである．最下層には地下水が流れ，洞口脇の河川に湧水・流入している．つらら石やフローストーン（■図4），石筍などの鍾乳石もところどころで見かけられる．洞内全体を通して泥の堆積が多く，下層では礫も堆積している．

下部洞口から上部洞口まで要所要所に鉄製階段や誘導ロープが設置され，洞口から約200 mが一般向けに開放されている（■図5）．ただし，照明は設置されておらず，入洞の際には管理者への事前連絡と十分な準備が必要である．朽ちた材木が洞内の竪穴付近に放置されており，金属製階段が整備される以前に利用されていた痕跡がうかがえる．

現生の洞窟生物が，いくつか知られている．冬季にキクガシラコウモリ，コキクガシラコウモリ，ユビナガコウモリの越冬が確認されている（谷地森・山崎，2006）．真洞窟性のイシカワマシラグモは1957年に新種記載され，2022年に再発見かつ再記載された（Ballarin and Eguchi, 2022）．また，サルダオビヤスデを含みヤスデ類3種（高島・芳賀，1956）など，豊富な真洞窟性生物の生息でも知られている．

中層の裂罅堆積物から，絶滅種を含む豊富な脊椎動物化石と多量の陸産貝類化石が報告された（西岡ほ

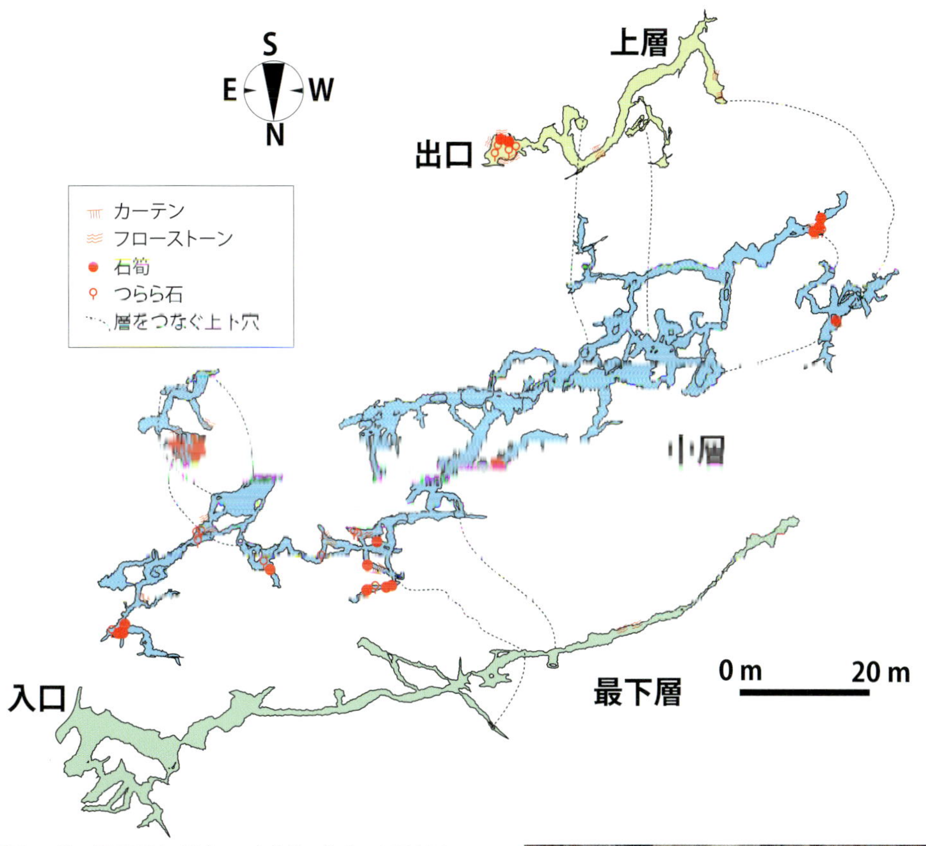

図３　猿田洞平面図．関（2010）を基に作成した洞内図．

か，2011；川瀬ほか，2012）．哺乳類化石は更新世の絶滅種であるカズサジカ，ニホンムカシハタネズミ，ブランティオイデスハタネズミに比較される種を含み，後期更新世を示す放射性炭素年代（32750 ± 140 yr BP）が報告された．陸産貝類化石では，サルダアツブタムシオイガイが新種として記載された．本種はその後，猿田洞の西民部の石灰岩体付近で，現生種が採集され記載された（Yano et al., 2016）．化石研究が，現生陸産貝類相の多様性の研究に貢献した事例として，特筆できる．なお，洞内堆積物から1905（明治38）年にアカシカ（絶滅した有蹄類の一種）の骨が発見されたとされているが，現在は同定結果が疑問視されている（川瀬ほか，2012）．

出口を出ると，地元有志によって林道が整備されている．林道沿いでは，アラカシが優占する林となっており，クロガネシダ，クモノスシダなど，石灰岩地を特徴づける植物が見られる．

【岩井雅夫・奥村知世】

関連サイト

［1］日高村教育委員会ホームページ（https://www.kochinet.ed.jp/hidaka-v/sub11.html）

図４　洞内竪穴壁面に発達するフローストーン．

図５　洞内の様子．誘導ロープあり．

御厨人窟(みくろど)と神明窟(しんめいくつ) —室戸半島の隆起をもの語る海食洞—

Mikurodo and Shinmei-kutsu Cave

【所在地】高知県室戸市室戸岬町
【地質帯】四万十帯南帯
【地層】菜生層群 津呂層
【年代】古第三紀後期漸新世～中新世
【規模】横穴
御厨人窟：奥行き18m，洞口の高さ3m．
神明窟：奥行き17m, 洞口の高さ6m．
【観光洞】入洞可能時間 08:00-17:00.
【管理】最御崎寺 みくろど納経所
【指定】室戸阿南海岸国定公園（特別保護地区），国名勝，市文化財，室戸ユネスコ世界ジオパーク．

地形と地質

御厨人窟(みくろど)と神明窟(しんめいくつ)は高知県室戸市の室戸岬付近に位置する近接した2つの離水海食洞である（図1，2A）．室戸岬より約1 km北北東にあり，海岸より120 mほど内陸の標高約10 mの地点に開口している（図1）．両者をあわせて御蔵洞（みくらどう，みくろどう）とも呼ぶ．

南にある御厨人窟の洞口の高さと幅は約3 mで（図2B），奥行きは18 mあり，おおむね東北東-西南西方向に発達する．御厨人窟の北10 mにはほぼ同規模の神明窟が位置する（図2C）．神明窟の洞口の高さは約7 m，幅は約6 mで（図2C），奥行きは17 mあり，おおむね西北西-東南東方向に発達する．双方とも菜生(なばえ)層群津呂層（上部漸新統～中新統）の砂岩がちの砂岩泥岩互層（平ほか，1980）が露出する急崖に開口している．2つの洞窟とも，開口部や洞窟断面の形状は不定形で，砂岩泥岩互層の層理面や，破砕帯，節理が発達する方向に強く影響を受けている（図2A）．内部には地下水が滴下しており，天井にはイボ状，皮殻状の石灰質な沈澱物が形成されている（図3）．

御厨人窟・神明窟は海成段丘L1面に開口しており（前杢，1988），ヒプシサーマル期（6000～5000年前）の海食洞と考えられる．その後，4500年前以前に発生した地震によって約2 m隆起し，御厨人窟・神明窟は離水した（前杢，1988，2001）．2つの洞窟の周辺には複数の小規模な海食洞，海食ノッチや海食棚（行水の池），海食柱（エボシ岩，ビシャゴ岩）やポットホールなど，典型的な隆起海岸の地形が卓越する（図1）．これらの地形は完新世の地殻変動による室戸半島の隆起を示す．

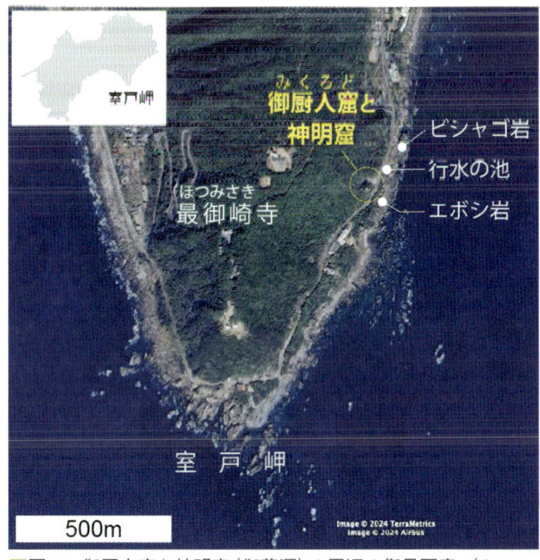

図1 御厨人窟と神明窟（御蔵洞）の周辺の衛星写真．（Google Earth Pro より作成）

伝承と文化

御厨人窟と神明窟は8～9世紀の仏教僧である空海の事績と結びつけられ，「御厨人窟に棲みついて住民に害を与えていた毒蛇を，空海が退治した（秋澤ほか，1991；眞 念，2015），「神明窟で空海が修行を行った」（秋澤ほか，1991）といった伝承が伝わっている．2つの洞窟と結びついた空海の伝承は少なくとも江戸時代前期には成立し（眞念，2015），その頃から御厨人窟と神明窟は四国遍路の巡礼地として，巡礼者が数多く訪れる場所となっている．

ジオパークとの関わり

室戸市は2008年よりジオパーク（2011年より世界ジオパーク）に認定されており，御厨人窟・神明窟も地域の貴重な地質遺産として保全されるとともに，観光や教育に活用されている（Nakamura and Yuhora，2017）．

来訪者は観光ガイドやジオパーク学習を通して，2つの洞窟とその周辺の離水海岸の地形に触れることで，大地の隆起を体感し，学ぶことができる．

【柿崎喜宏】

図２　(A) 御厨人窟（左）と神明窟（右）の洞口の外観．砂岩泥岩互層の層理面を破線（白）で，破砕帯や節理を点線（ピンク）で示す．砂岩泥岩層の層理面は写真手前（東向き）に急角度に傾いている．(D) 御厨人窟内部より望む太平洋．(C) 神明窟の洞口部の外観．

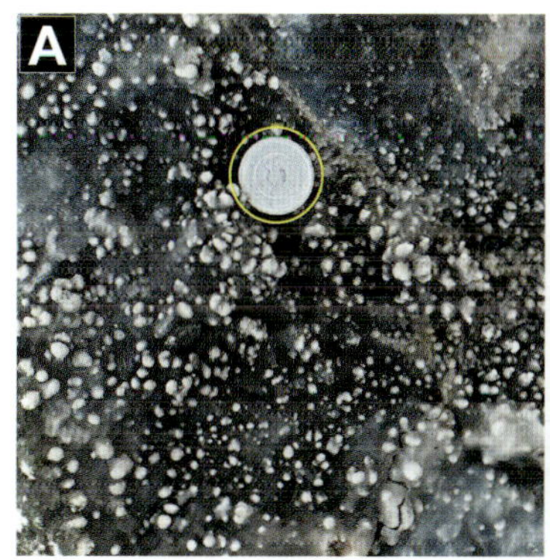

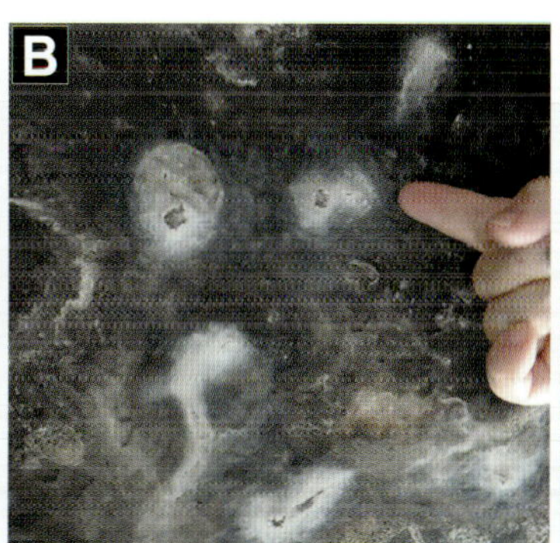

図３　神明窟の天井に発達する石灰質な沈澱物．スケールは１円玉．(A) イボ状の沈澱物．天井を見上げる形で沈澱物の真下から撮影．(B) 天井の被殻状の沈澱物．(C) 天井の襞にできたイボ状～皮殻状の沈澱物．

9-6

あまさきしょうにゅうどう

天崎鍾乳洞—トンネルの下に潜む水中洞—

Amasaki Cave

【所在地】高知県土佐市高岡町丁天崎　トンネル地下
【地層】秩父南帯三宝山ユニットの三畳紀石灰岩
【規模】横穴・水没，全長約15m+
【管理洞】一般公開はなされていないが，限定公開が実施されることもある．

天崎鍾乳洞は，高知県中央部の西に位置する土佐市高岡町丁天崎で，県道39号土佐－伊野線の掘削工事中に2001年に発見された（■図1）．本洞は，秩父累帯の最南部を構成する三宝山（さんぼうざん）ユニットの石灰岩体中に形成されている（脇田ほか，2007）．本岩体からの化石の報告はないが，約3km東に位置する三宝山ユニットの吉良ヶ峰石灰石鉱山で三畳紀の二枚貝化石が報告されており，この岩体も三畳紀である可能性が高い．

鍾乳洞はトンネルの中ほどに位置し，道路の下をくぐる地下通路を経て到達する．将来的な活用のために見学用の通路と橋が設置されている（■図2）．

洞内の様子

鍾乳洞は2段に分かれている．上の段の洞窟は標高10mほどにあり，幅1m，高さ2mほどの横穴が南東方向へ15mほど続くことが確認されている．上段の底面は通常の地下水位面よりわずかに高い．底面には石筍が，側壁にはフローストーンが，天井にはつらら石が発達している（■図3）．

下段の洞窟は，上段より7～8m低い位置にあり，完全に水没している（■図4）．トンネル工事の際に実施された高知県による潜水調査で，高さ2mほどの洞窟が北北西方向へ15m以上続くことが確認されており，その先の連続性は不明である．多数のつらら石や石筍が発達するとのことである．洪水時に水が濁ることがあるので，隣接する仁淀川との地下での接続も想定される．

洞内の見学できる場所は，連絡通路の最奥にあり，2段の洞窟が連結する竪穴に掛かる橋の上である．上の段の洞窟の天井や壁が間近に見え，成長中の美しいつらら石やストローを観察できる．側壁にはフローストーンがよく発達し，見ごたえがある．土佐市教育委員会により不定期で見学会が実施されている．

【公文富士夫】

■図1　天崎鍾乳洞トンネル．壁面に鍾乳石のデザイン．

■図2　通路の奥の鍾乳洞．

■図3　間近に見るつらら石やフローストーン．

■図4　下段につながる竪穴の地下水面．

9-7

穴神鍾乳洞（あながみしょうにゅうどう）―保存状態の良い縄文遺跡と鍾乳石―

Anagami Limestone Cave

【所在地】愛媛県西予市城川町川津南
【地層】秩父南帯 今井谷層群の石灰岩（ジュラ紀後期）
【規模】竪横複合型，全長約300m，高低差約23m.
【管理洞】探勝には高川地域づくり活動センターに事前予約が必要.
【指定】縄文時代遺跡は県の史跡（昭和51年4月），鍾乳洞は市天然記念物（昭和47年8月），四国西予ジオパーク（日本）

穴神鍾乳洞は，坂本龍馬の脱藩ルートとされる高知県と愛媛県の県境にある九十九曲峠（くじゅうくまがりとうげ）から南西約5kmに位置する．穴神鍾乳洞はレンズ状に挟在される後期ジュラ紀の鳥巣式石灰岩中に胚胎される（西予市・四国西予ジオパーク推進協議会，2023）．黒瀬川の上流で，今井谷川，城ノ奥川，安尾川の合流する地点に位置し，川沿いに走る道路脇のすぐそばに洞口があり（図1），容易にアクセスできる．

現在の出入口以外にも小規模な開口部が複数存在する．その一つから地元の中学生が探検を行ったことで，昭和44（1969）年に本洞は発見された．全長約300mで主に横穴からなり，高低差は約23mである（図2）．

入口階段周辺には溶食構造が発達しており，鍾乳石も随所で発達する．入口から北西方向に100m進むと高さが6mほどの“神殿”と名づけられた大空間に出る．ここで折り返して南東に進むと上部出口に出る．この大空間では観光洞上部の空間につらら石，石筍，石柱などの鍾乳石が多数発達しており，男神・女神と名づけられている大型の石筍を上に望むように観察でき，まさに自然の作った神殿といえる（図2）．洞内には，これ以外にもフローストーンやカーテンなどの鍾乳石が認められる．また，キクガシラコウモリやコキクガシラコウモリの棲息が報告されており（愛媛県教育委員会文化財保護課編，1993），グアノには，リュウガヤスデをはじめとする洞窟生態系が成立している．ルート後半は，約1万2000年前の縄文時代草創期の住居遺跡となっており，複数のタイプの縄文土器や石鏃，装飾具，獣骨などといった遺物が出土している．

図1　穴神鍾乳洞の入口．縄文人の人形が迎えてくれる．

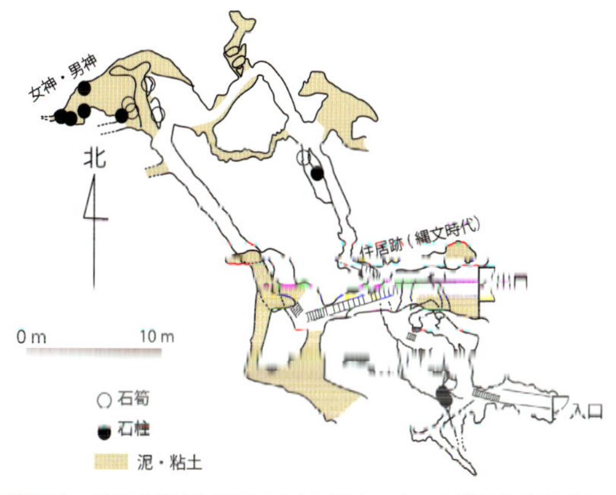

図2　穴神鍾乳洞平面図（村上崇史・山口大学洞穴研究会による2018年測量図を元に作成）．

図3　洞内最西部にある女神と名づけられた石筍．

なお，穴神鍾乳洞の探勝に際しては，事前予約で洞口のドアを開けてもらう必要がある．また，希望があれば有料でガイドをお願いすることもできる．また，洞内から出土した遺物は城川（しろかわ）歴史民俗資料館で展示されているので，お立ち寄りの際には合わせて訪問することをお勧めする．

穴神鍾乳洞の保全は地元の地域づくり組織「川津南やっちみる会」の手で行われており，洞内ガイド案内も受け付けている．来訪の際はそちらもご利用されたい．

【奥村知世】

羅漢穴—バーミキュレーション必見の歴史ある洞窟—

Rakan-ana Cave

【所在地】愛媛県西伊予市野村町小松
【地層】秩父北帯 大野ケ原層の石灰岩（ペルム紀）
【規模】横穴，全長約700m，高低差70m．
【管理洞】探勝には惣川地域づくり活動センターまたは四国西予ジオミュージアムに事前予約が必要．
【指定】県天然記念物（昭和36年3月），四国カルスト県立自然公園の一部，西予ジオパークのジオサイトの一つ（K6）．

羅漢穴は，愛媛県南西部で高知県との県境に位置する四国カルスト北西端の斜面のうち，坂本龍馬の脱藩ルートとして有名な韮ヶ峠から北に1kmほどの場所に位置する．羅漢穴のある石灰岩の年代は，四国カルストを構成する石灰岩と同様，フズリナ化石から前期～中期ペルム紀であると考えられている（田崎ほか，1994）．

羅漢穴は全長約700mの横穴で，高低差は約70mである（図1）（中村ほか，2023）．探勝に際しては事前連絡で予約を取り，当日，惣川公民館に立ち寄り洞口の鍵を借りて入洞する．洞内照明のない未整備洞で，洞内の要所に看板や階段が設置されている．雨天後は一部水没し，通行不能となる．羅漢穴の全体的な洞窟形態は南を上にしたT字型になっており，洞北端部に開いた洞口からT字分岐点までの空間を北部，その先を南部に大まかに分けることができ，南部はさらに右洞と左洞に分岐する．洞内の一部は狭く，ほふく前進や屈んだまま進む狭洞もあるが，大部分は天井が2m以上の高い経路が広がる．洞口付近や高低差の大きい分岐点などの要所では，舗装された箇所や階段の設置もあり，探検しやすい洞窟である．

本洞窟は，日本における洞穴探検の文章記録の中でも最初期の事例に当たる半井梧庵の『愛媛面影』にて，文久元（1861）年の探索の記録が詳細に記録されており，羅漢像のように鍾乳石が乱立している様子が記されている（山内，1983）．残念ながら今日では，乱立する鍾乳石は見られないが，左洞側のハイライトになっている大石柱や（図2右），雨天後は水没してしまう二の池周辺のフローストーンなどの鍾乳石が観察できる．また，大石柱付近では，バーミキュレーションと呼ばれる奇妙な紋様が発達している（図2左）．これは泥や粘土と石灰成分の混合で形成され，古代エジプトとの象形文字にも似ている．この構造は，水没した洞窟通路に水が溜まったあと，離水した際に形成されると考えられ，羅漢穴のものは国内有数の規模であるといわれている．

この洞窟にはキクガシラコウモリ・コキクガシラコウモリ・モモジロコウモリ・ノレンコウモリ・ユビナガコウモリ・テングコウモリ・コテングコウモリなどが多数冬眠する（山本ほか，2004）．洞内にはグアノが厚く堆積する部分もあり，ナガコムシやトビムシ類などの洞窟性生物が多数生息している（中村ほか，2023）．【奥村知世】

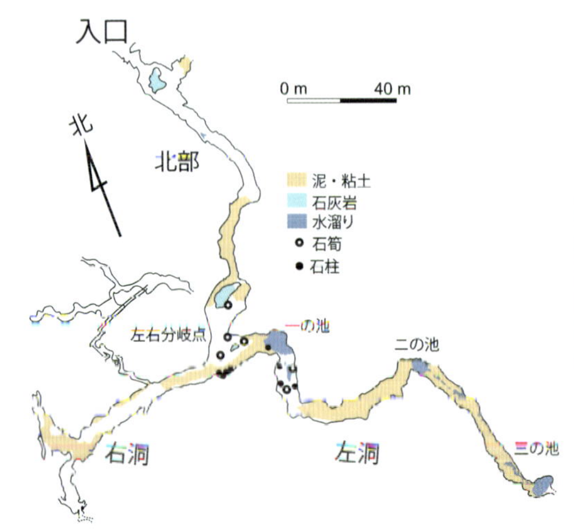

図1 羅漢穴平面図（村上崇史・山口大学洞穴研究会による2022年測量図を元に作成）

図2 バーミキュレーションの発達する大石柱．

9-9

安森鍾乳洞—アツい想いでできた避暑地—

Yasumori-do Cave

【所在地】愛媛県鬼北町小松
【地層】秩父北帯の石灰岩（ペルム紀）
【規模】横穴，全長70m.
【管理洞】夏季のみ営業　営業時間は事前連絡による確認が必要.
【指定】町民俗文化財（平成7年指定）.

安森洞は，城川町の穴神鍾乳洞から南東に約9 kmで，鬼北町小松地域を流れる安森川の最上流部に位置する．1960年に行われた安森洞の調査では，穴神鍾乳洞 9-7 と同じ鳥巣式石灰岩も分布すると記載（鹿島，1968）されているものの，詳しい検討は行われていない．本洞窟脇の沢沿いの露頭では，火山岩の上に石灰岩ブロックが分布している様子が見てとれる．

安森洞の発見は，昭和34（1959）年に風穴と呼ばれていた安森鍾乳洞の発掘・調査が行われたことに発端をなす（水島，2012）．当時，隣の高知県の龍河洞 9-3 が観光地として脚光を浴びていたこともあり，地元有志による保存会が結成され，専門家も交えた調査が行われたところ，ジャコウジカやアナグマなどの獣骨化石が多数出土した（広見町誌編さん委員会，1985）．その後，より標高の低い位置にあるタルブチと呼ばれていた水穴を調査したところ，堆積した土砂を取り除けば観光のできる規模の空間があることがわかった保存会メンバーを中心として，連日，ツルハシを持って入れ替わり立ち替わり水穴の水位を1 mほど下げながら，人力での掘削が行われた．10年の歳月をかけて，現在のような約70 mの洞窟が整備された．こうした取り組みは「ロマンを掘る男たち」としてテレビや新聞などに取り上げられ，一躍脚光を浴びた（大沢，2008）．

洞窟内には，母岩の石灰岩中に入った節理に沿って伸びる天然の洞窟空間が見てとれる．入口から5 mほどの位置では，かつての水位でできたと思われる溶食面が確認でき，掘削作業で掘り進んだ部分の空間を実感できる（図1）．厚くはないが，鍾乳石も形成されていて，つらら石やフローストーンなどの構造も一部で観察できる．洞窟内は照明が設置され，ルートは完全舗装されており，高低差も少なく，小さな子どもや年配の方も探索しやすい（図2）．雨量が多いと，ルート脇の水路があふれて探索路は水没することもある．

夏休み期間には，洞窟天然水を利用した流しそうめんや釣り堀が楽しめる施設が営業している．規模的には大きい洞窟ではないものの，自然と人の共同作業でできた洞窟の恵みを，目と舌で楽しめる唯一無二の洞窟である．【奥村知世】

図1　安森洞入口と内部．(上) 入口周辺に発達するノッチ．写真中央の水平に走る窪みが水の溶食でできたノッチ．(下) 洞窟の入口．

関連サイト

[1] 鬼北町 人気スポット 安森鍾乳洞 https://kihoku-sightseeing.jp/spot/114/

図2　安森洞内部．照明が完備され，舗装された平坦なルートが70 mほど続く．

9-10

中津川(なかつがわ)トゥファ ―日本で初めて研究されたトゥファの沢―

Nakatsugawa Tufa

【所在地】愛媛県西予市城川町中津川
【地質帯】秩父帯
【地層】鳥巣層群の石灰岩
【年代】ジュラ紀
【規模】長さ460m，高低差120mの沢.
【指定】四国西予ジオパークのジオサイト.

地　質

愛媛県西予市城川町(しろかわちょう)は国内最古級の黒瀬川帯の模式地であり，古くから地質学的研究が行われてきた（市川ほか，1956）.

西予市には，黒瀬川帯のほかにも，須崎海岸や四国カルストなどの見どころが多く，四国西予ジオパークとして認定されている.

黒瀬川帯の南には秩父帯の中生層が広く分布し，ジュラ紀後期の石灰岩が露出する．中でも，城川町古市北方にある石灰岩体は最大のものであり，岩体の北側から湧出する地下水からトゥファが発達する（図1）.

トゥファの概要

中津川トゥファは，国内ではトゥファの存在が認知されていなかった1990年代に発見され，日本で初めて記載された．その後，地質学や地球化学的な研究対象となり，トゥファの形成プロセスや気候記録に関する成果が示されている（Matsuoka et al., 2001；Kano et al., 2004）.

トゥファのある沢は中津川集落から入った柚子林がある細い山道沿いにある．沢の源流である湧水から流れる水は，急傾斜の上流部を広がって流れ，大規模なトゥファを堆積させる．中流部に入ると沢幅が狭くなり，傾斜もゆるやかになる．ここでは，沢の段差の部分でトゥファの発達が顕著で，リムプールのような地形になる（図2）．トゥファ表面にはシアノバクテリアが生育し緑色になっている．プールでも砂礫を核としてトゥファが沈澱する（図3）．トゥファ堆積物の中には沈澱速度の季節変化を反映した縞状構造が発達する.　【狩野彰宏】

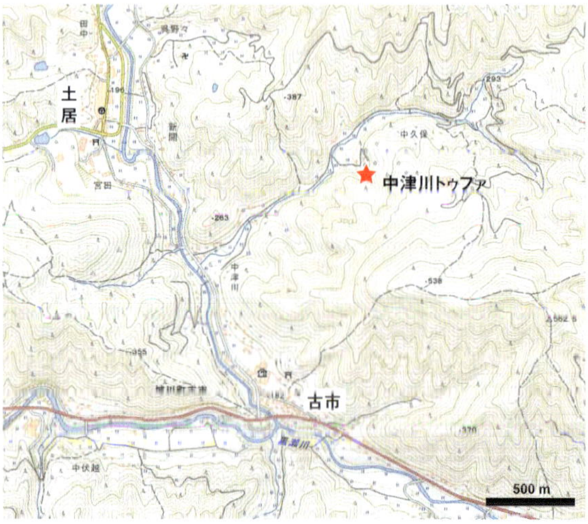

図1　中津川トゥファの位置図.

図2　急傾斜の沢沿いにできたトゥファ.

図3　プールの中で沈澱する礫状トゥファ.

10. 九州地方

九州地方の鍾乳洞は３つの石灰岩地帯に分かれて分布している．福岡県北部の平尾台 10-1 のカルスト台地には秋吉帯の後期古生代の結晶質石灰岩が広がり，その中に発達する多くの鍾乳洞はケイビングの場所として人気が高い．

２つめの石灰岩地帯は大分県南部から熊本県南部にかけて分布する秩父帯である．この地帯に点在する古生代〜中生代の石灰岩体にも鍾乳洞が発達している．ここで紹介する３つの観光洞以外にも，大分県佐伯市には小半鍾乳洞が，宮崎県高千穂町には柘の滝鍾乳洞 10-10 が，熊本県五木村には白滝鍾乳洞がある．

３つめの石灰岩地帯は更新世のサンゴ礁石灰岩がある鹿児島県の奄美群島である．この石灰岩は奄美大島以外の島に広く分布し，鍾乳洞の発達の場となっている．特に銀水洞 10-16 ・昇竜洞 10-15 などが発達する沖永良部島は国内でも有数の鍾乳洞が集中する地域であり，本格的なケイビングを楽しめる．また，徳之島の小原海岸には国内最大級のトゥファ 10-14 が見られる．

３つの石灰岩地帯以外に発達した鍾乳洞としては，長崎県西海市の七ツ釜鍾乳洞 10-6 がある．この洞窟が発達する古第三紀の石灰質砂岩には，多数の小規模洞窟が発達しており，縄文時代には住居として利用されていた．長崎県佐世保市には洞窟遺跡の出土品を展示した「福井洞窟ミュージアム」がある．

九州地方にはいくつかの海食洞・火山洞窟がある．佐賀県唐津市の七ツ釜 10-5 は柱状節理が発達する玄武岩に発達した海食洞であり，長崎県壱岐島にも鬼の足跡と呼ばれる同様の海食洞がある．火山岩中に発達した海食洞は鹿児島県指宿市の戸ヶ峰海岸にも見られる．鹿児島県種子島には堆積岩に発達した海食洞がある．

九州地方には多くの火山があり，いくつかの火山洞窟が知られる．更新世玄武岩に発達した長崎県五島市の井坑 10-7 などの火山洞窟群と，溶結凝灰岩に発達した鹿児島県曽於市の溝ノ口洞穴 10-12 が特に有名である．

【髙島千鶴・狩野彰宏】

10-1

平尾台(ひらおだい)—草原に広がる大理石の羊の群れ—

Hirao dai Plateau

【所在地】福岡県北九州市小倉南区，行橋市，苅田町
【地質帯】秋吉帯
【地層】石灰岩
【年代】石炭紀～ペルム紀
【規模】北東-南西方向に6km，北西-南東方向に3km.
【指定】北九州国定公園，国特別天然記念物.

地質の概要

平尾台は福岡県北九州市，行橋(ゆくはし)市，苅田(かんだ)町にまたがる九州最大のカルスト地域である．山口県秋吉台 8-13，岡山県阿哲台 8-1 と同じく，平尾台の石灰岩は古生代後半に古太平洋の海山上で堆積したサンゴ礁を起源とする．この海山は古太平洋上を西に移動し，古アジア大陸へと付加され，その後の隆起により陸上に露出したものである．

平尾台の石灰岩は結晶質な大理石である．これは白亜紀に活動した火成岩による熱変成作用によるものであり，石灰岩は角砂糖のような粗い方解石の結晶になった（■図1）．

粗い結晶からなる岩石は，熱膨張と収縮を繰返すことで，結晶境界面で割れやすくなり，結晶が剝がれ落ちるように風化作用を受ける．そのため，平尾台の石灰岩の侵食面は丸みを帯びており（■図2），カレンフェルトのような尖った形にならない．石灰岩は羊の群れのようにも見えるので，平尾台の風景は羊群原(ようぐんばる)とも呼ばれる（■図3）．

平尾台では，草原の景観を守るために，毎年2月に山焼きが行われている．

■図1　平尾台の粗粒石灰岩．オレンジ色の部分は熱変成作用でできたザクロ石．

■図2　平尾台の石灰岩の丸みを帯びた風化面．

■図3　カルスト台地の遠景．露出している角の取れた岩体は羊の群れのように見える．

洞窟と学習施設

平尾台には約200の洞窟があるといわれる．そのうち千仏鍾乳洞 10-3，牡鹿鍾乳洞 10-4，目白洞の3洞は観光客に公開されている．平尾台自然観察センターや平尾台自然の郷のような施設では，平尾台の地質，自然，生物について学ぶことができる．

平尾台の洞窟やカルストについての研究は九州大学などの研究者により進められてきた．土壌層と石灰岩の溶解の関係（漆原・小島，1974），カルストシステムで起こる化学的・水文学的プロセスの研究（Urata, 2009）などが行われている．また，地質学的にも大理石形成時の接触変成作用についての研究（Fukuyama et al., 2006）などがある．苔類などの生物学的研究や洞窟堆積物から産出した脊椎動物化石の研究もある．

【狩野彰宏】

青龍窟（せいりゅうくつ）—ナウマンゾウが出土した平尾台最大の洞窟—

Seiryu-kutsu Cave

【所在地】福岡県苅田町大字山口
【地質帯】秋吉帯
【地層】石灰岩
【年代】石炭紀〜ペルム紀
【規模】横穴主体，測線延長は1700m以上．
【管理洞】洞口ホール以外の経路を探検するためには苅田町教育委員会などに届出を提出する．
【指定】国天然記念物

洞窟の概要

青龍窟は観光洞ではないものの，平尾台で最大級の洞窟の一つである．全長は1785 m以上で，高低差は65 mもある[1]．洞窟がある苅田（かんだ）町では体験学習に利用されている．青龍窟へのアクセスは一般道で等覚寺駐車場まで行き，その後は山道を徒歩で40分程度かかる．平尾台自然観察センターなどが定期的に探検ツアーを行っている．

青龍窟は平尾台の洞窟の中で最もよく学術研究が行われており，地質学・生物学・考古学・地形学的な成果が出されている（苅田町教育委員会編, 2018）[1]．青龍窟からはナウマンゾウの頭骨が見つかっており，この骨が見つかった洞窟経路はナウマン支洞と名づけられた．

洞内の様子

青龍窟は洞口ホールとそれにつながる地下河川からなる．一般観光客が入洞できる洞口ホールは長さ60 m，最大幅20 m，最大高さ15 mの広い空間になっており，内部に普智山等覚寺の奥の院が建てられ，今でも信仰の対象になっている（図1）．冬季には東側の入口付近に氷でできた“鍾乳石”が発達する（図2）．西出口ホールの西側にも地上につながる開口部があり（図3），ホール全体に光が入り込んでいる．

これに対して，洞口ホール以外の経路は複雑な迷路構造になっている．入洞するには洞窟探検の専門的技術が必要であり，単独での入洞は危険である．また，苅田町教育委員会などへ届出が必要である．青龍窟奥の経路では，途中に白い大理石の上を流れる地下河川がある．地下河川の経路沿いでは鍾乳石の発達がよく，つらら石や石筍などに加え，珍しいケーブパールも観察できる．平尾台の中では最も神秘的な洞窟であるといえる．【狩野彰宏】

関連サイト

[1] 青龍窟ハンドブック https://www.town.kanda.lg.jp/uploaded/attachment/3230.pdf

図1　青龍窟の中央ホールにある普智山等覚寺の奥の院．

図2　青龍窟の中央ホールの東口入口に発達したつらら（2023年1月撮影）．

図3　青龍窟の中央ホールの西口．

千仏鍾乳洞（せんぶつしょうにゅうどう）—奇岩に囲まれた地下水系づたいの地底探検—

Senbutsu Cave

【所在地】福岡県北九州市小倉南区平尾台
【地質帯】秋吉帯
【地層】石灰岩
【年代】石炭紀～ペルム紀
【規模】横穴，測線延長は1720m.
【観光洞】9:00～17:00の営業（土日祝日は18:00まで）.
【管理】千仏鍾乳洞
【指定】国天然記念物

洞窟の概要

千仏鍾乳洞は平尾台の東南端にあり，入口はドリーネの底の標高約300m付近に位置する．この洞窟は平尾台にある観光洞の中で最大級のものであり，入口から北東に向かって蛇行する横穴である．洞窟の形は，幅が狭く（最大幅10m）天井は高い（最大高15m）．観光コースの全長は約900mである．

未公開部分を合わせると，千仏洞の全長は1720mに達するとされる．千葉（2010）は洞窟の横穴は二系統の断裂に沿った地下河川であると記述している．

洞内の様子

駐車場からドリーネの斜面状の長い階段を下っていくと洞窟の入口に着く．洞内は水が多いので，受付でサンダルに履き替えて入洞することになる．

洞窟の入口側は比較的水が少なく，ゆるやかに傾

図1　洞窟入口付近にある鍾乳石群.

図2　小規模な湧水から成長するつらら石とフローストーン.

図3　千仏鍾乳洞観光ルートの前半に見られる鍾乳石.
A：石柱，B：フローストーン，C：石筍様のフローストーン．Cのみが現在成長中である.

図4　観光コース後半の水路沿いに発達するフローストーン．

図5　ライトアップされた水路．太いつらら石が見られる．

斜している．石筍，つらら石，フローストーン，石柱などの鍾乳石は多数観察される（図1～3），水は少ないが，小規模の湧水がある場所では，現在も鍾乳石が成長している（図2，3C）．

これに対し，奥側は地下河川沿いを進むコースになっている．河川水は炭酸カルシウムに未飽和であると思われ，地下水面付近は溶食でえぐれている．

鍾乳石の発達は悪くなるものの，洞窟の側面や天井から水が滴っている場所ではフローストーンなどが見られる（図4）．途中にはライトアップされている細い経路もある（図5）．洞内にはコウモリも多く生息しており，そのフンから析出したリン灰石も報告されている（鮎沢，2010）．

さらにその奥には，狭くなるものの300 mほど無照明の洞窟が続く．この部分は「地獄トンネル」と呼ばれており，通常は立ち入り禁止である．通路はさらに狭くなるが滝などの見どころも多い．

千仏鍾乳洞は平尾台の他の鍾乳洞に比べて密閉性が高く，年間を通して気温は16℃，地下水温は14℃に保たれている．　【狩野彰宏】

10-4

牡鹿鍾乳洞（おじかしょうにゅうどう）

Ojika Cave

【所在地】福岡県北九州市小倉南区平尾台
【地質帯】秋吉帯
【地層】石灰岩
【年代】石炭紀～ペルム紀
【規模】竪穴，測線延長は約150m，高低差は約30m．
【観光洞】10:00－17:00の営業（土日祝日は18:00まで）．

北九州市側から平尾台 10-1 への曲がりくねった山道を登っていくと，平尾台自然観察センターに着く．[illegible]本格的に開始するが，牡鹿鍾乳洞はまず最初に立ち寄るべき観光スポットである．

福岡県平尾台にある観光洞の1つである牡鹿鍾乳洞は1962年に発見され，“恐竜の落とし穴”とも呼ばれる竪穴的な洞窟である．比較的小さな洞窟であり，入口から洞窟の底まで30 mの標高差がある．

洞窟へは鉄製の階段を降りて入っていく．洞窟の内部には水が少なく，鍾乳石はほとんどが現在は成長していない（図1）．洞窟の入口はドリーネの底であり，吸込み穴的な特徴もある．洞窟堆積物からはナウマンゾウを含めた多くの脊椎動物の骨や歯が見つかっている（河村・曾塚，1984）．また，牡鹿鍾乳洞には多数のコウモリも棲息している．

なお，牡鹿鍾乳洞の入口付近には湧水が見られる．これは鍾乳洞の底より30 mも上に位置しており，カルスト台地内では複雑な水系が発達していると思われる．　【狩野彰宏】

図1　牡鹿鍾乳洞内部に見られる鍾乳石．多くが成長を停止している．

10-5

七ツ釜（ななつがま）―玄界灘の荒波が作った海食崖・海食洞―

Nanatsugama

【所在地】佐賀県唐津市屋形石
【地層】東松浦玄武岩類
【年代】第四紀更新世
【規模】最大幅3m，奥行110mの海食洞．
【観光洞】呼子港から遊覧船でクルージング（9:30～16:30の営業）ができる．
【指定】国天然記念物（「屋形石の七ツ釜」として）

周囲の地質

七ツ釜は佐賀県唐津市にある海食崖・海食洞（図1A）であり，東松浦（ひがしまつうら）半島の北東端に位置する．母岩は第四紀更新世の玄武岩溶岩で構成されており，九州北西部の広い範囲に分布している（溝田ほか，1992）．七ツ釜周辺は数ある溶岩の噴出源の一つであり，玄武岩類は直接海面下から伸びている（溝田ほか，1992）．この玄武岩には，溶岩が固まるさいに収縮してできる柱状節理が発達しており角柱型に割れている（図1C）．呼子（よぶこ）から唐津にいたる海岸線には玄武岩でできた奇岩が点在する．湊集落近くの湊（みなと）の立神岩（たてがみいわ）（唐津市指定天然記念物）は高さ30mの2つの柱型岩体からなる「夫婦岩」（図1B）である．

洞窟の様子

七ツ釜の地形は半島状に張り出しており，玄界灘の荒波により断崖が深く抉（えぐ）られた部分は洞穴になっている（図1A）．洞穴が7つあることから「七ツ釜」と名づけられた．最大の洞穴は幅3m，奥行きが110mに達する．

七ツ釜には遊歩道や展望台が整備されているが，断崖をつたって海岸に降りることはできない．呼子港や七ツ釜駐車場付近から出港する遊覧船に乗ると洞窟を間近で見ることができる（図1C，D）．

【髙島千鶴】

関連サイト

[1] 佐賀県公式観光サイト　あそぼーさが
https://www.asobo-saga.jp/spots/detail/a5cf8dd0-9218-4395-8540-b137a30c8165
[2] 唐津市ホームページ
https://www.city.karatsu.lg.jp/manabee/kyoiku/kyoiku/inkai/bunkazai/bunkazaihogo/yakataisinonanatugama.html

図1　七ツ釜とその付近の海岸の様子．A）七ツ釜の遠景．B）奇岩「夫婦岩」．C）クルーズ船から見た七ツ釜の柱状節理．D）クルーズ船からの七ツ釜の風景．

七ツ釜鍾乳洞（ななつがましょうにゅうどう）—3000万年前の藻類で作られた鍾乳洞—

Nanatsugama Cave

【所在地】長崎県西海市西海町中浦北郷
【地層】七釜砂岩層
【年代】古第三紀漸新世
【規模】横穴主体，測線延長は1500m以上．うち一般公開されているのは320m．
【観光洞】4月～9月は9:00～18:00（受付17:30），10月～3月は9:00～17:00（受付16:30）の営業．
【管理】本部・七ツ釜鍾乳洞事務所
【指定】国天然記念物．

洞窟の概要

七ツ釜鍾乳洞は長崎県西海（さいかい）市にある石灰岩洞窟であり，35の洞穴からなる．日本の洞窟の多くは古生代の地層に形成されているが，七ツ釜鍾乳洞の母岩の年代は約3000万年前と非常に新しい．洞窟は石灰岩地帯に分布することが多いが，七ツ釜鍾乳洞の母岩は石灰質砂岩であり（小田，1998），珍しい形成場である．また母岩には多数の石灰藻球が含まれている（■図1）．七ツ釜鍾乳洞は1928年に発見され，1936年には国の天然記念物に指定された．

七ツ釜鍾乳洞は学術調査の対象にもなってきた．洞窟から採集された石筍には中国大陸から運ばれたイオウ酸化物の痕跡が確認されている（Uchida et al., 2013）．

■図1　七ツ釜鍾乳洞の母岩になっている石灰藻球を含む石灰質砂岩．

■図2「親子地蔵」と名づけられた石筍．

洞内の様子

七ツ釜鍾乳洞の総延長は1500 m以上に達するが，観光コースとして公開されているのは清水洞の320 mである．予約をすれば専門のガイド案内のもと，入洞禁止区域である奥の600 mの部分にも地底探検ツアーとして入洞できる．

洞窟の公開部分は横穴になっており，壁面には多くの鍾乳石が認められる．先端が丸い石筍が並んだ親子地蔵（■図2）や高さ4 mにも及ぶ鍾乳石と石筍が合体した大石柱がある．その多くは過去に形成したものと思われる．ただし，壁面から湧出する水からはフローストーン状の鍾乳石が成長している（■図3）．

そのほかにも，岩石の風化作用，侵食作用や崩壊作用でできた新世界と呼ばれる大空間や落差6 mの清水の滝をはじめ，5つの滝がある．　【髙島千鶴】

関連サイト

[1] 西海市観光協会　https://saikaicity.jp/cave/

■図3　洞窟壁面からの湧水から沈澱するフローストーン．

10-7

井坑（いあな）―火山台地にできた日本最大級の溶岩トンネル―

Iana Cave

【所在地】長崎県五島市富江町岳
【地層】福江玄武岩類
【年代】第四紀更新世
【規模】延長約400mの火山洞，周辺の支洞を含めた総延長は1400m.
【未整備洞】五島市文化観光課の許可が必要.
【指定】国天然記念物，長崎県新観光百選.

周囲の地質

福江島（ふくえじま）は五島列島の南西端に位置する列島最大の島である．地質的には中新世に開始した日本海拡大時に堆積した五島層群の堆積岩と更新世の噴火によって生じた火成岩で構成される（Kiyokawa et al., 2022）．井坑がある富江地区は溶岩台地の1つであり，厚さ45 mの玄武岩からなる（鎌田・渡辺, 1969）．かつての火口であった只狩山（ただかりやま）は標高80 mほどあるが，大部分は標高40 m以下で起伏の小さい溶岩台地となっている．この富江溶岩台地にあるいくつかの溶岩トンネルの中で，井坑が最大のものである．

洞窟の概要

井坑は2つの洞窟で構成されている．2つの洞窟は名称の区別がないが，ここでは案内板から見て手前側を「観光井坑」，奥側を「保存井坑」と呼ぶことにする．洞窟の長さは観光井坑が100 m強，保存井坑が200 m強であり，枝洞を合わせると総延長400 mに達し，日本の火山洞窟でも有数の規模である．

図1　井坑入口付近の様子.

図2　井坑の天井に見られる溶岩流出時にできた痕跡.

洞内の様子

案内板付近から観光井抗の入口へ降りていくと，幅6.5 m，高さは3.5 mほどの洞窟の入口があり（図1），広さを保って100 m以上は探査が可能である．奥の経路を合わせると400 mほどの長さになる．

保存井抗は100 mほど離れた場所から入る．こちらは国天然記念物に指定された洞窟である．保存井抗では経路がゆるやかに屈曲しながら下って行き，約200 m地点で水没する．

これら2つの洞窟は典型的な溶岩トンネルであり，壁や天井では溶岩が流出した際にできたと思われる痕跡が見られる（図2）．現在，2つの洞窟の入口は施錠されており，入洞のためには五島市文化観光課への届出と許可が必要である．

固有の生物

井坑からは3種のコウモリや多数の洞窟棲昆虫が確認されており，生物学的にも貴重な洞窟であるといえる．なかでも富江高校生物部によって，水没部から発見されたドウクツミミズハゼは全国的にも希少な魚であり，絶滅危惧種にも指定されている．【狩野彰宏・清川昌一】

ふうれんしょうにゅうどう

風連鍾乳洞—閉鎖空間で保たれた純白の鍾乳石—

Furen Cave

【所在地】大分県臼杵市野津町泊
【地層帯】秩父帯
【地層】石灰岩
【年代】ペルム紀
【規模】横穴と竪穴の複合洞窟，総延長は500m.
【観光洞】3月～10月は9:00～17:00，11月～2月は9:00～16:00の営業.
【管理】（有）風連鍾乳洞観光協会
【指定】国天然記念物

地質と洞窟の概要

ペルム紀やジュラ紀の石灰岩を含む秩父帯は四国地方に広く分布するが，その西方延長は大分県と熊本県まで延長する．ペルム紀の石灰岩は大分県に多く分布し，津久見市には複数の石灰石鉱山がある．

風連鍾乳洞は石仏で有名な臼杵（うすき）市南部にある．1926年に発見され，翌年，国の天然記念物に指定された．

風連鍾乳洞は入口が1つしかない閉塞的な洞窟で外気との交換が少ないため，洞内の気温は約16℃に保たれている．洞内には滴下水も多く，鍾乳石が多数発達している．発見されるまでは，人が入った形跡がなく，鍾乳石の保存がよいという特徴もある．

洞内の様子

入口から進むと，最初に不断の滝を見ることになる．比較的幅い広い経路を抜けると，いくつかの滝が現れる．コース中央にある瑞雲の滝は特に大きく高さ10mほどもある．その後，フローストーンが発達する小規模なホールに出る．ここでは，国内でも珍しいヘリクタイト（つらら石やストローが屈曲したもの）も観察できる．

細い経路を通過し，観光コース最奥にある大きなホールに達する．ここには，天上界（■図1）・竜宮城（■図2）・瑠璃（るり）の殿堂などと名づけられたみどころが密集している．天上界は高さ4m，直径1mの白い石柱で，表面には柱の表面を流れた水により，筋状の装飾が見られる．竜宮城は幅30m，奥行き20m，高さ20mほどのホールであり，天井や床には多数のつらら石と石筍が発達する見事な空間である．また，最奥地点では多数のつらら石が天井から成長している（■図3）．

風連鍾乳洞の鍾乳石は成長中の白色のものが多く，保存がよい点では九州でも最高レベルにあると評価できる．

【狩野彰宏】

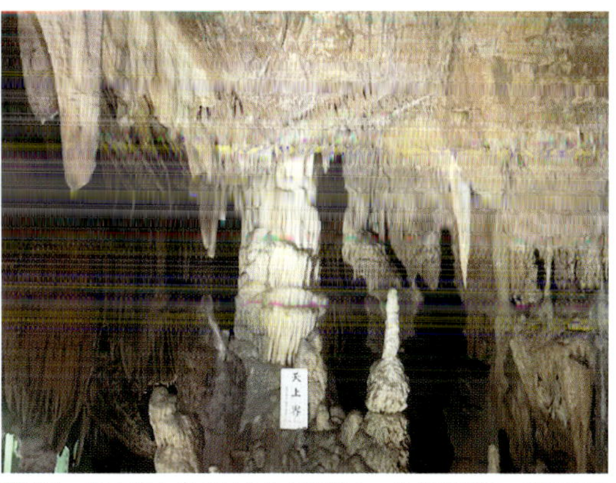

■図1　天上界と名づけられた直径1mほどの石柱．周囲にはつらら石や石筍も見られる．

■図2　竜宮城と名づけられた幅30m，高さ20mほどの空間．多数のつらら石，石筍，石柱のほか，右手にはフローストーンのマウンドもある．

■図3　最奥地点から観察できる多数のつらら石．

稲積水中鍾乳洞(いなづみすいちゅうしょうにゅうどう)—阿蘇山噴火により水没した洞窟の下層—

Inazumi Submerged Cave

【所在地】大分県豊後大野市三重町大字中津留
【地層帯】秩父帯
【地層】石灰岩
【年代】石炭紀～ペルム紀
【規模】横穴主体，総延長1000m以上.
【観光洞】9:00～17:00の営業．予約すれば水中部分の入洞も可能.
【管理】カイセイ地所トラスト株式会社

■図2　新生洞に発達する鍾乳洞.

■図3　通路の天井に発達するつらら石.

地質と洞窟の概要

大分県南部の津久見(つくみ)市から豊後大野(ぶんごおおの)市には古生代後期の石灰岩体が点在する．その1つの稲積山岩体に発達した洞窟が稲積水中鍾乳洞である．この洞窟は総延長1000 mに達するが，その多くが水中に没している．水没の原因は約8.5万年前に阿蘇山から噴出した溶結凝灰岩であり，それが地下水を堰き止めたとされる (藤井・西田，1999).

豊後大野市一帯は，おおいた豊後大野ジオパークに認定されており，付近には阿蘇山の凝灰岩が作る原尻の滝などの見どころも多い.

洞内の様子

稲積水中鍾乳洞は横穴主体の洞窟であり，一般観光ルートの長さは500 m弱である．入口から70 mほど進むと洞窟は二手に分かれる．右手の"水中洞"は地下水面付近を水没した洞窟 (■図1) を眺めながら"示現の淵"と名づけられた地底湖へ達する．水中洞ではヘリクタイトが観察できるものの，通路沿いには鍾乳石の発達は少ない.

■図1　ライトアップされた水中洞窟の経路.

左手の"新生洞"はやや高いレベルにあり，つらら石，石筍，石柱など多くの鍾乳石が観察できる (■図2，3)．滴下水がある場所では，成長中の鍾乳石も見られる.

本洞の水中洞窟には予約すればシュノーケリングにより入洞することができる．水中にはかつて成長していたと思われる石筍などの鍾乳石が見られ，幻想的な空間が広がっている．鍾乳洞の水中観察ができるのは，国内では稲積水中鍾乳洞のみである.

稲積水中鍾乳洞では洞窟環境の計測研究が行われていた (大沢，2009)．鍾乳石は洞内の二酸化炭素分圧が低下する冬季に成長すると考えられている.

また，洞窟の周囲には美術館や資料館が併設されており，アンティークショップなどの売店も充実している．4～10月にはキャンプ場も営業している.

【狩野彰宏】

宮崎県の洞窟 ―神話の国の伝説と信仰の場―

宮崎県は九州では鹿児島県に次いで面積が広いが，大きな石灰岩体がないため，鍾乳洞は少ない．ただし，県北部には黒瀬川帯に属する小規模な石灰岩があり，高千穂町の栂の滝鍾乳洞と日之影町の七折鍾乳洞がある．

高千穂町黒仁田にある栂の滝鍾乳洞は，烏帽子岩の石灰岩に開口する長さ80 mの洞窟である．内部に水は少ないものの，つらら石や石筍などの二次生成物も見られる．

日之影町七折にある七折鍾乳洞は，上野岳の中腹に開口する長さ140 mの洞窟である．小規模な支洞があり，そこにはよく保存された石柱や石筍などの鍾乳石が見られる．

2つの鍾乳洞はともに国の天然記念物にも指定されており，栂の滝鍾乳洞の入洞には高千穂町教育委員会から，七折鍾乳洞の入洞には日之影町教育委員会からの許可をとる必要がある．また，2つの洞窟では貝類の研究も行われている（Minato, 2005；石川，1958）．

2つの洞窟がある近くには名勝として有名な高千穂峡がある．ここでは，阿蘇山の2回の巨大噴火により積もった溶結凝灰岩が，五ヶ瀬川により削られ，高さ100 mに達する深い峡谷になっている．両側の断崖には溶結凝灰岩の柱状節理が発達し，観光客は貸しボートに乗って景観を楽しめる．

また，付近の天岩戸神社は『日本書紀』の伝説にも記される観光地になっている．川を隔てた神社の対岸の天安河原には，河川の侵食によってできた洞窟がある．幅40 m，奥行き30 mの洞窟は仰慕窟と呼ばれ，内部には鳥居と社殿が設置され，多くの石積みがある（■図1）．

『日本書紀』の記述によると，仰慕窟は太陽神である天照大御神が隠れた場所であり，そのことで飢饉や疫病が起こった．困った神々は様々な画策により天照大御神を洞窟から連れ出し，世の中が平和に戻ったという伝説がある．この洞窟はパワースポットとしても有名である．天岩戸神社では神話にまつわる神楽が年3回奉納され，多くの拝観者が訪れる．

宮崎県の海食洞としては日南市の鵜戸神宮が挙げられる．周囲には中新世の宮崎層群の堆積岩が広がり，波の侵食を受けてできた棚状の地形やノッチも発達する．海食洞は鵜戸神宮の北200 mの場所にある．高さ10 m，幅50 mほどの洞窟空間には，鳥居や社殿が作られており波切神社（■図1下）と呼ばれている．海食洞の床面は標高8 mに位置し，海食作用の後に，隆起したものと考えられる．鵜戸神宮にも神武天皇の父神の誕生にまつわる伝説が残されている．

宮崎層群の堆積岩層に発達する海食洞は日南市梅ヶ浜や旧南郷町（現日南市）の深鍋海岸にも見られる．また，県北部の日豊海岸国定公園ではリアス式海岸が連続し，小規模な海食洞が発達している．

神話の国である宮崎県では，神聖な場として洞窟にまつわる伝説が多数残されている．河食洞や海食洞では神社や鳥居が設置され，今も信仰の場所として祀られている．【狩野彰宏】

■図1　神話の舞台となった宮崎県にある河食洞と海食洞．（上）高千穂町の河食洞である仰慕窟．（下）日南市の波切神社の海食洞．

10-11

球(きゅう)泉(せん)洞(どう)—豪雨災害から復活した南九州最大の鍾乳洞—

Kyusen-do Cave

【所在地】熊本県球磨村大瀬
【地質帯】秩父南帯三宝山ユニット
【地層】石灰岩
【年代】ペルム紀～三畳紀
【規模】横穴主体，測線延長は約5km，高低差は約50m.
【観光洞】9:00～17:00の営業（水曜は定休日）．探検コースはヘッドライトとヘルメットが必要（受付で借用できる）.
【管理】球磨村森林組合

洞窟の概要

九州の秩父帯は大分県南部から熊本県南部へと連続する．秩父南帯三宝山層群の石灰岩が広く分布し，カルスト地形が発達している．この地域には，高沢鍾乳洞や上瀬石灰洞窟などの鍾乳洞がいくつかあるが，その中で最大のものが球泉洞である．球泉洞は1973年に愛媛大学探検部により発見された．総延長は約5000 mに達し，そのうち800 mが公開され

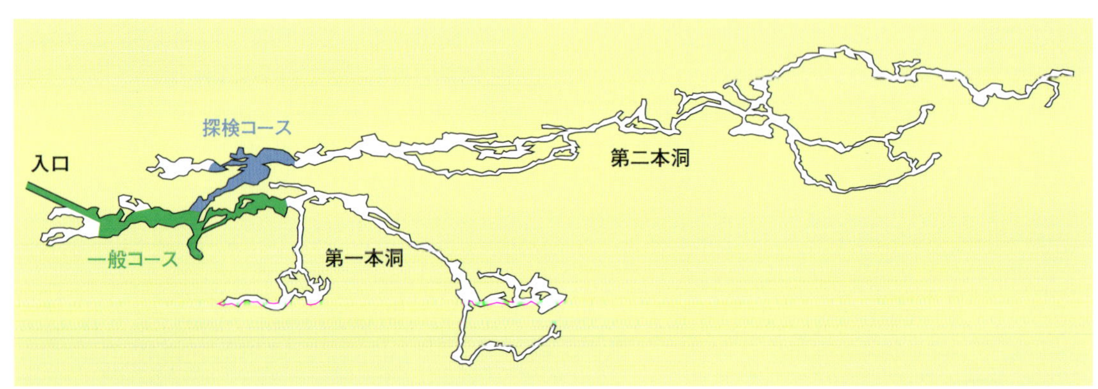

図1　球泉洞の洞窟経路．総延長は約5 kmに達する．色付きの部分が公開されている．

図2　球泉洞の「一般コース」．A）成長中のフローストーン．B）つらら石．C）石筍（手前）と石柱（奥）．D）洞内に見られる滝.

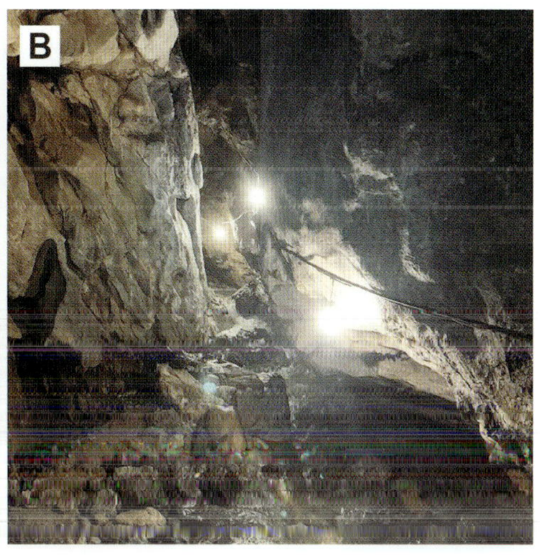

■図3　球泉洞の「探検コース」.
A）上層部にある経路．天井には地下水による溶解構造が見られる．通路には多くのコウモリが棲息している．B）最下層の地下河川．

ている．洞窟は高いレベルにある第一本洞と低いレベルの第二本洞に二分される（■図1）．球泉洞は外気との交換が制限された閉鎖的な空間であり，洞内の気温は年間を通じて16℃に保たれている．安定した気温を利用して，球泉洞では球磨(くま)焼酎を保管する棚があり，最長20年間熟成させることができる．

2020年7月の熊本南部豪雨では，球泉洞も土石流により甚大な被害を受け，閉鎖された．その後，1年5か月の復旧作業の後に公開に至った．再開時には隣接する売店や資料室が整備された．周囲には，多くの売店，宿泊施設やキャンプ場もあり観光施設として充実している．また，洞外の散策路では石灰岩中に大型二枚貝のメガロドン化石（田村，1992）を観察できる．

洞内の様子

国道沿いに作られた坑道から入洞すると第一本洞西側の「一般コース」に入る．横穴的な経路である一般コースの前半では水が少ないが，小規模な湧水がある場所ではフローストーン状鍾乳石が成長している（■図2A）．通路沿いには鍾乳石が多く発達しており（■図2B,C），成長中のものもある．一般コースの中央にあるホールにも鍾乳石が多く観察できる．後半部に入ると水が多くなり，いくつかの滝が観察できる（■図2D）．

第二本洞の一部は「探検コース」として公開されている．ここでは地下水による溶食で発達した平坦な通路（■図3A）に入る通路の天井にはスカラップなどの溶解構造が見られる．この通路を通過すると，竪穴部分に入り長く急傾斜の階段を降りて最下層へと到達する．「探検コース」の最奥は地下河川になっている（■図3B）．川沿いにしばらく進むと「探検コース」の終点となり，鉄柵の向こう側に発達する多数の石筍とつらら石が観察できる（■図4）．

■図4　球泉洞「探検コース」の最奥に発達する石筍とつらら石.

一般コースと探検コースを見るかぎり，球泉洞には3つ以上の洞窟レベルがある．最上位と最下位のレベルには50 mほどの標高差があり，長期間の石灰岩の溶食により地下水面が低下したと思われる．

学術研究

球泉洞はオヒキコウモリやヒナコウモリの生息場にもなっている（坂田ほか，2022）．グアノが堆積していることもあり，リン酸塩鉱物の報告もある（真木・鹿島，1997）．

【狩野彰宏】

関連サイト

[1] 球泉洞 website　https://kyusendo.jp/

10-12

溝ノ口洞穴(みぞのくちどうけつ)—シラス台地に開くパワースポット—

Mizonokuchi Cave

【所在地】鹿児島県曽於市財部町下財部
【地層】入戸火砕流堆積物
【年代】第四紀更新世（約3万年前）
【規模】全長は約209.5m，幅14.6〜24m，高さ4.5〜6.4m[1]．
【管理洞】入場無料．入口で懐中電灯が借用できる．
【指定】国天然記念物

周囲の地質

現在も活発に噴火する鹿児島県の桜島は，鹿児島湾北部に位置する直径約20 kmの姶良(あいら)カルデラの南縁にある．このカルデラは2.9万年前に巨大噴火を起こした．この時に噴出した入戸火砕流は，鹿児島県で厚さ150 mに達するシラス台地を作る．これにより九州の旧石器時代人はほぼ絶滅した．また，この噴火による火山灰は直径2000 kmの地域に分布し，姶良Tn火山灰として地層対比のための重要な鍵層になっている．より小規模な噴火は継続し，その約3000年後に桜島火山が誕生した．

溝ノ口洞窟はこの噴火と火砕流による凝灰岩中に発達したものである．

洞窟の様子

溝ノ口洞穴は溝ノ口川支流の奥にあり，幅広い入口（■図1）と経路をもつ全長209.5 mの洞窟である[1]（鹿児島県教育委員会，2002）．洞窟はゆるやかに屈曲しながら北西方向へと伸びている．入口から見て左側には地下水が流れている（■図2）．

この洞窟は他の火山洞窟とは違い，地下水による侵食作用でできたと考えられている（大木・前田，2015）．天井付近にある固い溶結凝灰岩に比べると，空洞があるレベルの凝灰岩は侵食に弱い．そこに長期間にわたり流れる地下水の侵食作用により洞窟が発達したという説である．

洞窟の天井には直径40 cmくらいの円形の空洞が多数発達する．これは凝灰岩が溶結した際の脱ガスによるもので，「吹き抜けパイプ」と呼ばれる構造である．他の火山洞窟に見られるような，溶岩が流れた痕跡は明確ではない．洞穴内は縄文時代には住居になっていたとされ，巨大噴火から復活した九州での人類活動を研究するうえでも貴重な資料になっている．洞穴の入口前には鳥居と観音像が建てられており（■図1），信仰の対象になっていたことがうかがえる．また，洞内からの眺め（■図3）も神秘的であり，パワースポットとしても知られる．

【狩野彰宏】

関連サイト

[1]「国指定天然記念物　溝ノ口洞穴」https://www.city.soo.kagoshima.jp/kankou_event/rekisibunnka/siseki/files/mizonokutipanf.pdf

■図2　洞窟中を流れる地下水．

■図3　洞内からの神秘的な眺め．パワースポットとして観光客から人気がある．

■図1　入口手前に建てられた鳥居．

10-13

小島鍾乳洞（こじましょうにゅうどう）—出口から望む東シナ海の風景—

Kojima Cave

【所在地】鹿児島県伊仙町小島
【地層】琉球石灰岩
【年代】更新世
【規模】長さ約500m，比高約30mの横穴．
【未整備洞】かつては観光洞であったが，現在営業は停止している．

洞窟の概要

奄美・琉球群島の石灰岩地域に発達する地下河川は暗川（くらごう）と呼ばれる．暗川は島の外側へと流れ，海岸線まで達するものもある．鹿児島県徳之島西部の伊仙町（いせんちょう）小島に発達する鍾乳洞は典型的な暗川の特徴をもち，洞窟の出口からは東シナ海を望める（図1）．この洞窟が流出した水は小原海岸まで流れ，そこにはトゥファ 10-14 が発達している．

小島鍾乳洞はかつて観光洞として公開されていたようで，洞窟に至る道や洞内経路に沿って階段や舗道が整備されている．一部は老朽化しているものの安全な探査が可能である．

徳之島南部には銀竜洞（きんりゅうどう）という洞窟もあるが，観光化されていない．ただし，地元民により歩道は整備されている．また，徳之島の天城町（あまぎちょう）浅間湾にはウンブキと呼ばれる海中洞窟がある．さらに，2019年には日本最大級の海中洞窟が発見された．これらの洞窟からは土器が発見されており，海面が低かった時期に住居となっていたと思われる．

図1　小島鍾乳洞の出口から見た東シナ海．

図2　小島鍾乳洞に発達する石筍やつらら石．

洞内の様子

洞窟入口から階段を20 mほど進むと大きなホールに出る．その先に高さ10 mほどの滝が流れており，流下ポイントを回り込むように進むと，そこからは地下河川に沿った平坦な経路になる．この辺りは洞窟堆積物によってできたテラスがあり周囲の壁や天井には多くの鍾乳石が発達する（図2）．滴下水も豊富にあり，成長中の純白の石筍なども認められる．

その先は，暗川に沿った経路になる．鍾乳石は少なくなり，崩落した石灰岩の巨礫が見られる．一部天井が低かったり水が深い部分もあるが，ヘッドライトがあれば安全に洞窟の出口（図1）までたどり着き，海を見渡せる．

出口は石灰岩の断崖になっており，沢沿いに海岸へと達するが，降りるのは危険である．

【村田　彬・狩野彰宏】

小原海岸（こばるかいがん）のトゥファ

Tufa on Kobaru Beach

【所在地】鹿児島県伊仙村小島
【地層】琉球石灰岩
【年代】更新世
【規模】海岸線沿いに約1500m，最大比高20m．

徳之島の地質と琉球石灰岩

奄美群島の徳之島は，南北20 km東西10 kmの島であり，その南部には更新統琉球層群の石灰岩が広く分布する（図1A）．石灰岩は中古生代の基盤岩と更新世の砂岩の上に発達したサンゴ礁であり，厚さは最大で100 mを超える．その中には小島鍾乳洞 10-13 や銀竜洞などの洞窟が発達している．

トゥファの分布と産状

石灰岩層に滞留する水は島の南西部の海岸に沿って湧出する．中でも，伊仙町小原海岸には多数の湧水が発達し，石灰岩の斜面から海岸へと流れ，流路沿いでトゥファを堆積する．

小原海岸でのトゥファは高さ20 mのウトゥムジの滝（図2）を中心に延長1.5 kmの範囲に発達する（図1B）．トゥファは湧水点の標高と海岸地形を反映して多様な形態を示す．湧水が高い位置にある場所では，崖に沿ってトゥファがオーバーハングするように成長し，流下する水からもマウンド型のトゥファが発達する（図3）．湧水が斜面上にあるケースではフローストーン状のトゥファが発達する（図4）．

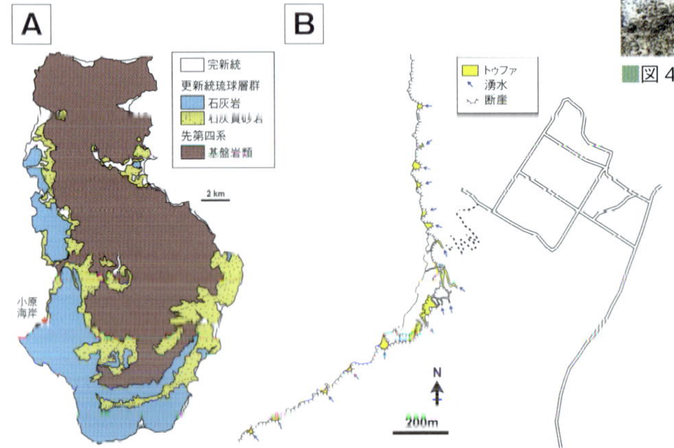

図1　徳之島の地質図（A）と小原海岸のルートマップ（B）．地質図は，山田ほか（2003）を簡略化．

図2　ウトゥムジの滝．

図3　石灰岩の崖沿いに発達するマウント型のトゥファ．

図4　斜面上に発達するフローストーン状のトゥファ．

トゥファの色は表面に付着する微生物群集によって変わる．日当たりの悪い沢の流路ではシアノバクテリアが多くなり，表面は緑色になる．一方，日当たりのよい海岸では紅色光合成細菌により，オレンジ色の表面になる．

トゥファには年縞が発達しており，同位体や微量元素の分析が進められている．今後の研究で昔の気候条件が復元されるかもしれない．【村田　彬・狩野彰宏】

10-15

昇竜洞

―県天然記念物に指定される沖永良部島の鍾乳洞―

Shoryu-do Cave

【所在地】鹿児島県大島郡知名町住吉
【開口海抜高度】約150m
【規模】全長は3.5km以上の横穴，うち600mが公開されている．
【観光洞】9:00～17:00の営業．
【管理】おきえらぶフローラル株式会社
【指定】奄美群島国立公園，県天然記念物．

地形と地質

沖永良部島(おきのえらぶじま)は，琉球列島の中琉球に属する奄美群島の島である．島の南西部にある大山(おおやま)（標高246 m）を取り巻くようにサンゴ礁複合体の第四系琉球層群が段丘状に広がる（中川，1967）．石灰岩は層厚100 mに達する部分もあり，基盤岩を不整合に覆っている（Iryu et al., 1998）．一年を通して温暖湿潤な亜熱帯海洋性気候であり，広い範囲で石灰岩の溶解が進行している．ドリーネやウバーレ，ラピエ，カレンなどのカルスト地形とともに，200以上の鍾乳洞がある日本有数の洞窟密集地帯である．湧水や暗川(くらごー)なども100近くあり，古くから生活用水として利用されている．

昇竜洞は大山の南西側に位置する．1963年に愛媛大学学術探検部の調査団によって発見され（山内，1965），整備された．現在は洞窟の一部（約600 m）が観光洞として一般公開されている．県の天然記念物であり，洞窟一帯が国立公園に指定されている．

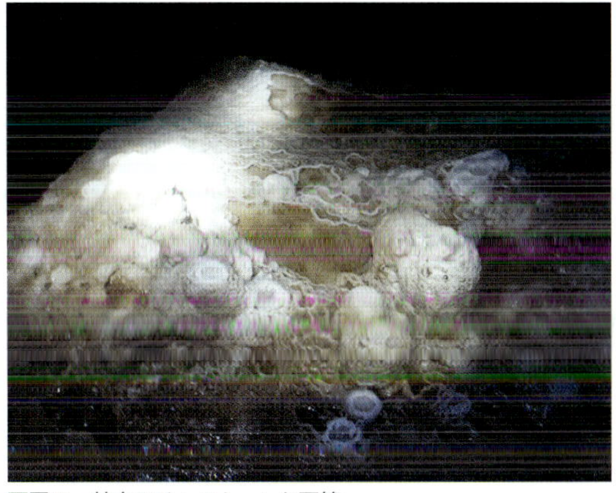
図2　純白のリムストーンと石筍．

洞内の様子

洞口は大きく開いており外気との交換はあるが，洞内には地下水が豊富に流れており，比較的に高い湿度（85％以上）を保っている．洞内の気温は16～23℃の範囲で季節変化し，二酸化炭素濃度は外気と比べると若干高い．洞内の空間は縦方向にも広がっており，最高20 mの高さがある．

広く開いた洞口には数多くのつらら石が見られる（図1）．洞内には30万を超える鍾乳石が形成されており，ストロー，つらら石，石筍，石柱，フローストーン，カーテン，リムストーン，ケイブコーラルなど多様である．特に，高さ10 m以上に発達した乳白色～黄白色のフローストーンの集合体には圧倒される．鍾乳石の多くは主に白色～茶色を呈している．滴下水が豊富な場所では，ストローやリムストーン，石筍が成長している（図2）．暗灰色を呈する鍾乳石の表面には粘土鉱物，ダスト，藻類・カビ類が付着していると考えられている（大庭ほか，1985）．

【浅海竜司】

図1　大きく開いた洞口．

関連サイト

[1] 昇竜洞ホームページ　https://www.chinatyo-syoryudo.com/

銀水洞（ぎんすいどう）
—沖永良部島の最高峰の洞窟，銀白の鍾乳石が広がる—

Ginsui do Cave

【所在地】鹿児島県大島郡知名町田皆
【地層】琉球石灰岩
【年代】更新世
【規模】長さ約3kmの横穴
【未整備洞】入洞には，沖永良部島ケイビング協会もしくは沖永良部島ケイビングツアーNEXTのガイドが必要．水に濡れるのでウェットスーツや防水のライトは必須．

地形と地質

沖永良部島（おきのえらぶしま）は奄美群島に属する島である．大山（おおやま）（標高246 m）を取り巻くようにサンゴ礁複合体堆積物を主体とする第四系の琉球層群が段丘状に広く分布する（中川，1967）．石灰岩は最大層厚が100 mに達し，基盤岩の大部分を不整合に覆っている（Iryu et al., 1998）．温暖湿潤な亜熱帯海洋性気候であり，高い密度で植生とサトウキビ畑が地表を覆っているため，広い範囲で石灰岩の溶解が進行し，ドリーネやウバーレ，ラピエ，カレンなどの典型的なカルスト地形が発達する．地下水系が発達し，この島には200以上の鍾乳洞が存在する．日本有数の洞窟集中地域であるといえる．

洞窟の概要

銀水洞は水連洞 10-17 や大山水鏡洞 10-18 とともにガイドツアーで見学できる．銀水洞の見学コースは非常に長く，見学には5～6時間かかる．探検洞的な性格をもち，内部に発達する二次生成物やリムストーンプールは非常に美しく，テレビでもたびたび紹介されている．

図1　基盤岩上に発達する石筍．

図2　銀水洞中央部のフローストーンの壁．

残念なことに，2023年6月後半の線状降水帯による集中豪雨で，銀水洞は土砂が流入する被害があった．ケイビングガイドによる復旧作業が続けられているが，洞内経路が長いため困難な作業になっている．

銀水洞では沖永良部島洞窟探検隊らによって洞内の測量が年々進んでいる．洞窟の長さは約3 km，高低差は約58 mである．洞内水系は概ね北西方向に流れており，洞口から最奥部まで何度もS字に曲がっている．洞口は狭く，洞内では地下水が豊富に流れており，高い湿度（95%以上）を保っている．洞内の気温は19〜23℃の範囲にあり，二酸化炭素濃度は外気よりかなり高い（冬季600 ppm〜夏季2000 ppm）．洞窟の奥に進むにつれて湿度と二酸化炭素濃度は高くなる．

洞内の様子

狭い洞口へと木々をかき分けて降りる．洞口には沢から水が流れ込んでおり，倒木などが多い．洞口から沢沿いを進むと鍾乳石が多くなり，300 mほどで「水くぐり」と呼ばれる狭洞に着く．ここは探検コースの最難関のポイントであり，狭洞を抜けると，空間は広く多様になり，水の流れに沿って奥へ進むことができる．

銀水洞の踏査経路は水が多く，鍾乳石の発達は極めてよい．フローストーン，ストロー，ヘリクタイト，つらら石，石筍，石柱，カーテン，リムストーン，石灰の華，ケイブコーラルなど多様な鍾乳石が観察できる．全体的に乳白色〜黄白色を呈しており，洞床に広がる黒色の基盤岩とのコントラストが特徴的である（■図1）．

銀水洞の見どころは，洞内奥に近いエリアに多い．「水くぐり」から500 mほど進むと高さ10 m，幅20 mほどの巨大なフローストーンの壁に着く（■図2）．ここでは，沢の両側から地下水が流れ込み，白色のフローストーンを沈澱させている．

この先の経路では次第にリムストーンプールが多くなる．しばらく行くとリムストーンプールが棚田状に拡がる広い空間に出る．水の透明度は極めてよく，その美しさに圧倒される（■図3）．洞内壁面には大型の造礁サンゴの化石も見られる．

【浅海竜司・吉田勝次】

関連サイト

[1] 沖永良部島ケイビング協会　https://okierabucave.com/
[2] 沖永良部島ケイビングツアー NEXT　https://caver.jp/

■図３　幻想的に広がるリムストーンプール．照明を設置して撮影した．

10-17

水連洞（すいれんどう）

—何段ものリムストーンプールが連なる沖永良部島の鍾乳洞—

Suiren-do Cave

【所在地】鹿児島県大島郡知名町大津勘
【開口海抜高度】約70m
【地層】琉球層群の石灰岩
【年代】更新世
【規模】長さ約800mの横穴.
【未整備洞】入洞には，沖永良部島ケイビング協会もしくは沖永良部島ケイビングツアーNEXTのガイドツアーに参加する（予約必要）.

地形と地質

沖永良部島には大山（おおやま）（標高246 m）を取り巻くように第四系サンゴ礁堆積物の琉球層群が段丘状に広く分布する（中川，1967）．石灰岩は層厚100 mに達する部分もあり，基盤岩の大部分を不整合に覆う（Iryu et al., 1998）．温暖湿潤な亜熱帯海洋性気候下で石灰岩の溶解が進行し，島にはドリーネやウバーレ，ラピエ，カレンなどの地形と，200以上の鍾乳洞が発達する．

洞内の様子

水連洞は大山の南西側に位置する．洞口から200 mほど進んだ先には陥没ドリーネがあり，天井が崩落して光が差し込んでいる．1974～1988年までは一部が一般観光洞として公開され，人工通路が残っている．洞口や崩落部からの外気交換によって，洞内の気温や湿度は季節変化を示す．奥へ進むにつれて閉鎖的な環境になり，湿度は90％以上で，気温は一年を通して21～23℃の範囲で安定する．洞窟の奥では二酸化炭素濃度は高く，500 ppm（冬季）～1000 ppm（夏季）で季節変化する．

洞内には階段状のリムストーンプールが数十地点で観察できる（■図1）．洞床には多量の地下水が流れている．本洞の中央部付近に形成されたプールは水深5 m以上もあり（太田ほか，1975），その先に進むと純白のストローが数多く形成されている．

さらに奥に進むと，大きな空間に達し，そこには純白の鍾乳石が多数発達している（■図2）．鍾乳石は，ストロー，つらら石，石筍，フローストーン，リムストーン，ケイブコーラルなど多様である．全体的に乳白色～黄白色，洞床は黄白色～茶色，洞壁は場所によっては暗灰色を呈している．石筍は水が流れている洞床には発達していないが，上部壁の一部には確認できる．【浅海竜司】

■図1　階段状に発達するリムストーンプール

関連サイト

[1] 沖永良部島ケイビング　https://okierabucave.com/
[2] 沖永良部島ケイビングツアーNEXT　https://caver.jp/

■図2　発達する純白の鍾乳石群.

大山水鏡洞（おおやますいきょうどう）—沖永良部島の地底12kmに走る鍾乳洞群—

Ohyama Suikyo-do Cave

【所在地】鹿児島県大島郡知名町上平川
【開口海抜高度】約130m（リムストーンケイブ），約70m（大蛇洞）.
【地層】琉球層群の石灰岩
【年代】更新世
【規模】総延長約12kmの横穴.
【未整備洞】入洞には，沖永良部島ケイビング協会もしくは沖永良部島ケイビングツアーNEXTのガイドツアーに参加する（予約必要）.

■図2　大蛇洞の様子.

地形と地質

琉球列島の中琉球に属する沖永良部島では，大山（標高246 m）の周囲に第四系サンゴ礁堆積物の琉球層群が広く分布する（中川，1967）.

石灰岩は最大層厚100 mに達し，基盤岩の大部分を不整合に覆っている（Iryu et al., 1998）．温暖湿潤な亜熱帯海洋性気候で，深い植生とサトウキビ畑が広く地表を覆う．石灰岩の溶解が進行し，ドリーネやウバーレ，ラピエ，カレンなどの典型的なカルスト地形が形成されている．この島には地下水系が非常に発達しており，200を超える鍾乳洞が存在する．中でも，大山の東麓から南東方向に海岸に達する大山水鏡洞は国内第2位の長さを誇る.

洞内の様子

大山水鏡洞は沖永良部洞窟探検隊らによって，洞内の詳細が探索されてきた．大山が違うリムストーンケイブと大蛇洞（だいじゃどう）の2つのコースがあり，内部で水鏡新洞や文迷洞などの洞窟と繋がり，総延長は12 kmに達する．比較的大きい洞口付近では外気との交換はあるが，奥に進むと地下水が豊富に流れており，高い湿度（90％以上）を保っている．洞内の気温は19～23℃で季節変化し，二酸化炭素濃度は400 ppm（冬季）から2000 ppm（夏季）の範囲で変化する．洞内の空間の広さと形状は変化に富む.

リムストーンケイブはその名の通り，洞内には何段にも連なった大きなリムストーンプールが広がっている（■図1）．数多くのつらら石が形成されており，石筍や石柱，フローストーン，ケイブパールもみられる．全体的に鍾乳石は黄白色～茶色を呈する．経路は比較的広く，初心者でも探査できる.

■図1　リムストーンケイブの様子.

大蛇洞にも，非常に多くのストローやつらら石が形成されており，石筍やフローストーンも各所に見られる（■図2）．水量が豊富で，多雨時には土壌を含む水に広く浸水することもあり，洞内の鍾乳石の多くは茶色を呈している．洞内の天井に近い場所には乳白色のストローや石筍が成長している．一部の経路は狭く，ほふく前進で通過する.

【浅海竜司】

関連サイト

[1] 沖永良部島ケイビング　https://okierabucave.com/
[2] 沖永良部島ケイビングツアーNEXT　https://caver.jp/

10-19

あかさきしょうにゅうどう
赤崎鍾乳洞
―鹿児島最南端のサンゴ礁の島・与論島に形成された鍾乳洞―
Akasaki Cave

【所在地】鹿児島県大島郡与論町麦屋
【開口海抜高度】約20m
【地層】琉球層群の石灰岩
【年代】更新世
【規模】全長約150m以上の横穴.
【観光洞】9:30～18:00の営業. 水曜は定休日.

地形と地質

与論島は, 沖縄島と沖永良部島の間に位置し, 琉球列島の中琉球に属する島である. 最高標高を97mとし, 平坦な段丘状の地形からなる典型的な低島である. 島の周囲のほぼ全域にサンゴ礁が発達している. 地質的には, 中生界の基盤岩とこれを不整合に覆う第四系琉球層群が, 島のほぼ全域に分布する(中川, 1967).

琉球層群は主に, サンゴ, 底生有孔虫, 石灰藻球などを含むサンゴ礁複合体堆積物(石灰岩)であり, 最大層厚は約70mである(Iryu et al., 1998; 小田原・井龍, 1999). 温暖湿潤な亜熱帯海洋性気候であり, 高い密度の植生やサトウキビ畑が地表を覆っているため, 石灰岩が溶解してカルスト化している. 島に大きな地表河川はなく, 水は地下水系を流れ, 小規模な鍾乳洞や洞穴(ガマ)が多く存在する.

洞内の様子

赤崎鍾乳洞は島の南東部に位置し, 洞口がドリーネの底部に開口している. 1965年に日本大学探検部によって発見され, 現在は観光洞として一般公開されている.

洞窟は横穴で洞床は直線に伸びており, 主洞から北支洞(130m)と南支洞(20m)がつながっている(九州大学探検部, 1974). 洞内には多くの二次生成物が形成されており, つらら石, フローストーン, カーテン, リムストーンが多い(■図1, 2).

洞床には泥や地下水が溜まっている箇所が多く, 鍾乳石が転がり, 直下に基盤岩が見られる. 多雨時には地表水や地下水が土壌とともに多量に流れ込んでくると考えられる. 洞内に形成された鍾乳石の多くは茶色～赤褐色を呈しており, 現在成長中の鍾乳石は少ない. 洞口が広く, 崩落部からも外気との交換があるため, 洞内の気温は外気温に近く, 湿度も高くない.

赤崎鍾乳洞には遺跡は確認されていないが, 洞内堆積物から人骨が出土している(竹中, 2018).

【浅海竜司】

■図1 洞窟の入口付近に発達したつらら石.

■図2 横穴型の洞内に見られる様々な鍾乳石.

関連サイト

[1] ヨロン島観光ガイド https://www.yorontou.info/spot/5169.html

11. 沖縄地方

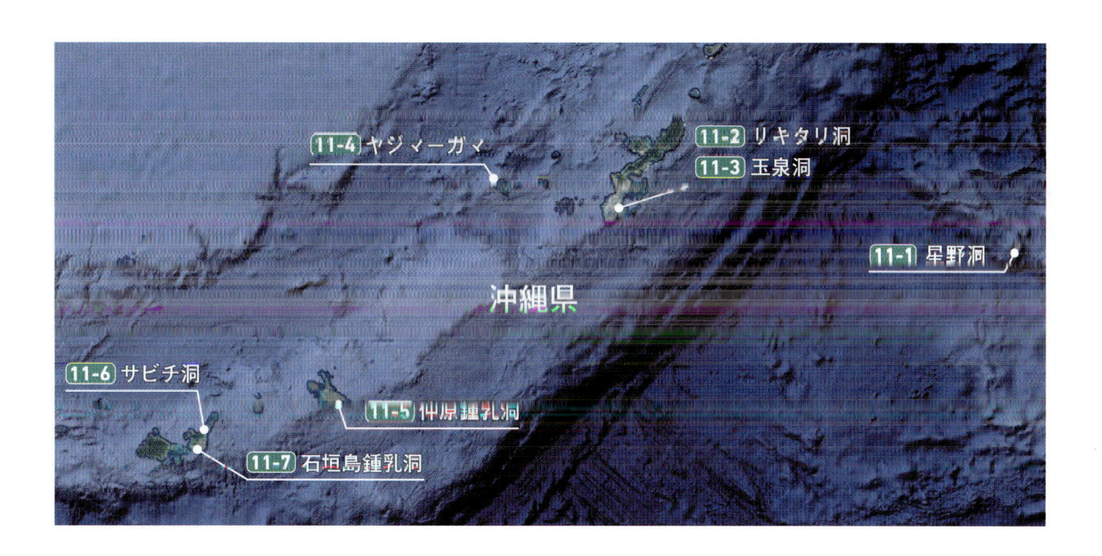

亜熱帯海洋性気候に属する沖縄には，690を超える多数の島が点在し，周囲の浅海域にはサンゴ礁が分布している．陸上には，第四紀更新世にサンゴ礁から陸棚にかけて形成された琉球石灰岩が分布する．石灰岩は沖縄の陸域の約3割を占め，層厚は100 m以上になる所もある．一年を通して降水量が多く気温が高いこと，地表には深い植生やサトウキビ畑が広く分布していること，琉球石灰岩が多孔質であることから，石灰岩の溶解が顕著に進行している．このため，ウバーレやドリーネといったカルスト地形が発達し，鍾乳洞や洞穴（沖縄の方言で“ガマ”と呼ばれる）が数多く存在する．石灰岩とその下位の不透水層の間には地下水帯が形成され，沖縄には1000か所を超える湧水が確認されており，古くには集落の生活用水として利用されてきた．貝塚の遺跡も多く，風葬跡や防空壕跡も見られるなど，沖縄の人々の生活や歴史と密接な関わりがある．

一般に公開されている鍾乳洞も多く，石垣島の石垣島鍾乳洞 11-7，沖縄本島の玉泉洞（右画像）11-3，南大東島の星野洞 11-1 は観光洞として有名である．崩落や陥没などがなく，外気との交換がほとんどない鍾乳洞では，洞内の湿度は一年を通して95%以上に保たれており，気温は約23℃で安定している．洞内の滴下水が豊富な所では，ストロー，つらら石，石筍，石柱，フローストーン，リムストーン，カーテン，ケイブパール，ケイブコーラル，ヘリクタイトなどの多様な二次生成物が形成されている．純白，黄白色，褐色を呈する鍾乳洞は神秘的で美しい．なかには1 mを超える石筍やつらら石，3 mを超える石柱も見られ，何千年，何万年，何十万年という長い時間をかけて造られた鍾乳石群を眺めると，ただただ圧倒されるばかりである．

また，琉球列島は日本人の移動経路にもあたり，住居となった洞窟も多い．石垣島の白保竿根田原洞穴や沖縄本島のサキタリ洞 11-2 では最終氷期の人類の遺物も出土しており，考古学的に極めて重要な遺跡でもある．【浅海竜司】

■壮大な鍾乳洞空間には数多くの鍾乳石が発達する（玉泉洞）．

11-1

星野洞（ほしのどう）

―断崖絶壁の孤島・南大東島，想像を絶する純白の鍾乳洞―

Hoshino-do Cave

【所在地】沖縄県島尻郡南大東村字北
【開口海抜高度】20～25m
【地層】ドロマイト質石灰岩
【年代】新第三紀中新世～第四紀更新世
【規模】総延長400m以上の竪穴.
【観光洞】受付時間は9:00～11:30，13:00～16:30.
【管理】南大東村役場

南大東島の地形と地質

南大東島は沖縄本島の約390 km東方に位置する海洋島で，島の地表および地下には礁性炭酸塩岩が広く分布する（島津ほか，2015）．島の周囲は海抜20～70 mの環状丘陵地であり，中央部は平均海抜10 mのすり鉢状になっている．低地にはドリーネやウバーレなどのカルスト地形が発達し，池や沼が数多く存在する（新井，1979）．

地質は主に，中新統～更新統のドロマイト質石灰岩からなり，その内部には100を超える鍾乳洞が存在する．一部の鍾乳洞では地底湖が広がっており，過去に形成された鍾乳石が地下水面下に沈んだ様子が観察される．一年を通して降水が多く気温が高い亜熱帯海洋性気候であり，高い密度で植生とサトウキビ畑が地表を覆っているため，広い範囲で石灰岩の溶解が進行している．

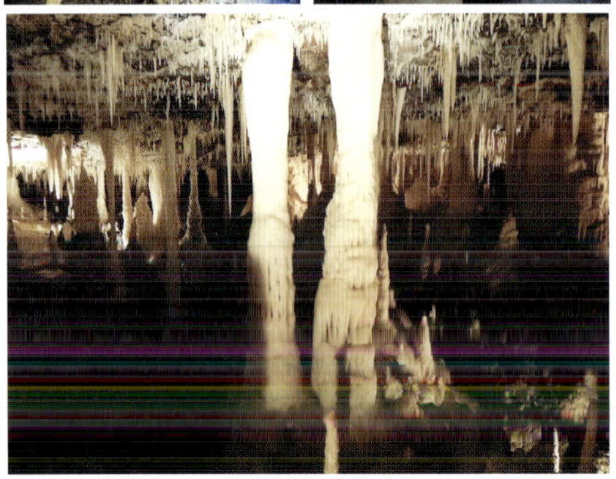

■図1　洞内に発達する鍾乳石.

洞内の様子

星野洞では，1994年から一部（約400 m）が公開されている．星野洞は竪穴型の洞窟である．島の北西部の海抜約25 mにある入口は三重の扉によって閉ざされており，洞内は一年を通して高い湿度（95%以上）に保たれ，気温は約23℃で安定している．

広い洞内に発達する無数の鍾乳石とその景観は，東洋一と呼ばれるに相応しく，圧倒されるほど美しい（■図1）．一般に，滴下水には地表土壌や母岩由来の不純物が微量ながら含まれるため，形成される鍾乳石は黄白色～褐色を呈することが多い．しかし，星野洞の鍾乳石の多くは純白～黄白色のカルサイト結晶からなっている．

二次生成物はストロー，つらら石，石筍，石柱，フローストーン，カーテン，ケイブパール，ヘリクタイトなど多様である．洞内の滴下水は一年を通して豊富で，多数のストローが急速に成長している（■図2）．長さ1 mを超える石筍やつらら石が数多く発達し，高さ4 mに達するほどの巨大な石柱も存在する．

【浅海竜司・植村　立】

関連サイト

[1] 南大東島村　http://www.vill.minamidaito.okinawa.jp/sight_03.html

■図2　成長する純白のカルサイトストロー.

11-2

サキタリ洞 ―旧石器人の暮らしを今に伝える洞窟―

Sakitari-do Cave

【所在地】沖縄県南城市玉城字前川
【地層】琉球石灰岩
【年代】第四紀更新世
【規模】床面積620m^{2}の貫通型石灰洞.
【観光洞・管理】株式会社南都の運営する観光施設「ガンガラーの谷」に所在．年中無休，要予約.
【特記事項】グスク時代から旧石器時代にかけての重層遺跡．石器時代遺物や人骨が発見された.

洞窟の概要

サキタリ洞は，沖縄島南部を流れる雄樋川によって形成された，玉泉洞ケイブシステム 11-3 に含まれる鍾乳洞である．床面積は約620 m^2，洞床の標高は約38 m，洞床中央付近の天井高約7 m，東西に洞口をもつ貫通型の洞窟である.

西側の洞口は雄樋川に面し，東側は陥没ドリーネに開口しており，このドリーネには玉泉洞の一部である「探検洞」も開口している．現在は，洞床をコンクリート舗装して観光施設として利用されている（■図1）.

考古学的研究

サキタリ洞では沖縄県立博物館・美術館などによる考古学発掘調査が2009年より実施され，雄樋川に面した西側洞口付近の調査区Iでは主に更新世の，東側洞口内側の調査区IIでは主に完新世の充実した遺物包含層が確認された（沖縄県立博物館・美術館，2010）．いずれの区画も，堆積物は大小の石灰岩礫が混ざる粘土・シルトである.

調査区Iでは，約1万年前に形成された多層のトラバーチンの下位に，複数の時代にわたる遺物包含層が確認されており，2023年現在で調査は3万5000年前の地層まで進んでいる．堆積層はさらに続くが，人類の活動痕跡がどこまであるかは未知数である.

日本列島の旧石器時代遺跡では石器以外の遺物が発見されることは稀だが，サキタリ洞では貝製品や動物遺骸などの有機質遺物が豊富に保存されており，この地域における旧石器時代の文化と暮らしを如実に物語る．特に世界最古の貝製釣針（2万3000年前）や貝製の打製刃器，貝ビーズと，文化遺物の大半が貝器で構成された文化は世界的にも類例がなく，石材は乏しいが貝殻は豊富な島嶼に適応した文化と位置づけられる（■図2）．また，食資源も河川棲のモクズガニやカワニナの利用が中心であり，こちらも大型陸上動物の少ない島嶼環境に適応した食資源利用といえる（藤田，2019）．こうした独特の文化と生活様式が解明された背景には，貝器や動物遺存体の保存に適した石灰岩洞窟の堆積環境も大きい.

調査区IIでは，遺物包含層が約500～8000年前に及ぶ完新世の複数時期にわたって確認された．さらに下層には1万年前から更新世に及ぶ堆積層があり，そこから埋葬墓も発見された（山崎，2015）．完新世の堆積層がほとんどない調査区Iに対し，調査区IIでは厚い完新世の堆積層が認められ，洞窟堆積物の形成を考えるうえでも興味深い．【藤田祐樹】

■図1　東側洞口から見るサキタリ洞.

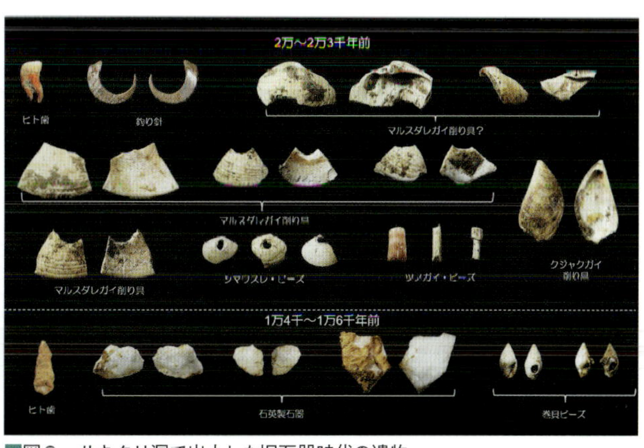

■図2　サキタリ洞で出土した旧石器時代の遺物.

玉泉洞（ぎょくせんどう）

—国内最大規模の沖縄の鍾乳洞，100万本の鍾乳石が眠る—

Gyokusen-do Cave

【所在地】沖縄県南城市玉城字前川
【開口海抜高度】25～30m
【地層】琉球石灰岩
【年代】第四紀更新世
【規模】総延長5km以上（接続洞窟を含めると7km）の横穴.
【観光洞】おきなわワールド内．営業は9:00～17:30（最終受付は16:00）.
【管理】株式会社南都

地形と地質

沖縄島南部には第四系のサンゴ礁複合体堆積岩（石灰岩）を主体とする琉球層群が広く分布しており（寒河江ほか，2012），鍾乳洞や洞穴（ガマ）が多数存在する．

南城（なんじょう）市には最大層厚100 mに達する石灰岩が分布し，玉泉洞周辺にはサキタリ洞や武芸洞などの複数の鍾乳洞が連結した水系システムがある（玉泉洞ケイブフェスティバル，1992）．近傍には雄樋（ゆうひ）川が流れ，石灰岩の一部は崩落して大きく洞口が開いている．不透水性の基盤岩を不整合に覆う石灰岩中の数多くの洞窟には地下水が豊富に流れる．

一年を通して降水が多く気温が高い亜熱帯海洋性気候であることや，サンゴ礁生物の石灰質遺骸などで構成された琉球層群は非常に多孔質であることから，広い範囲で石灰岩の溶解が進行している．

洞内の様子

玉泉洞は，国内最大級の広さと長さの鍾乳洞である．1967年の愛媛大学学術探検部による調査以降，数多くの学術調査が行われ，1972年に一部（約890 m）が観光洞として公開されている．洞内は一年を通して気温が約23℃と安定し，湿度は90％以上と高い．

標高25～30 mの入口から下った先に広がる東洋一洞（■図1）と多数そびえ立つ石筍や巨大な石柱，青の泉と呼ばれるエリアにあるリムストーン（■図2）の美しさには圧倒される．洞内には100万本を超える鍾乳石があり，ストロー，つらら石，石筍，石柱，フローストーン，リムストーン，カーテン，ケイブパール，ケイブコーラル，ヘリクタイトなど多様である．

洞内の滴下水も豊富であり，通路上にも多数の石筍が急速に発達する．また，出口付近の水溜まりには，冬季になると表面に析出物ができることがある．

玉泉洞内に堆積した砂礫層の中からは，哺乳類や爬虫類の化石が発見されている．また，石筍の化学組成の分析から，数万年前や数千年前の沖縄の気候を復元する研究も行われている（Uemura et al., 2016；Asami et al., 2021）．【浅海竜司・植村　立】

関連サイト

[1] おきなわワールド　https://www.gyokusendo.co.jp/okinawaworld/

■図1　入口の先に広がる東洋一洞.

■図2　幻想的にライトアップされたリムプール.

11-4

ヤジヤーガマ
—グスク時代・貝塚時代の遺物が残る久米島の鍾乳洞—
Yajiya-Gama Cave

【所在地】沖縄県島尻郡久米島町仲地
【開口海抜高度】約40m
【地層】琉球石灰岩
【年代】第四紀更新世
【規模】長さ約800mの横穴.
【未整備洞】10:00と14:00開始のガイドツアーに参加.
事前予約が必要.
【指定】町指定史跡

■図1　ヤジヤーガマへの入口.

地形と地質

久米島には，北部に宇江城岳（うえぐすくだけ）（標高309.9 m）と南部に阿良岳（アーラ岳）（標高287.4 m）を中心とした二つの山塊が発達する．島の地質は下位より，中新統の阿良岳層および島尻層群，更新統の琉球層群と完新統の海岸～低地堆積物から構成される（中川・村上，1975）．

琉球層群の石灰岩は，サンゴ，石灰藻球，有孔虫，砕屑物からなり，低海水準期から海進を経て高海水準期に至る過程で堆積したサンゴ礁複合体である．石灰岩は層厚最大50 mで，島北西部の段丘面に広く分布し，下位の基盤岩を不整合に覆う（江原ほか，2001）．

島北西部には地表河川はなく，地下水系が発達しており，多くの鍾乳洞や洞穴（ガマ）が形成されている．石灰岩が非常に多孔質であり，温暖湿潤な気候，高密度の植生やサトウキビ畑の分布により，溶解作用が顕著に進行する．一方，島の北西部以外では樹枝状の水系が発達し，地表河川が存在する．

洞内の様子

ヤジヤー（ヤジャー）ガマは，島北西部の円形に陥没したドリーネ状の竪穴から水平に広がった洞窟である．開口部は3か所あり，一般公開されている（■図1）．洞口は大きく開口しており，日が差し込んで明るい．

洞窟内には空気の流れ（ベンチレーション）が生じている．湿度は外気より若干高いものの，二酸化炭素濃度は外気とほぼ同じである．

滴下水などの水の量は少なく，洞内壁面は若干乾燥している．現在成長している鍾乳石は少ない．しかし，石灰岩地形が大きく崩落する以前に形成されたと思われる多くの二次生成物（つらら石，石筍，石柱，フローストーンなど）がある（■図2）．全体的に，二次生成物は茶色～暗灰色を呈しているが，一部に純白色な鍾乳石が見られる．

洞窟とその周辺には貝塚遺跡や古墳，風葬跡などがあり，絶滅危惧種も生息しているため，保護の観点から入洞には注意が必要である．遺跡からは貝塚時代～グスク時代の土器や炭化した穀物類などが出土している（安里，1975）．　【浅海竜司】

関連サイト
[1] 久米島町観光協会　https://www.kanko-kumejima.com/

■図2　洞内に見られる二次生成物.

11-5

仲原鍾乳洞（なかばりしょうにゅうどう）

—南琉球のサンゴ礁の島・宮古島に形成された鍾乳洞—

Nakabari Cave

【所在地】沖縄県宮古島市城辺友利
【地層】琉球石灰岩
【年代】第四紀更新世
【規模】延長270mの横穴．海抜高度は35〜40m.
【観光洞】10:30〜16:00（木曜定休）．個人経営であり，入洞には予約が必要．

地形と地質

南琉球に位置する宮古島は，標高100 mを超える高所は数少なく，大部分は標高80 m以下の低平な島である．地質は鮮新統島尻層群，更新統琉球層群，完新統の海岸堆積物よりなる（中川ほか，1976）．不透水性な島尻層群の砂岩泥岩を透水性のよい琉球層群の石灰岩が不整合に覆っている．宮古島ではこの地質学的特徴を利用して大規模な地下ダムが建設されており，島民の生活に利用されている．

サンゴ礁複合体堆積物である琉球層群は島のほぼ全域に分布し，厚さは最大で100 mである（中森，1982）．地表には植物とサトウキビ畑が広がり大きな河川はない．ウバーレやドリーネといったカルスト地形ならびに地下水系が発達しており，鍾乳洞や洞穴（ガマ）が数多く形成されている．宮古島南部の鍾乳洞にはフローストーンやリムストーンが発達する．宮古島の北西に位置する下地島（しもぢ）には，ドリーネ地形の下に海底洞窟もある（安谷屋，2014）．

洞内の様子

仲原鍾乳洞は，宮古島南東部のサトウキビ畑が広がる石灰岩地帯にある．ドリーネが大きく陥没し，天井が崩落しているため，洞口には日が差し込んでいる（■図1）．洞窟はゆるやかに傾斜した横穴型で，長さは約270 m，幅は約10 mである．

洞内には，大型のつらら石や石筍，カーテンなどが数多く形成されている．現在，洞内はライトアップされ，洞口が大きく開いているため外気の流入があって外気温に近い．洞内の湿度は外気より若干高いものの，滴下水の量は少なく，洞内の壁面は広範囲に乾燥している．そのため，現在成長している鍾乳石は多くはない．

■図1　陥没ドリーネに覗く洞口.

洞口部が大きく開く前の閉鎖的な空間が維持されていた時代に，数多くの洞窟二次生成物が成長していたことがわかる（■図2）．　【浅海竜司】

■図2　形成されたつらら石とカーテン.

関連サイト

［1］仲原鍾乳洞　https://www.ekiten.jp/shop_93498753/

11-6

サビチ洞(どう) —サンゴ礁の海へと繋がる石垣島の鍾乳洞—

Sabichi-do Cave

【所在地】沖縄県石垣市伊原間
【地層】琉球層群大浜層
【年代】第四紀更新世
【規模】横穴．総延長は300m以上．海抜高度は25〜30m．
【観光洞】10:30〜16:00（木曜定休）
【管理】伊原間観光開発株式会社

■図1　サビチ洞の入口．

地形と地質

南琉球に位置する石垣島には，沖縄県最高峰の於茂登岳(おもとだけ)（標高525.5 m）があり，琉球列島の中では地形学的に高島に分類される．伊原間(いばるま)地域は島北部の平久保(ひらくぼ)半島と野底(のそこ)半島の間に位置し，標高約238.5 mのはんな岳がある．この地域には，中古生界の変成岩類から構成されるトムル層とそれを傾斜不整合に覆う更新統の琉球層群大浜層が分布する（金子ほか，2003；中川ほか，1982）．

サビチ洞は不透水層である基盤岩のトムル層と琉球石灰岩の不整合層準付近に発達する．一年を通して降水量が多く，地表には高い密度で植生が分布するため，多孔質である大浜層石灰岩の溶解が進行している．

洞窟の様子

サビチ洞は主洞部分が約237 m，支洞部分が約85 mあり，観光洞として一般公開されている．石灰岩の崩落や陥没により，入口と出口は大きく開口している（■図1）．洞内は広く横穴型で，幅は平均約15 m，高さは最高12 mある．入口からゆるやかに傾斜した通路を進み，出口を抜けるとサンゴ礁が広がっており（■図2），干潮時には容易に海岸に出られる．

洞口が大きいため外気との空気の流れ（ベンチレーション）が生じており，洞内の気温は外気温に近く季節変化する．洞内の湿度は外気より若干高いものの，二酸化炭素濃度は外気とほぼ同じである．滴下水の量は少なく，洞内壁面は若干乾燥している．

洞内にはつらら石，石筍，石柱，カーテンなどの鍾乳石が多く見られる．しかし，現在成長中の鍾乳石は少なく，これらは洞窟がより閉鎖的だった時期に形成されたと思われる．洞内の母岩中には，シャコガイ殻や造礁サンゴ群体の化石も見られる．

八重山諸島では1771年の明和大津波をはじめ，過去に複数回の津波が襲来した．サビチ洞の出口部分は低海抜で海岸と面しているので，津波や高波によって洞内に海水や土砂が流入し，それによって鍾乳石や洞窟地形が影響を受けた可能性が考えられる．

【浅海竜司】

関連サイト

[1] 伊原間観光開発（株） https://www.ishigaki-ibaruma.com/

■図2　出口の先に広がるサンゴ礁．

11-7

石垣島鍾乳洞（いしがきじましょうにゅうどう） ―日本最南端にある石垣島最大の観光鍾乳洞―

Ishigaki Island Cave

【所在地】沖縄県石垣市石垣
【地層】琉球層群
【年代】第四紀更新世
【規模】横穴が主体．総延長は3.2kmのうち660mが公開．海抜高度は45～50m．
【観光洞】9:00～18:30（受付は18:00まで）．
【管理】株式会社南都

地形と地質

石垣島は琉球列島の南琉球に属しており，沖縄県最高峰の於茂登岳（おもとだけ）（標高525.5 m）がある．琉球列島の中では地形学的に高島に分類される．島の南部には標高230.1 mのバンナ岳があり，その南側には琉球層群の石灰岩が広く分布している．これは第四系のサンゴ礁堆積物であり，高さ80 m以下の段丘を構成している（中川ほか，1982）．

石垣島鍾乳洞の周辺には大きな地表河川はなく，地下水系が発達している．不透水層である基盤岩を傾斜不整合に覆う琉球層群の中に，鍾乳洞や洞穴（ガマ）が数多く形成されている．

石灰岩はサンゴ，有孔虫，石灰藻などの生物遺骸からなり，非常に多孔質である．それに加えて，一年を通して降水量が多く気温が高い亜熱帯海洋性気候であり，地表には高い密度で植生やサトウキビ畑が分布しているため，一帯の石灰岩では溶解が顕著に進行している．

洞内の様子

石垣島鍾乳洞は島内最大の鍾乳洞で，観光洞としては日本最南端に位置する．1994年に"竜宮城鍾乳洞"としてオープンし，2002年に改名された．全長は約3.2 kmであり，そのうち約660 mが観光洞として一般公開されている．洞内の気温は，一年でおよそ15～25℃の範囲で季節変化を示す．開口部を通じて外気との流れが生じているものの，洞内湿度は90％以上で，二酸化炭素濃度は500～3000 ppmと高い．

入口の階段を下れば，色とりどりのイルミネーションによって幻想的な洞内空間が広がっている．洞壁は比較的乾いているが，滴下水などの水が多い場所では，ストロー，つらら石，石筍，石柱，カーテンなど多様な鍾乳石が見られる（■図1）．

■図1　成長中の純白の鍾乳石．

観光洞エリアの中央部には，"神々の彫刻の森"と呼ばれる広さ約800 m^2，高さ約6 mの巨大な空間がある（■図2）．ここには直径3 m強の石柱がそびえ立っており，数多くの石筍が形成されている．洞内の母岩中には，シャコガイ殻や造礁サンゴ群体の化石も見られる．【浅海竜司】

関連サイト

[1] 株式会社南都　https://www.ishigaki-cave.com/

■図2　洞内に形成された巨大な空間の"神々の彫刻の森"．

文　献

◉全　般

本文では言及していないが,「日本の洞窟」を知るうえで役に立つ文献に加え, 洞窟学 (Speleology) 全般と各分野を学修できる文献について以下に紹介する (著者名ABC順). 現在は販売されていない書籍もあるが, 公共の図書館などで閲覧されたい (＊を付しているものは, 国立国会図書館デジタルコレクション (https://dl.ndl.go.jp/) で全文を閲覧できる).

Culver, D. C. and Pipan, T., 2014, *Shallow Subterranean Habitats, Ecology, Evolution, and Conservation*. Oxford University Press.

Culver, D. C. and Pipan, T., 2019, *The Biology of Caves and Other Subterranean Habitats*, second edition. Oxford University Press.

Fairchild, I. J. and Baker, A., 2012, *Speleothem Science from Process to Past Environments*. A John and Sons, Ltd., Publication.

鹿島愛彦, 2008, すねぐろの洞穴のはなし. 自費出版.

加藤 守, 1981, 日本列島洞穴ガイド. コロナ社*.

小松 貴, 2023, 陸の深海生物：―日本の地下に住む生き物―. 文一総合出版.

後藤 聡 編, 1985, Single rope techniques in Japan 2. Japan SRT Project.

伊藤田 直史・後藤 聡 編, 2018, 洞窟の疑問30―探検から観光, 潜む生物まで, のぞきたくなる未知の世界―（みんなが知りたいシリーズ 7). 成山堂書店.

Kano, A., Okumura, T., Takashima, C. and Shiraishi, F., 2019, *Geomicrobiological Properties and Processes of Travertine: with a Focus on Japanese Sites*. Springer Geology.

水ノ江 和同 編, 2020, 洞窟遺跡の過去・現在・未来. 季刊考古学, (151), 14-95.

上野俊一・鹿島愛彦, 1978, 洞窟学入門 ―暗黒の地下世界をさぐる―. 講談社ブルーバックス*.

漆原和子 編, 1996, カルスト―その環境と人びとのかかわり―. 大明堂.

清水長正・澤田結基 編, 2015, 日本の風穴―冷涼のしくみと産業・観光への活用―. 古今書院.

館山市立博物館, 2010, 館山湾の洞窟遺跡―棺になった舟. 黄泉の国への憧憬―. 館山市制施行70周年記念特別展図録.

White, W. B., Culver, D. C. and Pipan, T., 2019, *Encyclopedia of Caves*. third edition. Elsevier.

吉田勝次, 2017, 素晴らしき洞窟探検の世界. ちくま新書.

◉引用文献

以下では本文の引用文献を示す.（著者名ABC順)

●1-2　石灰岩洞窟と鍾乳石のできかた

Baker, A., Smith, C. L., Jex, C., Fairchild, I. J., Genty, D. and Fuller, L., 2008, Annually laminated speleothems: a review. *International Journal of Speleology*, 37, 193-206.

Ford, D. C. and Williams, P. W., 1989, *Karst Geomorphology and Hydrology*. Chapman & Hall, London.

井龍康文・中森 亨・山田 努, 1992, 琉球層群における層序区分単位. 堆積学研究会報, (36), 57-66.

Kano, A., Matsuoka, J., Kojo, T. and Fujii, H., 2003, Origin of annual laminations in tufa deposits, southwest Japan. *Palaeogeography, Palaeoclimatology, Palaeoecology*, 191, 243-262.

中 孝仁・狩野彰宏・佐久間 浩二・井原拓二, 1999, 岡山県阿哲台のトゥファ―地質・地形・水質からみたトゥファの堆積条件と堆積機構―. 地質調査所月報, 50, 91-116.

Portillo, M. C. and Gonzalez, J. M., 2011, Moonmilk deposits originate from specific bacterial communities in Altamira Cave (Spain). *Microbial ecology*, 61, 182-189.

Quinn, J. A., 1988, Relationship between temperatures and radon levels in Lehman Caves, Nevada. *Journal of Caves and Karst Studies*, 50, 59-63.

Sano, H. and Kanmera, K., 1988, Paleogeographic reconstruction of accreted oceanic rocks, Akiyoshi, southwest Japan. *Geology*, 16, 600-603.

Sone, T., Kano, A., Okumura, T., Kashiwagi, K., Hori, M., Jiang, X. and Shen, C.-C., 2013, Holocene stalagmite oxygen isotopic record from the Japan Sea side of the Japanese Islands, as a new proxy of the East Asian winter monsoon. *Quaternary Science Reviews*, 75, 150-160.

漆原和子 編, 1996, カルスト―その環境と人びとのかかわり—. 大明堂.
吉村和久・浦田健作・狩野彰宏・井倉洋二・本田幸雅, 1996, 西南日本の石灰岩地域に産するトゥファ. 洞窟学雑誌, 20, 19-26.

1-3 火山洞窟・風穴・海食洞

濱野一彦・田中 収・河西秀夫・服部清二・戸沢義和, 1980, 熔岩洞穴の構造と成因について. 地質ニュース, (305), 50-63.
池辺展生, 1963, 但馬海岸を中心とする地域の地質について. 日本自然保護協会調査報告, 7, 山陰海岸国立公園候補地学術調査報告書, 17-54.
鹿島愛彦, 2008, すねぐろの洞穴のはなし. 自費出版.
鹿島愛彦・徐 茂松, 1984, 大韓民国済州島の偽鍾乳洞, 挟才洞穴群. 洞窟学雑誌, 9, 23-30.
小山真人, 1998, 歴史時代の富士山噴火史の再検討. 火山, 43, 323-347.
熊谷 ちひろ・岡田 原・吉田侑平・徳井 祐梨子・松下周平, 2018, 西南北海道, 忍路半島の溶岩洞窟—水中火山活動によって形成した珍しい溶岩洞窟—. ケイビングジャーナル, (62), 16-19.
半井梧菴, 1869, 愛媛面影. 第1巻.（伊予史談会編, 1980, 愛媛面影. 伊予史談会双書, 第1集）
小川孝徳, 1991, 火山洞窟とは. 裾野市立富士山資料館編, 裾野市文化財調査報告 第5集, 富士南麓の溶岩洞窟—裾野市を中心に—. 1-12.
小川孝徳・鹿島愛彦, 1989, 溶結凝灰岩洞窟の気泡孔. 日本火山洞窟学協会会報, 27 (1), 15-18.
小川孝徳・鹿島愛彦・立原 弘, 1997, 安山岩洞窟『和気穴』報告. 日本洞窟学会火山洞窟学部会報・富士山火山洞窟学研究会報 合併号, 2 (1), 35-43.
清水長正・澤田結基 編, 2015, 日本の風穴—冷涼のしくみと産業・観光への活用—. 古今書院.
下仁田町歴史館 編, 2017, 世界文化遺産 富岡製糸場と絹産業遺産群「荒船風穴」(改訂版). 下仁田町教育委員会 (DVD付き).
後 誠介, 2009, 九龍島の2つの謎にせまる—地質からみて—. 三青, (37), 8-10.
Yamagishi, H., 1991, Lava speleothem in the pillow lavas from the Oshoro Peninsula, Hokkaido, Japan. *Bulletin of the Volcanological Society of Japan*. 36, 453-455.
山本博文・木下慶之・中川 登美雄・中村俊夫, 2010, 福井県越前海岸沿い断層群の活動履歴について. 福井大学地域環境研究教育センター研究紀要, (17), 57-78.

1-4 古気候研究

Amekawa, S., Kashiwagi, K., Hori, M., Sone, T., Kato, H., Okumura, T., Yu, T.-L., Shen, C.-C. and Kano, A., 2021, Stalagmite evidence for East Asian winter monsoon variability and ^{18}O-depleted surface water in the Japan Sea during the last glacial period. *Progress in Earth and Planetary Science*, 8, 18.
Cheng, H., Edwards, R. L., Sinha, A., Spötl, C., Yi, L., Chen, S., Kelly, M., Kathayat, G., Wang, X., Li, X., Kong, X., Wang, Y., Ning, Y. and Zhang, H., 2016, The Asian monsoon over the past 640,000 years and ice age terminations. *Nature*, 534, 640-646.
Hori, M., Ishikawa, T., Nagaishi, K., Lin, K., Wang, B.-S., You, C.-F., Shen, C.-C. and Kano, A., 2013, Prior calcite precipitation and source mixing process influence Sr/Ca, Ba/Ca and $^{87}Sr/^{86}Sr$ of a stalagmite developed in southwestern Japan during 18.0-4.5 ka. *Chemical Geology*, 347, 190-198.
狩野彰宏, 2012, 石筍古気候学の原理と展開. 地質学雑誌, 118, 157-171.
Kato, H., Amekawa, S., Hori, M., Shen, C.-C., Kuwahara, Y., Senda, R. and Kano, A., 2021, “Influences of temperature and the meteoric water $\delta^{18}O$ value on a stalagmite record in the last deglacial to middle Holocene period from southwestern Japan”. *Quaternary Science Reviews*, 253, 106746.
Kano, A., Kawai, T., Matsuoka, J. and Ihara, T., 2004, High-resolution records of rainfall events from clay bands in tufa. *Geology*, 32, 793-796.
Kawai, T., Kano, A., Matsuoka, J. and Ihara, T., 2006, Seasonal variation in water chemistry and depositional processes in a tufa-bearing stream in SW-Japan, based on 5 years of monthly observations. *Chemical Geology*, 232, 33-53.
Matsuoka, J., Kano, A., Oba, T., Watanabe, T., Sakai, S. and Seto, K., 2001, Seasonal variation of stable isotopic compositions recorded in a laminated tufa, SW Japan. *Earth and Planetary Science Letters*, 192, 31-44.
Mori, T., Kashiwagi, K., Amekawa, S., Kato, H., Okumura, T., Takashima, C., Wu, C.-C., Shen, C.-C., Quade, J. and Kano, A., 2018, Temperature and seawater isotopic controls on two stalagmite records since 83 ka from maritime Japan. *Quaternary Science Reviews*, 192, 47-58.
Shen, C.-C., Kano, A., Hori, M., Lin, K., Chiu, T.-C. and Burr, G. S., 2010, East Asian monsoon evolution and reconciliation of climate records from Japan and Greenland during the last deglaciation. *Quaternary Science Reviews*, 29, 3327-3335.
Shen, C.-C., Wu, C.-C., Cheng, H., Edwards, R. L., Hsieh, Y.-T., Gallet, S., Chang, C.-C., Li, T.-Y., Lam, D. D., Kano, A., Hori, M. and Spötl, C., 2012, High-precision and high-resolution carbonate ^{230}Th dating by MC-ICP-MS with SEM protocols. *Geochimica et Cosmochimica Acta*, 99, 71-86.
Sone, T., Kano, A., Okumura, T., Kashiwagi, K., Hori, M., Jiang, X. and Shen, C.-C., 2013, Holocene stalagmite oxygen isotopic record from the Japan Sea side of the Japanese Islands, as a new proxy of the East Asian winter monsoon. *Quaternary Science Reviews*, 75, 150-160.

1-5 洞窟古生物学

Brain, C. K., 1981, *The Hunters or the Hunted? An Introduction to African Cave Taphonomy*. The

University of Chicago Press, Chicago.
不動穴洞穴団体研究会, 2022, 不動穴洞穴発掘調査報告書.
Habe, T., 1942, On the recent specimen of Paludinella (*Cavernacmella* new subgen.) *kuzuuensis*, with a list of known species of the Japanese cavemicolous molluscs. *Venus*, 12, 28-32.
長谷川 善和, 1986, 洞窟と古生物. 洞窟学雑誌, 日本洞窟学会創立十周年記念特別号, 12-16.
長谷川 善和・高桒祐司・松岡廣繁・金子之史・野苅家宏・木村敏之・茂木 誠, 2015, 愛媛県大洲市肱川町のカラ岩谷敷水層産後期更新世の脊椎動物遺骸群集. 群馬県立自然史博物館研究報告, (19), 17-38.
長谷川 善和・冨田幸光・甲能直樹・小野慶一・野苅屋宏・上野輝彌, 1988, 下北半島尻屋地域の更新世脊椎動物群集. 国立科学博物館専報, (21), 17-36, 8 pls.
早瀬善正・岩田明久, 2024, 伊勢神宮林（島路山）のホラアナゴマオカチグサ近似種. かきつばた, (49), 24-26.
亀田勇一・川北 篤・加藤 真, 2008,「ホラアナゴマオカチグサ」は洞窟ごとに別種である. *Venus*, 67, 99.
柏木健司, 2010, 三重県藤坂峠南方の鍾乳洞近傍で採取した陸産貝類. 自然誌だより, (86), 2.
柏木健司, 2012, 富山県東部の黒部峡谷鐘釣地域の陸産貝類：富山県初記録のホラアナゴマオカチグサ（カワザンショウガイ科）. 富山市科学博物館研究報告, (35), 113-117.
柏木健司, 2013, 富山県黒部峡谷鐘釣地域の小ノタ洞（鍾乳洞）中の哺乳類の糞. 富山の生物, (52), 123-131.
柏木健司・阿部勇治・高井正成, 2012 a, 豪雪地域のニホンザルによる洞窟利用. 霊長類研究, 28, 141-153.
柏木健司・増山 慈, 2023, 群馬県下仁田町の青倉川上流に位置する七久保の道穴から産した小型哺乳類遺骸群集（概報）. 下仁田町自然史館研究報告, (8), 21-26.
柏木健司・増山 慈・小竹祥太・須藤和成, 2024, 仏穴（群馬県上野村）から産した真洞窟性および地表性の陸産貝類遺骸混在群集. 群馬県立自然史博物館研究報告, (28), 223-236.
柏木健司・高木まりゑ・阿部勇治・酒徳昭宏・田中大祐, 2009, 紀伊半島東部の石灰岩洞窟の霧穴から産した哺乳類遺体とその炭素14年代（予報）. 福井県立恐竜博物館紀要, (8), 31-39.
柏木健司・瀬之口 祥孝・阿部勇治・吉田勝次, 2012 b, 富山県黒部峡谷の鐘釣地域のサル穴（鍾乳洞）. 地質学雑誌, 118, 521-526.
Kashiwagi, K., Tsuji, Y., Yamamura, T., Takai, M. and Shimizu, M., 2018, Presence of feces in the abandoned Nokado Mine, Tochigi Prefecture of central Japan, provides further evidence of cave use by Japanese macaques. *Primate Research*, 34, 79-85.
柏木健司・山崎裕治・髙田隼人, 2021, 富山県東部の黒部峡谷鉄道沿いの冬期歩道内に確認されたニホンカモシカの糞塊. 哺乳類科学, 61, 249-260.
河村善也, 1982, 洞窟と古生物学. 自然科学と博物館, 49, 140-143.
Kawamura, Y., 1988, Quaternary rodent faunas in the Japanese Islands (Part 1). *Memoirs of the Faculty of Science, Kyoto University, Series of Geology and Mineralogy*, 53, 31-348.
河村善也, 1991, 日本産の第四紀齧歯類化石—各分類群の特徴と和名および地史的分布—. 愛知教育大学研究報告 自然科学編, 40, 91-113.
河村善也, 1992, 小型哺乳類化石標本の採集と保管. 哺乳類科学, 31, 99-104.
河村善也, 2007, 日本の第四紀哺乳類化石研究の最近の進展. 哺乳類科学, 47, 107-114.
河村善也, 2009, 秋吉台を中心とした西日本と近隣の大陸の第四紀哺乳動物相の関連. 哺乳類科学, 49, 101-109.
河村善也・藤山正勝, 1999, 洞窟と脊椎動物化石. ケイビングジャーナル, (10), 30-34.
河村善也・松橋義隆, 1989, 静岡県引佐町谷下採石場第5地点の後期更新世裂罅堆積物とその哺乳動物相. 第四紀研究, 28, 95-102.
川瀬基弘・早瀬善正・安藤佑介・西岡 佑一郎, 2012, 高知県猿田洞より産出したアツブタムシオイガイ属化石種サルダアツブタムシオイガイ（新称）を含む化石陸産貝類相. *Molluscan Diversity*, 3, 83-91.
Martin, L. D. and Gilbert, B. M., 1978, Excavations at Natural Trap Cave. *Transactions of the Nebraska Academy of Sciences and Affiliated Societies* 6, 107-116.
佐藤月二, 1956, 山口秋芳洞外渓流に見られる石灰沈殿物. 採集と飼育, 18, 204-205, 211.
鹿間時夫, 1933, 葛生層に就いて. 地質学雑誌, 40, 700-722.
Suzuki, K., 1937, Some fossil terrestrial gastropods from Tuizi, Kuzuu-mati, Totigi Prefecture. *The Journal of the Geological Society of Japan*, 44, 438-443, 1 pl.
髙桒祐司・姉崎智子・木村敏之, 2007, 群馬県上野村不二洞産のヒグマ化石. 群馬県立自然史博物館研究報告, (11), 63-72.

1-6 洞窟探検とは

Japan Exploration Team 編, 2002, 霧穴調査報告書—中間報告—.
梶田澄雄, 1970, 岐阜県石灰洞資料 (1) —郡上郡八幡町安久田地域—. 岐阜大学教育学部研究報告 自然科学, 4, 302-308.
梶田澄雄・青山昌二・北村哲郎・日比野 実, 1971, 岐阜県石灰洞資料(2)—郡上郡八幡町安久田・美山地域—. 岐阜大学教育学部研究報告 自然科学, 4, 379-386.
梶田澄雄・浜田和男・纐纈澄男, 1972, 岐阜県石灰洞資料 (3) —山県郡美山町今島・柿野地域—. 岐阜大学教育学部研究報告 自然科学, 5, 49-56.
梶田澄雄・奥村 潔・土田繁男, 1973, 岐阜県石灰洞資料 (4) —郡上郡八幡町付近—. 岐阜大学教育学部研究報告 自然科学, 5, 141-150.
吉田勝次・稲垣雄二, 2010, 三重県度会郡大紀町「霧穴」調査中間報告. ケイビングジャーナル, (39), 28-31.

1-7 洞窟測量

ケイビングジャーナル編集部, 2010, 測量最新技術―ペーパーレスシステム―, ケイビングジャーナル, (40), 30.

近野 由利子, 2018 a, おタク心をくすぐる☆ペーパーレス測量の世界1 スタートアップ編―とにかく作ってみる―. ケイビングジャーナル, (62), 23-29.

近野 由利子, 2018 b, おタク心をくすぐる☆ペーパーレス測量の世界2 実践編―目からウロコのペーパーレス!―. ケイビングジャーナル, (63), 33-39.

林田 敦・渡邉 薫・蘆田宏一, 2021, スマートフォンの3Dレーザースキャナーを用いた『精進湖口 試練の穴』の新溶岩洞窟の測量. ケイビングジャーナル, (71), 1-8.

石原 与四郎, 2010, 地底でウワサの穴装備―レーザー距離計搭載ポケットコンパス ポコレ編―. ケイビングジャーナル, (40), 40-41.

Japan Exploration Team 編, 2002, 霧穴調査報告書―中間報告―.

鹿島愛彦, 1983, 四国西端部"秩父帯"6号隧道の地質(南予用水農業水利事業隧道の地質学的研究―その1). 愛媛の地学 宮久三千年先生追悼記念号, 169-176.

柏木健司, 2019, 石川県白山市の鴇ケ谷鍾乳洞とホラアナゴマオカチグサ. 自然と社会―北陸―. 85, 1-8.

柏木健司・吉田勝次・稲垣雄二・近野 由利子・鈴木健士・五藤純子, 2007, 紀伊半島東部の霧穴(石灰岩洞窟)の地下地質と阿曽カルストの地質構造(予察). 福井県立恐竜博物館紀要, (6), 35-44.

桐ヶ台の穴学術調査団 編, 2006, 秋吉台桐ヶ台の穴石灰洞学術調査報告.

小竹祥太・林田 敦・柏木健司, 2023, iPhone Proによる LiDAR測量を活用した洞窟調査―七久保の道穴(群馬県下仁田町青倉川上流)を例として―. 群馬県立自然史博物館研究報告, (27), 171-179.

水島明夫, 2010, 私説. 日本の洞窟測量技術の歴史 前史―先平板時代~平板時代~クリノメーター時代~クリノコンパス時代~ポケットコンパス時代~スント時代―. ケイビングジャーナル, (40), 23-29.

龍河洞保存会・龍河洞博物館 編, 1993, 洞の遺跡の発見を語る. 博物館報, (1).

Team―Freedom・パイオニアケイビングクラブ, 2004, 岩根洞調査報告書.

山内 浩, 1983, 山と洞穴―学術探検の記録―. 山内浩著作集出版委員会.

1-8 洞窟生物学

千木良 雅弘, 2013, 風化と崩壊―第三世代の応用地質―. 近未来社.

Culver, D. C. and Pipan, T., 2009, Superficial subterranean habitats—gateway to the subterranean realm?. *Cave and Karst Science*, 35, 5-12.

Culver, D. C. and Pipan, T., 2014, *Shallow Subterranean Habitats: Ecology, Evolution, and Conservation*. Oxford University Press, United Kingdom.

Habu, A., 1950, On some cave-dwelling Carabidae from Japan (Coleoptera). *Mushi*, 21., 49-53, pls. 8-10.

Juberthie, C., Delay, B. and Bouillon, M., 1980 a, Sur l'existence d'un milieu souterrain superficiel en zone non calcaire. *Comptes Rendus de l'Academie des Sciences*, Paris, 290, 49-52.

Juberthie, C., Delay, B. and Bouillon, M., 1980 b, Extension du milieu souterrain superficiel en zone non-calcaire: description d'un nouveau milieu et de son peuplement par les coleopteres troglobies. In: Evolution des coleopteres souterrains et endoges. *Memoires de Biospeleologie*, 7, 19-52.

鹿野和彦・加藤碵一・柳沢幸夫・吉田史郎 編, 1991, 日本の新生界層序と地史. 地質調査所報告, (274).

Komatsu, T., 2015, New report of a Japanese troglobiontic millipede, Epanerchodus acuticlivus, from upper hypogean zone in eastern Shikoku. *Edaphologia*, (97), 43-45.

小松 貴, 2018, 日本の地下空隙に生息する陸生節足動物の多様性. タクサ(日本動物分類学会誌), 44, 39-51.

Komatsu, T. and Nunomura, N., 2019, New discovery and redescription of *Hondoniscus kitakamiensis* Vandel, 1968 (Crustacea: Isopoda: Trichoniscidae) from scree-covered slope, Iwate-ken, Northern Japan. *Bulletin of the Toyama Science Museum*, (43), 23-27.

庫本 正・増原啓一, 1995, 長野の岩海中の洞窟群における洞窟性動物. 北九州市教育委員会文化部, 北九州市小倉南区長野の岩海と花崗岩洞窟―学術調査報告―, 52-57.

Mammola, S., Giachino, P. M., Piano, E., Jones, A., Barberis, M., Badino, G. and Isaia, M., 2016, Ecology and sampling techniques of an understudied subterranean habitat: the *Milieu Souterrain Superficiel* (MSS). *Science of Nature*, 103, 88, DOI 10.1007/s00114-016-1413-9.

野村 茂, 1959, 大分県の洞窟に棲む生物 (9). 採集と飼育, 21, 174-175, 177.

Ortuño, V. M., Gilgado, J. D., Jiménez-Valverde, A., Sendra, A., Pérez-Suárez, G. and Herrero-Borgoñón, J. J., 2013, The "Alluvial Mesovoid Shallow Substratum", a new subterranean habitat. *PLoS One*, 8 (10): e76311. doi:10.1371/journal.pone.0076311.

Polak, S., 2005, Importance of discovery of the first cave beetle *Leptodirus hochenwartii Schmidt*, 1832. *Endins*, 28, 71-80.

Řezáč, M., Růžička, V., Dolanský, J. and Dolejš, P., 2023, Vertical distribution of spiders (Araneae) in Central European shallow subterranean habitats. *Subterranean Biology*, 45, 1-16.

酒井雅博, 2015, 地下浅層と昆虫. 昆虫と自然, 50 (7), 2-4.

沢田順弘・門脇和也・藤代祥子・今井雅浩・兵頭政幸, 2009, 大山・大根島:山陰地方中部の対照的な第四紀火山. 地質学雑誌, 115, S51-S70.

Sugaya, K., Ogawa, R. and Hara, Y., 2017, Rediscovery of the "extinct" blind ground beetle (Coleoptera: Carabidae: Trechinae). *Entomological Science*, 20, 159-162.

Uéno S.-I., 1951, Carabid-beetles found in limestone caves of Japan. *The Entomological Review of Japan*, 5, 83–89, pl. 4.
Uéno, S.-I., 1972 a, A new endogean Trechiama (Coleoptera, Trechinae) from the northern side of central Japan. *Annotationes Zoologicae Japonenses*, 45, 42–48.
Uéno, S.-I., 1972 b, A new Anophthalmic Trechiama (Coleoptera, Trechinae) found in an old mine of the Izu Peninsula, central Japan. *Annotationes Zoologicae Japonenses*, 45, 111–117.
Uéno, S.-I., 1977, The fauna of the lava caves in the Far East. *Proceedings of the 6 th International Congress of Speleology 1973*, 237–242.
Uéno S.-I., 1980, The anophthalmic trechine beetles of the group of *Trechiama ohshimai*. *Bulletin of the National Science Museum, Series A* (*Zoology*), 6, 195–274.
上野俊一, 1986, 日本における近年の洞窟生物学. 洞窟学雑誌, 日本洞窟学会創立十周年記念特別号, 17–23.
Ueno, S.-I., 1987, The derivation of terrestrial cave animals. *Zoological Sciences*, 4, 593–606.
上野俊一, 1988, チビゴミムシ類の分布と分化. 佐藤正孝編, 日本の甲虫—その起源と種分化をめぐって—, 東海大学出版会, 33–51.
上野俊一, 1991, 洞窟動物の由来と適応. 自然史発見, 科学博物館後援会. 51–75.
上野俊一・鹿島愛彦, 1978, 洞窟学入門 暗黒の地下世界を探る. 講談社.
山元孝広・高田 亮・吉本充宏・千葉達朗・荒井健一・細根清治, 2016, 富士山山麓を巡る—火山地質から防災を考える—. 地質学雑誌, 122, 433–444.
吉井良三, 1968, 洞穴学ことはじめ. 岩波書店.

●1-9 洞窟遺跡の考古学

日本考古学協会洞穴遺跡調査特別委員会 編, 1967, 日本の洞穴遺跡. 平凡社.
水ノ江 和同 編, 2020, 洞窟遺跡の過去・現在・未来. 季刊考古学, (151), 14–95.

●2. 北海道地方

森井悠太・山上竜生, 2017, 中頓別町（北海道枝幸郡）の石灰岩地・非石灰岩地における陸産貝類相. Edaphologia, (101), 1–6.
佐藤雅彦・村山良子・前田 喜四雄, 2004, 中頓別鍾乳洞のコウモリ相について. 利尻研究, 23, 9–14.

●3. 東北地方

林 信太郎, 2011, 第8章寒風山火山噴出物. 戸賀及び船川地域の地質, 地域地質研究報告（5万分の1地質図幅）, 産総研地質調査総合センター, 93–97.
堀野一男, 1988, 寒風山からの湧水を利用した水利開発事業. 日本土木史研究発表会論文集, 8, 160–167.
鹿野和彦・佐藤雄大・小林紀彦・小笠原 憲四郎・大口健志, 2007, 東北日本男鹿半島, 真山流紋岩類の放射年代. 石油技術協会誌, 72, 608–616.
加藤大和・山田 努・林原 小都音, 2013 a, 土壌分析によって明らかになった岩手県内間木地域の植生変化と鍾乳石同位体記録. 月刊地球, 35, 608–615.
加藤大和・山田 努・富塚昌弘, 2013 b, 岩手県内間木洞内の気象. 洞窟学雑誌, 37, 33–40.
Kato, H. and Yamada, T., 2016, Controlling factors in stalagmite oxygen isotopic composition and the paleoprecipitation record for the last 1,100 years in Northeast Japan. *Geochemical Journal*, 50, e1–e6.
小林紀彦・大口健志・鹿野和彦, 2008, 東北日本, 男鹿半島門前層層序の再検討. 地質調査研究報告, 59, 211–224.
丸井敦尚・林 武司・菊池正志・山内 正, 2003, あぶくま洞ケイブシステムの水文環境. 日本水文科学会誌, 33, 71–84.
大口健志・林 信太郎・小林紀彦, 1997, 男鹿半島の下部グリンタフ火山岩相と寒風火山. 火山. 第2集, 32, 391–393.
山田 努・加藤大和, 2013, 東日本大震災による気仙沼神明崎洞穴群の被災状況. 洞窟学雑誌, 38, 37–51.
山田 努・加藤大和, 2015, 宮城県気仙沼市の管弦窟で発見された後期第四紀の哺乳類化石に富む洞窟堆積物. 洞窟学雑誌, 40, 33–55.

●4. 関東地方

姉崎智子・髙桒祐司, 2006, 群馬県多野郡上野村の不二洞から産出した陸生哺乳類骨 (1). 群馬県立自然史博物館研究報告, (10), 103–111.
不動穴洞穴団体研究会 編, 2022, 不動穴洞穴発掘調査報告書.
藤本治義, 1961, 5万分の1地質図幅「栃木」および同説明書. 地質調査所.
「ふるさと諏訪」編集委員 編, 1985, ふるさと諏訪. 諏訪神社社務所.
長谷部 言人, 1939, 石器時代に飼牛あり. 人類学雑誌, 54, 447–450.
長谷川 善和・岡部 勇・宮崎重雄・髙桒祐司・木村敏之, 2013, 群馬県桐生市蛇留淵洞から産出したトラとニホンザル化石. 群馬県立自然史博物館研究報告, (17), 55–60.
長谷川 善和・奥村 よほ子・立川裕康, 2009, 栃木県葛生地域の石灰岩洞窟堆積物より産出した*Bison*化石. 群馬県立自然史博物館研究報告, (13), 47–52.
久田 健一郎・上野 光, 2008, 秩父帯南帯. 日本地質学会編, 日本地方地質誌3, 関東地方, 朝倉書店, 88–92.
堀越武男, 2004, 下仁田町みて歩き・11 下郷鍾乳洞. くりっぺ, (15), 10–11.
Igo, H., 1964, Fusulinids from the Nabeyama Formation (Permian) Kuzu, Tochigi Prefecture, Japan. *Memoirs of the Mejiro Gakuen Woman's Junior College*, 1, 1–28.
伊藤 剛・高橋雅紀・山元孝広・水野清秀, 2022, 桐生及足利地域の地質. 地域地質研究報告（5万分の1地質図幅）, 産総研地質調査総合センター.
石原 与四郎・德橋秀一, 2001, 千葉県清和県民の森周辺の地質—とくに安房層群清澄層・安野層の層序と構造について—. 地質調査研究報告, 52, 383-404.

Kamata, Y., 1996, Tectonostratigraphy of the sedimentary complex in the southern part of the Ashio Terrane, central Japan. *Science Reports of the Institute of Geoscience, University of Tsukuba, Section B, Geological Sciences*, 17, 71-107.

小林敏夫・猪郷久義・猪郷久治・木下 勤, 1974, 栃木県葛生地域の二畳系鍋山層と三畳系アド山層の不整合とその地史学的意義. 地質学雑誌, 80, 293-306.

松田時彦・松浦律子・水本匡起・田力正好, 2015, 神奈川県江の島の離水波食棚と1703年元禄関東地震時の隆起量. 地学雑誌, 124, 657-664.

宮崎重雄・島崎幾夫・神崎哲男, 1995, 群馬県多野郡上野村から産出した後期更新世*Ursus arctos*（ヒグマ）化石. 化石研究会会誌, 27, 63-72.

Muto, S., Okumura, Y. and Mizuhara, T., 2021, Late Kungurian conodonts of pelagic Panthalassa from seamount-capping limestone in Ogama, Kuzuu, Tochigi Prefecture, Japan. *Paleontological Research*, 25, 105-119.

野村 哲 編, 1983, 日曜の地学 5 群馬の地質をめぐって 改訂版. 築地書館.

岡山亮子・野中祐介, 2023, 南房総市忽戸魚見根洞窟遺跡—詳細分布調査に伴う報告書—. 南房総市教育委員会.

大久保 雅弘・堀口万吉, 1969, 万場地域の地質, 地域地質研究報告（5万分の1図幅）, 地質調査所.

大沢澄可・中島孝守・野口三郎・宮崎重雄・和田啓助, 1974, 蛇留淵洞（その1）. 群馬地学, (9), 2-6.

Segawa, T., Yonezawa, T., Mori, H., Akiyoshi, A., Allentoft, M. E., Kohno, A., Tokanai, F., Willerslev, E., Kohno, N. and Nishihara, H., 2021, Ancient DNA reveals multiple origins and migration waves of extinct Japanese brown bear lineages. *Royal Society Open Science*, 8, 210518.

Shikama, T., 1949, The Kuzuü Ossuaries: Geological and palaeontological studies of the limestone fissure deposits, in Kuzuü, Totigi Prefecture. *The Science Reports of the Tohoku University, 2nd Series* (*Geology*), 23, 1-201, 32 pls.

下仁田町役場商工観光課・明治大学地底探検部, 1986, 下仁田下郷洞穴調査報告書.

角田清美, 1989, 多摩川上流域の鍾乳洞. 駒沢地理, (25), 77-114.

高木秀雄・吉田健一, 2022, ジオパーク秩父のジオ多様性. 地質学雑誌, 128, 131 141.

高橋 冽・中島孝守, 1970, 神流川流域の鍾乳洞について. 群馬地学, 5, 33-38.

高桒祐司・姉崎智子・木村敏之, 2007, 群馬県上野村不二洞産のヒグマ化石. 群馬県立自然史博物館研究報告, (11), 63 72.

高桒祐司・長谷川善和・宮崎重雄・奥村よほ子・片柳岳巳, 2014, 栃木県佐野市出流原町の片柳石灰工業採石場から産出したヤベオオツノジカ化石群の概要. 群馬県立自然史博物館研究報告, (18), 179-191.

Tazawa, J., Okumura, Y., Miyake, Y. and Mizuhara, T., 2016, A Kungurian (early Permian) brachiopod fauna from Ogama, Kuzu area, central Japan, and its palaeobiogeographical affinity with the Wolfcampian—Leonardian (early Permian) brachiopod fauna of West Texas, USA. *Paleontological Research*, 20, 367-384.

5. 中部地方

千地万造・亀井節夫・柴田保彦, 1965, 飛騨高原にすんでいたナウマンゾウ. Nature Study, 11, 90-95.

早瀬善正・岩田明久, 2024, 伊勢神宮林（島路山）のホラアナゴマオカチグサ近似種. かきつばた, (49), 24-26.

市橋 甫・天春明吉, 1980, 伊勢神宮境内地の石灰洞に生息する節足動物. 神宮司庁編, 神宮境内地昆虫調査報告書, 425-446.

稲垣政志・稲垣順子, 2016, 伊勢神宮境内地内の石灰洞とそこに生息する生物の生態. 神宮宮域動物調査会編, 神宮宮域動物調査報告書, 神宮司廳營林部, 伊勢, 314-323.

礒見 博, 1956, 5万分の1地質図幅「近江長浜」および同説明書. 地質調査所.

Japan Exploration Team 編, 2002, 霧穴調査報告書—中間報告—.

梶田澄雄, 1970, 岐阜県石灰洞資料（1）—郡上郡八幡町安久田地域—. 岐阜大学教育学部研究報告 自然科学, 4, 302-308.

梶田澄雄・青山昌三・北村哲郎・日比野 実, 1971, 岐阜県石灰洞資料(2)—郡上郡八幡町安久田・美山地域—. 岐阜大学教育学部研究報告 自然科学, 4, 379-386.

梶田澄雄・奥村 潔・土田繁男, 1973, 岐阜県石灰洞資料（4）—郡上郡八幡町付近—. 岐阜大学教育学部研究報告 自然科学, 5, 141-150.

柏木健司, 2005, 紀伊半島東部の霧穴（石灰岩洞窟）から産した放散虫化石. 洞窟学雑誌, 30, 29-34.

柏木健司・鈴木健士・吉田勝次・稲垣雄二・近野 由利子・五藤純子, 2003 a, 阿曽カルスト（三重県大宮町）の石灰岩洞窟の地質探検. 地質ニュース, (592), 5-6.

柏木健司・高木 まりゑ・阿部勇治・酒徳昭宏・田中大祐, 2009, 紀伊半島東部の石灰岩洞窟の霧穴から産した哺乳類遺体とその炭素14年代（予報）. 福井県立恐竜博物館紀要, (8), 31-39.

柏木健司・吉田勝次・稲垣雄二・近野 由利子・鈴木健士・五藤純子, 2007, 紀伊半島東部の霧穴（石灰岩洞窟）の地下地質と阿曽カルストの地質構造（予察）. 福井県立恐竜博物館紀要, (6), 35-44.

柏木健司・吉田勝次・稲垣雄二・鈴木健士・近野 由利子・五藤純子, 2003 b, 石灰岩洞窟の地質探検—三重県大宮町の阿曽カルスト—. 地質ニュース, (592), 44 48.

河村善也・松橋義隆, 1989, 静岡県引佐町谷下採石場第5地点の後期更新世裂罅堆積物とその哺乳動物相. 第四紀研究, 28, 95-102.

河村善也・松橋義隆・松浦秀治, 1990, 豊橋市嵩山採石場産の第四紀後期哺乳動物群とその意義. 第四紀研究, 29, 307-317.

小室 勉・山本 まさはる, 2013, 竜ヶ岩洞物語 増補改訂版．小室事務所〔企画室〕．
日下部 吉彦・宮村 学，1958，伊勢市南方の古生層について．地質学雑誌，64，269－280．
南 雅代・堀川恵司・植村 立・中村俊夫，2016，洞内滴下水の[14]C 濃度．名古屋大学加速器質量分析計業績報告書，27，79－82．
Mori, T., Kashiwagi, K., Amekawa, S., Kato, H., Okumura, T., Takashima, C., Wu, C.-C., Shen, C.-C., Quade, J. and Kano, A., 2018, Temperature and seawater isotopic controls on two stalagmite records since 83 ka from maritime Japan. *Quaternary Science Reviews*, 192, 47－58.
西宮克彦，1962，伊勢市矢持町鷲嶺洞の地化学的研究．関西自然科学，(15)，10－13．
西宮克彦，1964，伊勢市矢持町蔽盆子洞の地化学的研究．関西自然科学，(16)，7－9．
西沢利一・楠原正之・南平秀生，1985，三重県志摩郡磯部町天の岩戸付近の石灰洞より産出した鹿の化石骨．地学研究，36，201－209．
丹羽正和，2004，岐阜県高山地域の美濃帯平湯コンプレックスの地質と対比．地質学雑誌，110，439－451．
奥村 潔・石田 克・樽野博幸・河村善也，2016，岐阜県熊石洞産の後期更新世のヤベオオツノジカとヘラジカの化石（その1）角・頭骨・下顎骨・歯．大阪市立自然史博物館研究報告，(70)，1－82．
杉林理雄 編，1991，第3次鷲嶺の水穴・覆盆子洞調査合宿報告書．
鈴木和博・三村耕一・稲垣伸二・竹内 誠，2015，三重県秩父帯阿曽カルストの石灰岩体から産出した円錐状コノドント．地質学雑誌，121，179－183．
脇田浩二，1984，八幡地域の地質．地域地質研究報告（5万分の1地質図幅），地質調査所．
Wakita, K., 1988, Origin of chaotically mixed rock bodies in the Early Jurassic to Early Cretaceous sedimentary complex of the Mino Terrane, central Japan. *Bulletin of the Geological Survey of Japan*, 39, 675 c 757.
脇田浩二・小井戸 由光，1994，下呂地域の地質．地域地質研究報告（5万分の1地質図幅），地質調査所．
Suzuki H. and Takai F., 1959, Entdeckung eines pleistozänen hominiden Humerus in Zentral-Japan. *Anthropologischer Anzeiger*, 23, 224－235.

6. 甲信越・北陸地方

千葉伸幸，2009，モラルなき悪戯―落書き 新潟県「大沢鍾乳洞」の例を通じて―．ケイビングジャーナル，(36)，38－40．
越前町史編纂委員会，1977，越前町史 上巻．越前町．
福来口洞窟調査委員会，1990，福来口洞窟調査報告．
福井県，2010，福井県地質図及び洞説明書（2010年版）．（財）福井県建設技術公社．
長谷川 美行・後藤道治，1990，青海地方の古生界・中生界．日本地質学会第97年学術大会見学旅行案内書，227－260．
橋本 廣 編，2002，越中山河覚書 I．桂書房．
氷見市史編さん委員会 編，2002，大境洞窟遺跡．氷見市史 7 資料編五 考古，氷見市，625－675．
伊藤大輔・木下慶之・山本博文，2002，越前海岸にみられる海食洞と旧汀線高度について．福井大学教育地域科学部紀要 II（自然科学 地学編 第2集），54，19－46．
伊藤一康・寺田和雄，2002，福井県大野市打波川流域に見られる石灰華形成地．地質ニュース，(575)，55－61．
狩野彰宏，1997，淡水成炭酸塩トゥファの特徴と成因―レビュー―．地球科学，51，177－187．
柏木健司，2019，石川県白山市の鴇ケ谷鍾乳洞とホラアナゴマオカチグサ．自然と社会，(85)，1－8．
柏木健司・阿部勇治・高井正成，2012 b，豪雪地域のニホンザルによる洞窟利用．霊長類研究，28，141－153．
Kashiwagi, K., Chikano, Y. and Oka, A., 2019, First record of *Cavernacmella kuzuuensis* (Suzuki, 1937) (Family Assimineidae) from Ishikawa prefecture in Hokuriku District, central Japan. *Bulletin of the Toyama Science Museum*, (43), 63－67.
柏木健司・瀬之口 祥孝・阿部勇治・吉田勝次，2012 a，富山県黒部峡谷の鐘釣地域のサル穴（鍾乳洞）．地質学雑誌，118，521－526．
宮地直道，1988，新富士火山の活動史．地質学雑誌，94，433－452．
森本良平・松田時彦，1961，北美濃地震被害地の地質 第1報 福井県打波川上流―岐阜県石徹白川上流地域―．地震研究所彙報，(39)，935－942．
邑本順亮・亀遊寿之，1976，富山県高岡市で発見された五十辺鍾乳洞群．自然と社会，(42)，5－13．
長野県南佐久郡誌編集委員会，1994，広川原地下プール．長野県南佐久郡誌編集委員会 編，南佐久郡誌 自然編（上），長野県南佐久郡誌刊行会，691－703．
中川寛一・木村洋紀・保倉克至，1983，青海石灰洞窟群．洞人，4（1－2），9－25．
中澤 努，1997，青海石灰岩層群石炭系の堆積環境と造礁生物．地質学雑誌，103，849－868．
新潟県，1983，新潟のすぐれた自然―新潟県自然環境保全資料策定調査書 地形・地質編―．新潟県生活環境部自然保護課，333 p．
仁科 章・山口 充，1979，日本海沿岸部における洞穴遺跡の調査．福井県埋蔵文化財調査報告，第3集，重要遺跡緊急確認調査報告書（II），福井県教育委員会，18－23．
大野 究，2002，特別展「大境洞窟をさぐる」．氷見市立博物館．
大野 究，2007，大境洞窟住居跡．氷見市史編さん委員会編，氷見市史 10 資料編八 文化遺産，氷見市，56－59．
大野 究，2018，特別展 大境洞窟・朝日貝塚100年．氷見市立博物館．
坂本優紀，2011，鴇ケ谷鍾乳洞の地形発達史に基づく手取川流域の環境変動史．日本地球惑星科学連合2011年大会予稿集，HQR 023－P 15．
澤 元愷，1911，最勝洞．幸田露伴 編，掌中山水，795－796．
高橋正樹・松田文彦・安井真也・千葉達朗・宮地直道，2007，富士火山貞観噴火と青木ヶ原溶岩．荒牧重雄・藤井敏嗣・中田節也・宮地直道 編 富士火山，山梨県環境科学研究所，303－338．

梅田 美由紀・中川 登美雄・山本博文, 2001, 越前海岸沿いの地質と離水地形. 日本地質学会第108年学術大会（2001金沢）見学旅行案内書, 85-99.

山本博文・木下慶之・中川 登美雄・中村俊夫, 2010, 福井県越前海岸沿い断層群の活動履歴について. 福井大学地域環境研究教育センター研究紀要,（17）, 57-78.

山元孝広・高田 亮・吉本充宏・千葉達朗・荒井健一・細根清治, 2016, 富士山山麓を巡る—火山地質から防災を考える—. 地質学雑誌, 122, 433-444.

7. 近畿地方

阿部勇治・多賀の自然と文化の館 監, 2009, 神秘の鍾乳洞 河内の風穴写真集. VINZ.

会田信行, 2004, 松山基範—磁気層序学の開拓的研究—. 地球科学, 58, 191-194.

会田信行, 2023, 松山基範（その2）—古地磁気調査と寺田寅彦との関係. 地球科学, 77, 89-97.

安斎俊男・河田茂磨, 1960, 京都府質志石灰石鉱床. 地質調査所月報, 11, 149-153.

鮎沢 潤・藤井厚志, 1993, 北九州市小倉南区の花崗岩洞窟で発見された非晶質洞窟生成物. 洞窟学雑誌, 18, 11-16.

藤井厚志・山口大学洞穴研究会, 1995, 長野の岩海と花崗岩洞窟. 北九州市教育委員会文化部, 北九州市小倉南区長野の岩海と花崗岩洞窟—学術調査報告—, 13-33.

玄武岩団体研究グループ, 1991, 兵庫県北部玄武岩地域の第四紀火山岩の地質と岩石—玄武岩溶岩と赤石溶岩—. 地球科学, 45, 131-144.

兵庫県, 1926, 但馬玄武洞. 兵庫県史蹟名勝天然記念物調査報告 第三号. 兵庫県, 79-82.

池辺展生, 1963, 但馬海岸を中心とする地域の地質について. 日本自然保護協会調査報告, 7, 山陰海岸国立公園候補地学術調査報告書, 17-54.

交野市教育委員会, 2022, 令和5（2023）—令和14（2032）年度 交野市文化財保存活用地域計画【本編】. https://www.city.katano.osaka.jp/docs/2022120600036/

川上村史編纂委員会 編, 1989, 川上村史 通史編. 川上村教育委員会.

君塚 康治郎, 1928, 丹波質志鍾乳洞. 地球, 10, 65-70.

宮地良典・田結庄 良昭・寒川 旭, 2001, 大阪東北部地域の地質. 地域地質研究報告（5万分の1地質図幅）, 地質調査所.

水島明夫 編, 1989, 多賀町の石灰洞. 多賀町.

森永規六 編, 1913, 吉野鉄道名勝案内. 吉野鉄道株式会社営業課.

武蔵野 実・石賀裕明・岡嶋 真理子, 1979, 京都府船井郡瑞穂町質志において発見された丹波地帯ペルム系—三畳系不整合. 地質学雑誌, 85, 543-545.

先山 徹・松原典孝・三田村 宗樹, 2012, 山陰海岸におけるジオパーク活動—大地と暮らしのかかわり—. 地質学雑誌, 118, 補遺, 1-20.

佐藤幸二, 1964, 紀伊白浜温泉の地質と温泉. 地質学雑誌, 70, 110-126.

志井田 功・諏訪兼位・梅田 甲子郎・星野光雄, 1989, 山上ヶ岳地域の地質. 地域地質研究報告（5万分の1地質図幅）, 地質調査所.

田辺団体研究グループ, 1984, 紀伊半島田辺層群の層序と構造. 地球科学, 38, 249-263.

山中正宏・武内正夫, 1991, 奈良県吉野郡天川村洞川地区. 洞人, 9（1-2）, 4-15.

大和大峯研究グループ, 1979, 紀伊山地中央部の中・古生界 その2—大迫地域—. 地球科学, 33, 339-352.

Yao, A., 1984, Subdivision of the Mesozoic complex in Kii-Yura area, Southwest Japan and its bearing on the Mesozoic basin development in the Southern Chichibu Terrane. *Journal of Geosciences, Osaka City University*, 27, 41-103.

八尾 昭, 2012, 紀伊半島西部の秩父帯・黒瀬川帯. 地質学雑誌, 118, S90-S106.

吉松敏隆・中屋志津男・児玉敏孝・寺井一夫, 1999, 紀伊半島の地質と温泉. アーバンクボタ,（38）, 56.

8. 中国地方

安藤奏音, 2020, 秋芳洞内の小気候と観光客への影響. 地理学評論Series A, 93, 425-442.

阿哲団体研究グループ, 1970, 洞くつ地質学ノート5. 阿哲台の鍾乳洞と河岸段丘. 地球科学, 24, 225-227.

富士山火山洞窟学研究会, 2003, 平成15年度島根県大根島特別天然記念物第一溶岩道緊急調査報告書.

藤原貴生・鈴木茂之・前田保夫, 2000, 岡山県井原市浪形の標高240 mの石灰岩に残された海食地形. 岡山大学地球科学研究報告, 7, 41-46.

長谷川 善和, 2009, 秋吉台の鍾乳洞などから発見された哺乳類化石から見た第四紀の哺乳類動物相. 哺乳類科学, 49, 97-100.

長谷川 善和・山内 浩, 1977, 阿哲石灰岩台地の宇山洞産ナウマン象歯牙化石. 洞窟学雑誌, 2, 19-26.

Hori, M., Ishikawa, T., Nagaishi, K., Lin, K., Wang, B.-S., You, C.-F., Shen, C.-C. and Kano, A., 2013, Prior calcite precipitation and source mixing process influence Sr/Ca, Ba/Ca and $^{87}Sr/^{86}Sr$ of a stalagmite developed in southwestern Japan during 18.0-4.5 ka. *Chemical Geology*, 347, 190-198.

井倉洋二・吉村和久・杉村昭弘・配川武彦, 1989, 秋吉台の地下水およびその溶存物質に関する研究（Ｉ）—秋芳洞の流出量および炭酸カルシウムの排出量に基づく石灰岩の溶食速度—. 洞窟学雑誌, 14, 51-61.

石川 重治郎, 1955, 岡山県の三主要石灰洞窟とその動物相. 高知女子大学紀要, 4（1）, 16-22.

狩野彰宏・井原拓二・中 孝仁・佐久間 浩二, 1999, 水質から見たトゥファ堆積場での現象：岡山県北房町の例. 地球科学, 53, 374-385.

Kano, A., Kawai, T., Matsuoka, J. and Ihara, T., 2004, High resolution records of rainfall events from clay bands in tufa. *Geology*, 32, 793-796.

Kano, A., Sakuma, K., Kaneko, N. and Naka, T., 1998, Chemical properties of surface waters in the limestone regions of western Japan: Evaluation of chemical conditions for the deposition of tufas. *Journal of Science of the Hiroshima University. Series C, Earth and Planetary Sciences*, 11, 11-22.

Kato, H., Amekawa, S., Hori, M., Shen, C.-C., Kuwahara, Y., Senda, R. and Kano, A., 2021, "Influences of temperature and the meteoric water $\delta^{18}O$ value on a stalagmite record in the last deglacial to middle Holocene period from southwestern Japan". *Quaternary Science Reviews*, 253, 106746.

Kawai, T., Kano, A., Matsuoka, J. and Ihara, T., 2006, Seasonal variation in water chemistry and depositional processes in a tufa-bearing stream in SW-Japan, based on 5 years of monthly observations *Chemical Geology*, 232, 33-53.

河野通弘 編, 1980, 秋吉台の鍾乳洞─石灰洞の科学─. 河野通弘教授退官記念事業会.

木村紘也・植野智大, 2019, 観光洞「満奇洞」の非観光部調査・撮影. ケイビングジャーナル, 67, 10-14.

中 孝仁・狩野彰宏・佐久間 浩二・井原拓二, 1999, 岡山県阿哲台のトゥファ─地質・地形・水質からみたトゥファの堆積条件と堆積機構─. 地質調査所月報, 50, 91-116.

大久保 雅弘, 1976, 中海の孤島・大根島. 大久保 雅弘 編, 山陰地学ハイキング, たたら書房, 36-41.

小澤儀明, 1923, 秋吉台石灰岩を含む所謂上部秩父古生層の層位学的研究. 地質学雑誌, 30, 227-243.

Sano, H. and Kanmera, K., 1988, Paleogeographic reconstruction of accreted oceanic rocks, Akiyoshi, southwest Japan. *Geology*, 16, 600-603.

佐藤傳藏, 1902, 出雲國大根島の熔岩隧道に就て. 地質学雑誌, 9, 453-458.

沢田順弘・今井雅浩・三浦 環・徳岡隆夫・板谷徹丸, 2006, 島根県江島の更新世玄武岩と鳥取県弓ヶ浜砂州南東端粟島の中新世流紋岩のK-Ar年代. 島根大学地球資源環境学研究報告, 25, 17-23.

沢田順弘・新部 一太郎・星川和夫, 2007, 松江市ふるさと文庫2 大根島のおいたちと洞窟生物. 松江市教育委員会.

瀬尾琢郎・米谷俊彦・田中丸重美, 1985, 気象（微気象）. 自然保護基礎調査報告書（高梁川上流県立自然公園羅生門特別地域自然環境調査）, 73 - 80, 岡山県環境保健部自然保護課.

Shen, C.-C., Kano, A., Hori, M., Lin, K., Chiu, T.-C. and Burr, G. S., 2010, East Asian monsoon evolution and reconciliation of climate records from Japan and Greenland during the last deglaciation. *Quaternary Science Reviews*, 29, 3327-3335.

島根県, 1934, 島根県下指定史蹟名勝天然記念物.

Shiraishi, F., Hanzawa, Y., Okumura, T., Tomioka, N., Kodama, Y., Suga, H., Takahashi, Y. and Kano, A., 2017, Cyanobacterial exopolymer properties differentiate microbial carbonate fabrics. *Scientific Reports*, 7, 11805.

菅森義晃・丸山香織・植田勇人・向吉秀樹, 2019, 鳥取県東部浦富海岸の花崗岩の岩相と年代. 日本地質学会第126年学術大会（2019 山口）講演要旨, T6-P-1.

帝釈峡遺跡群発掘調査団 編, 1976, 帝釈峡遺跡群. 亜紀書房.

立原 弘, 2005, 天然記念物大根島第二溶岩隧道調査報告. 島根県八束町教育委員会・特定非営利活動法人火山洞窟学会, 平成16年度島根県大根島国指定天然記念物第二溶岩隧道緊急調査報告書, 3-20.

立石幸敏, 2009, 日本の貴重なコケの森「羅生門ドリーネ及びその周辺」. 蘚苔類研究, 9, 372-373.

Ueda, H., Ohtsuka, S. and Kuramoto, T., 1996, Cyclopoid copepods from a stream in the limestone cave Akiyoshido. *Japanese Journal of Limnology*, 57, 305-312.

和田温之, 1986, 大根島. 農業用地下水研究グループ「日本の地下水」研究委員会 編, 日本の地下水, 641-643.

Watanabe, K., 1991, Fusuline biostratigraphy of the Upper Carboniferous and Lower Permian of Japan, with special reference to the Carboniferous-Permian boundary. *Palaeontological Society of Japan, Special Papers*, (32), 1-150.

9. 四国地方

秋澤 繁・山本 大・吉野 忠・依光貫之・横山和雄 編, 1991, 南路志 第二巻 郡郷の部（上）. 高知県立図書館.

Ballarin, F. and Eguchi, K., 2022, Rediscovery of the troglobitic midget-cave spiders *Masirana glabra* (Komatsu 1957) with redescription of the male and first description of the unknown female (Araneae: Leptonetidae). *Acta Arachnologica*, 71, 53-58.

愛媛県教育委員会文化財保護課 編, 1993, 愛媛の文化財. 愛媛県教育委員会.

長谷川 修一・日本応用地質学会中国四国支部豊島石研究チーム, 2009, 讃州豊島石の応用地質学的研究事始. 日本応用地質学会中国四国支部平成21年度研究発表会発表論文集, 59-64.

日高村史編纂委員会 編, 1976, 日高村史. 日高村教育委員会.

日高村広報編集委員会, 2022, 第17回日高村気になるデザイン散歩 洞窟（猿田洞1）. 広報ひだか, (639), 19.

広見町誌編さん委員会, 1985, 広見町誌. 広見町誌編さん委員会 編, 広見町, 33-60.

市川 浩一郎・石井健一・中川衷三・須鎗和巳・山下 昇, 1956, 黒瀬川構造帯（四国秩父累帯の研究III）. 地質学雑誌, 62, 82-103.

石川 重治郎, 1974, 龍河洞の動物. 龍河洞保存会編, 龍河洞, 41-72.

Kano, A., Kawai, T., Matsuoka, J. and Ihara, T., 2004, High-resolution records of rainfall events from clay bands in tufa. *Geology*, 32, 793-796.

鹿島愛彦, 1968, 四国西部の仏像構造線─四国西部秩父累帯の研究 VII─. 地質学雑誌, 74, 459-471.

川瀬基弘・早瀬善正・安藤佑介・西岡 佑一郎, 2012, 高知県猿山洞より産出したアツブタムシオイガイ属化石種サルダアツブタムシオイガイ（新称）を含む化石陸産貝類相. Molluscan Diversity, 3, 83-91.

甲藤次郎, 1991, 龍河洞の地質. 龍河洞保存会編, 龍河洞開洞60周年記念 龍河洞の自然, 龍河洞保存会, 1-6.

前杢英明, 1988, 室戸半島の完新世地殻変動. 地理学評論 Ser. A, 61, 747-769.

前杢英明, 2001, 隆起付着生物の AMS[14]C 年代からみた室戸岬の地震性隆起に関する再検討. 地学雑誌, 110, 479-490.

Matsuoka, J., Kano, A., Oba, T., Watanabe, T., Sakai, S. and Seto, K., 2001, Seasonal variation of stable isotopic compositions recorded in a laminated tufa, SW Japan. *Earth and Planetary Science Letters*, 192, 31-44.

水島明夫, 2012, 日本の観光洞－37（龍雲鍾乳洞・穴神鍾乳洞・安森洞）. ケイビングジャーナル, 45, 23-25.

中村真愛・大河内砂恵・鍾ケ江諒人・佐藤 蒼・嶋田壮伸・難波巧・植野智太・定野愛美・辻 智太・村上崇史, 2023, 羅漢穴の再測量について. 日本洞窟学会第48回大会要旨, ケイビングジャーナル, 77, 47.

Nakamura, Y. and Yuhora, K., 2017, Muroto Geopark: Understanding the Moving Earth. *In* Chakraborty, A., Mokudai, K., Cooper, M., Watanabe, M. and Chakraborty, S., eds., *Natural Heritage of Japan: Geological, Geomorphological, and Ecological Aspects*, Springer, 103-115.

西岡 佑一郎・河村善也・村田 葵・中川良平・安藤佑介, 2011, 高知県猿田洞から産出したハタネズミを含む第四紀哺乳類化石群集. 日本古生物学会第160回例会予稿集, 63.

岡本健児, 1974, 龍河洞の遺跡. 龍河洞保存会編, 龍河洞, 1-40.

大倉幸也, 1991, 龍河洞周辺の植物. 龍河洞保存会編, 龍河洞開洞60周年記念 龍河洞の自然, 龍河洞保存会, 7-20.

大沢紘一, 2008, 古代を感じる安森洞. きほくの里, (47), 1.

関 治, 2010, 高知県高岡郡日高村「猿田洞」再測量調査報告. ケイビングジャーナル, (39), 35-37.

西予市・四国西予ジオパーク推進協議会, 2023, 穴神鍾乳洞, 四国西予ジオパーク―四国山地と宇和海が育んだ海・里・山―4億年の物語.

眞 念（稲田道彦 訳）, 2015, 四國徧禮道指南. 講談社学術文庫.（底本；眞 念, 1687, 四國徧禮道指南.）

平 朝彦・田代正之・岡村 真・甲藤次郎, 1980, 高知県四万十帯の地質とその起源. 平 朝彦・田代正之編, 四万十帯の地質学と古生物学 甲藤次郎教授還暦記念論文集, 林野弘済会高知支部, 319-389.

高島春雄・芳賀昭治, 1956, 山階鳥類研究所研究報告, 1, 329-343.

田崎耕市・佐野 栄・永尾隆志・鹿島愛彦, 1994, 四国カルストの緑色岩類 中国帯, 秋吉・帝釈石灰岩台地の基底緑色岩類との岩石化学的対比. 岩鉱, 89, 373-389.

龍河洞保存会・龍河洞博物館編, 1994, 国史跡・龍河洞洞穴遺跡. 博物館報, (5), 1-12.

脇田浩二・宮崎一博・利光誠一・横山俊治・中川昌治, 2007, 伊野地域の地質. 地域地質研究報告（5万分の1地質図幅）. 産総研地質調査総合センター.

谷地森 秀二・山崎三郎, 2006, 高知県における洞窟性コウモリ目の越冬状況. 四国自然史科学研究, 3, 62-70.

Yano, S., Matsuda, H., Nishi, K., Kawase, M. and Hayase, Y., 2016, Two New Species of *Awalycaeus* (Caenogastropoda: Cyclophoridae: Alycaeinae) from Kochi and Kumamoto Prefectures, Japan. *Venus*, 74, 51-59.

山本貴仁・阿部嘉昭・山本栄治・宮本大右, 2004, 愛媛県における翼手目の生息記録. 愛媛県総合科学博物館研究報告, (9), 1-9.

山内 浩, 1983, 洞穴探検の歴史. 山内浩著作集出版委員会 編, 山と洞穴―学術探検の記録―, 94-97.

山内 正, 1991, T1 菖蒲洞. 高知ケイブ・フェスティバル1991事務局 編, 高知県の洞窟, 日本洞窟学会・日本洞窟協会・日本ケイビング協会・龍河洞保存会, 26-27.

10. 九州地方

鮎沢 潤, 2010, 北九州市平尾台千仏鍾乳洞で起きている岩石―水―生物相互作用. 福岡大学研究部論集 C, 理工学編, 2, 35-42.

千葉伸幸, 2010, 私見・日本の大洞窟リスト. ケイビングジャーナル, (39), 24-27.

藤井厚志・西田民雄, 1999, 大分県稲積・風連・小半鍾乳洞とその水文地質学的位置付け とくに稲積鍾乳洞の発達史について. 大分地質学会誌 特別号, 5, 野田雅之 編, 西南日本石灰岩についてのシンポジウム, 49-68.

Fukuyama, M., Nishiyama, T., Urata, K., and Mori, Y., 2006, Steady-diffusion modelling of a reaction zone between a metamorphosed basic dyke and a marble from Hirao-dai, Fukuoka, Japan. *Journal of Metamorphic Geology*, 24, 153-168.

石川 重治郎, 1958, 九州地方の石灰洞穴とその動物相. 高知女子大学紀要 自然科学編, 6, 7-22.

Iryu, Y., Nakamori, T. and Yamada, T., 1998, Pleistocene reef complex deposits in the central Ryukyus, south-western Japan. In Camoin, G. F. and Davies, P. J., eds., *Reefs and carbonate platforms in the Pacific and Indian Oceans, Special Publications of the International Association of Sedimentologists*, (25), Blackwell, 197-213.

鹿児島県教育委員会, 2002, かごしま文化財事典. 渕上印刷株式会社.

鹿児島県教育委員会, 2022, 鹿児島県文化財調査報告書. 68.

鎌田泰彦・渡辺博光, 1969, 五島列島福江島南部の地質学的研究. 長崎大学教育学部自然科学研究報告, (20), 109-119.

苅田町教育委員会 編, 2018, 青龍窟ハンドブック.

河村善也・曾塚 孝, 1984, 福岡県平尾台の洞窟から産出した第四紀哺乳動物化石. 北九州市立自然史博物館研究報告, 5, 163-188.

Kiyokawa, S., Yasunaga, M., Hasegawa, T., Yamamoto, A., Kaneko, D., Ikebata, Y., Hasebe, N., Tsutsumi, Y., Takehara, M. and Horie, K., 2022, Stratigraphic reconstruction of the lower-middle Miocene Goto Group, Nagasaki Prefecture, Japan. *Island Arc*, 31, e12456.

九州大学探検部, 1974, 奄美群島調査報告書.

真木 強・鹿島愛彦, 1977, 二, 三の洞穴産燐酸塩鉱物の化学組成. 岩石鉱物鉱床学会誌, 72, 181-187.

Minato, H., 2005, Two New Species of *Chamalycaeus* (Gastropoda: Alycaeidae) from Miyazaki Prefecture, Southeastern Kyushu, Japan. *Venus*, 64, 39-44.

溝田智俊・下山正一・窪田正和・竹村恵二・磯 望・小林 茂, 1992, 北部九州の緩斜面上に発達する風成塵起源の細粒質土層. 第四紀研究, 31, 101-111.

中川久夫, 1967, 奄美群島 徳之島・沖永良部島・与論島・喜界島の地質 (1). 東北大学理学部地質学古生物学教室研究邦文報告, (63), 1-39.

大庭 昇・荒井 啓・山内平二郎・富田東利・山本温彦・福元 豊, 1985, 鹿児島県沖永良部島鍾乳洞"昇竜洞"鍾乳石・石筍群における"よごれ"の発生メカニズムと除去対策. 鹿児島大学理学部紀要 地学・生物学, (18), 21-31.

小田 浩, 1998, 長崎県西彼杵半島, 漸新統七釜砂岩層に観察されるサンゴモ・バイオストロームの堆積環境と堆積サイクルの周期性. 地質調査所月報, 49, 379-394.

小田原 啓・井龍康文, 1999, 鹿児島県与論島の第四系サンゴ礁堆積物 (琉球層群). 地質学雑誌, 105, 273-288.

大木公彦・前田利久, 2015, 県指定天然記念物「溝ノ口洞穴」の地質学的特徴. Nature of Kagoshima, 41, 315-318.

大沢信二, 2009, 鍾乳洞の気象と鍾乳石の成長. 大分地質学会誌, (15), 1-10.

太田正道・西田民雄・杉村昭弘・藤井厚志・配川武彦, 1975, 沖永良部島の洞窟群. Japan Caving, 7, 49-72.

坂田拓司・坂本 真理子・前田史和・天野守哉, 2022, 熊本県におけるコウモリ類に関する生息調査報告 (Ⅲ). 熊本野生生物研究会誌, (11), 25-39.

竹中正巳, 2018, 与論島赤崎鍾乳洞内で検出された人骨—調査速報—, 鹿児島女子短期大学紀要, (55), 1-3.

田村 実, 1992, メガロドン石灰岩の堆積環境—干割れ構造について—. 熊本大学教育学部紀要 自然科学, (41), 39-45.

Uchida, S., Kurisaki, K., Ishihara, Y., Haraguchi, S., Yamanaka, T., Noto, M. and Yoshimura, K., 2013, Anthropogenic impact records of nature for past hundred years extracted from stalagmites in caves found in the Nanatsugama Sandstone Formation, Saikai, southwestern Japan. *Chemical Geology*, 347, 59-68.

Urata, K., 2009, Formation of the Hirao-dai karst system, Fukuoka Prefecture, Japan. *Bulletin of the Akiyoshi-dai Museum of Natural History*, (44), 5-45.

漆原和子・小島道也, 1974, 石灰岩地域の土壌とその生成環境—ユーゴスラビア・アドリア海岸, 秋吉台, 平尾台を例に—. ペドロジスト, 18, 95-105.

山田 努・藤田慶太, 井龍康文, 2003, 鹿児島県徳之島の琉球層群 (第四系サンゴ礁複合体堆積物). 地質学雑誌, 109, 495-517.

山内 浩, 1965, 昇龍洞の全容. 愛媛大学琉球列島総合学術調査報告, (2), 1-9.

横田直吉退職記念出版会 編, 1982, 平尾台の石灰洞. 日本洞窟協会.

●11. 沖縄地方

安谷屋 昭, 2014, 沖縄県下地島の石灰岩段丘地形について—陥没ドリーネ・入江水道の形成発達—. 宮古島市総合博物館紀要, (18), 1-23.

新井 正, 1979, 南・北大東島の池沼の湖盆形態について. 陸水学雑誌, 40, 201-206.

Asami, R., Hondo, R., Uemura, R., Fujita, M., Yamasaki, S., Shen, C.-C., Wu, C.-C., Jiang, X., Takayanagi, H., Shinjo, R., Kano, A. and Iryu, Y., 2021, Last glacial temperature reconstructions using coupled isotopic analyses of fossil snails and stalagmites from archaeological caves in Okinawa, Japan. *Scientific Reports*, 11, 21922.

安里 進, 1975, グスク時代開始期の若干の問題について—久米島ヤジャーガマ遺跡の調査から—. 沖縄県立博物館紀要, (1), 36-54.

江原由樹・井龍康文・中森 亨・小田原 啓, 2001, 沖縄県久米島の琉球層群. 日本サンゴ礁学会誌 (Galaxea), (3), 13-24.

藤田祐樹, 2019, 南の島のよくカニ食う旧石器人. 岩波科学ライブラリー, 岩波書店.

玉泉洞ケイブフェスティバル事務局, 1992, 玉泉洞ケイブシステム. 玉城村教育委員会・南都ワールド株式会社.

金子慶之・川野良信・兼子尚知, 2003, 石垣島東北部地域の地質. 地域地質研究報告 (5万分の1地質図幅), 産総研地質調査総合センター.

中川久夫・土井宣夫・白尾元理・荒木 裕, 1982, 八重山群島 石垣島・西表島の地質. 東北大学理学部地質学古生物学教室研究邦文報告, (84), 1-22.

中川久夫・村上道雄, 1975, 沖縄群島久米島の地質. 東北大学理学部地質学古生物学教室研究邦文報告, (75), 1-16.

中川久夫・新妻信明・村上道雄・渡辺巨史, 1976, 沖縄県宮古島・久米島の島尻層群の地磁気層序概要, 琉球列島の地質学研究, 1, 55-63.

中森 亨, 1982, 琉球列島 宮古群島の地質. 東北大学理学部地質学古生物学教室研究邦文報告, b (84), 23-39.

沖縄県立博物館・美術館, 2018, 沖縄県南城市サキタリ洞遺跡発掘調査報告書Ⅰ.

寒河江 健一・ハンブレ マーク (Humblet, Marc)・小田原 啓・千代延 俊・佐藤時幸・樺元淳一・高柳栄子・井龍康文, 2012, 沖縄本島南部に分布する琉球層群の層序. 地質学雑誌, 118, 117-136.

島津 崇・八木正彦・淺原良浩・峰田 純・松田博貴, 2015, 南大東島のサンゴ礁発達史. 月刊地球, 37, 514-520.

Uemura, R., Nakamoto, M., Asami, R., Mishima, S., Gibo, M., Masaka, K., Jin-Ping, C., Wu, C.-C., Chang, Y.-W. and Shen, C.-C., 2016, Precise oxygen and hydrogen isotope determination in nanoliter quantities of speleothem inclusion water by cavity ring-down spectroscopic techniques. *Geochimica et Cosmochimica Acta*, 172, 159-176.

山崎真治, 2015, 島に生きた旧石器人・沖縄の洞穴遺跡と人骨化石. 新泉社.

●コラム

1. 寒冷地の鍾乳洞

Onetto, M. and Podestá, M. M., 2011, Cueva de las Manos: An outstanding example of a rock art site in South America. *Adoranten*, 67-78.

Pentecost, A., 1995, The Quaternary travertine deposits of Europe and Asia Minor. *Quaternary Science Reviews*, 14, 1005-1028.

2. 地質時代

Gradstein, F. M., Ogg, J. G., Schmitz, M. D., and Ogg, G. M., eds., 2020, *Geologic time scale 2020*. Elsevier.

3. 洞窟と歴史上の人物

竹村暢康, 2022, 日本百景の地を巡る「江の島」. 電子情報通信学会 通信ソサイエティマガジン, 16, 69-72.

4. きらめく洞窟

坂本充成・興野喜宣・沼津 淳・戸崎龍彦・市川恭司・北林 進・小原祥裕・清水正明, 2013, 栃木県日光市野門鉱山産の珪亜鉛鉱. 地学研究, 61, 123-128, 2 pls.

5. 洞窟と温泉

日下 哉・鹿島愛彦・伊藤田 直史・能條 歩・美利河海牛調査研究会, 1996, 日本で初めて発見された温水カルスト—北海道南西部今金町ピリカ鍾乳洞—. 地球科学, 50, 403-407.

森 康則・井上源喜, 2021, 日本の温泉の利用状況と経年変化—行政科学的アプローチを中心として—. 地球化学, 55, 43-56.

6. 洞窟にまつわる物語と和歌

Berges, R.F.（春日倫子 訳）, 1999, 挑戦者たち 未知なる水中洞窟に挑む. 翔泳社.

櫻井進嗣, 1999, 未踏の大洞窟へ—秋芳洞探検物語—. 海鳥社.

由良 薫, 2012, 万葉集と洞窟—「三穂の石室」（和歌山・美浜町）を検分—. 洞窟環境Net学会紀要, 3, 199-208.

吉田勝次, 2017, 洞窟ばか. 扶桑社新書.

7. 洞窟の名前

岩泉町教育委員会, 1992, Ⅶ 鍾乳洞（石灰洞）. 144-166. 岩泉地方史<地質編>.

柏木健司・瀬之口 祥孝・阿部勇治・吉田勝次, 2012, 富山県黒部峡谷の鐘釣地域のサル穴（鍾乳洞）. 地質学雑誌, 118, 521-526.

大庭青雨, 1963, 第二節 秋芳洞. 秋芳町史編集委員会編, 秋芳町史, 441-462.

佐々木清文, 1988, 安家石灰岩の洞穴調査の記録. 日本洞穴学研究所報告, (6), 29-52.

島野安雄・永井 茂, 1992, 日本水紀行 (2) 東北地方の名水. 地質ニュース, (458), 47-59.

早稲田大学探検部, 1970, 富山県宇奈月町鐘釣温泉付近の洞の分布と形態.

早稲田大学探検部, 1971, ‘猿の墓洞’第2次探査計画書—富山県下新川郡宇奈月町鐘釣温泉—.

山口県, 1927, 史蹟名勝天然記念物調査報告摘要 第一巻.

吉井良三ほか, 1988, 洞穴探検を語る会（記録）. 日本洞穴学研究所報告, (6), 1-28.

索　引

※太字は主要な解説項目のあるページを示す．

さ 行

た　行

な　行

は　行

ま　行

や　行

ら　行

わ　行

編著者略歴

狩野彰宏（かのあきひろ）

1960年　宮城県生まれ
1990年　ストックホルム大学地質学・地球化学専攻博士課程修了
現　在　東京大学大学院理学系研究科地球惑星科学専攻教授
博士（学術）

柏木健司（かしわぎけんじ）

1970年　和歌山県生まれ
2002年　大阪市立大学大学院理学研究科生物地球系専攻修了
現　在　富山大学大学院理工学研究科地球生命環境科学プログラム准教授
博士（理学）

図説 日本の洞窟　　定価はカバーに表示

2025年4月5日　初版第1刷

編著者　狩野彰宏
　　　　柏木健司
発行者　朝倉誠造
発行所　株式会社 朝倉書店
東京都新宿区新小川町6-29
郵便番号　162-8707
電話　03(3260)0141
FAX　03(3260)0180
https://www.asakura.co.jp

〈検印省略〉

シナノ印刷・渡辺製本

ISBN 978-4-254-16083-3　C 3044　　Printed in Japan

図説
世界の気候
事典
朝倉書店

図説
地球科学
の事典
朝倉書店

フィールドマニュアル
図説
堆積構造の世界

Origin of life
生命起源
の事典
朝倉書店

Global Change Biology
グローバル変動
生物学
朝倉書店

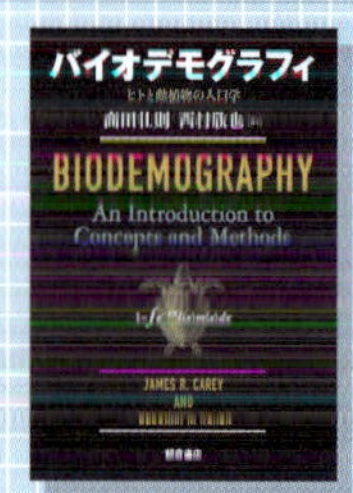
バイオデモグラフィ
BIODEMOGRAPHY
An Introduction to
Concepts and Methods
朝倉書店

図説 日本の島 ―76 の魅力ある島々の営み―

平岡 昭利・須山 聡・宮内 久光 (編)

B5 判／ 192 ページ　ISBN：978-4-254-16355-1　C3025　定価 4,950 円（本体 4,500 円＋税）

国内の特徴ある島嶼を対象に，地理，自然から歴史，産業，文化等を写真や図と共にビジュアルに紹介〔内容〕礼文島／舳倉島／伊豆大島／南鳥島／淡路島／日振島／因島／隠岐諸島／平戸・生月島／天草諸島／与論島／伊平屋島／座間味島／他

図説 日本の湿地 ―人と自然と多様な水辺―

日本湿地学会 (監修)

B5 判／ 228 ページ　ISBN：978-4-254-18052-7　C3040　定価 5,500 円（本体 5,000 円＋税）

日本全国の湿地を対象に，その現状や特徴，魅力，豊かさ，抱える課題等を写真や図とともにビジュアルに見開き形式で紹介〔内容〕湿地と人々の暮らし／湿地の動植物／湿地の分類と機能／湿地を取り巻く環境の変化／湿地を守る仕組み・制度

図説 日本の植生 （第 2 版）

福嶋 司 (編著)

B5 判／ 196 ページ　ISBN：978-4-254-17163-1　C3045　定価 5,280 円（本体 4,800 円＋税）

生態と分布を軸に，日本の植生の全体像を平易に図説化。植物生態学の基礎を身につけるのに必携の書。〔内容〕日本の植生概観／日本の植生分布の特殊性／照葉樹林／マツ林／落葉広葉樹林／水田雑草群落／釧路湿原／島の多様性／季節風／他

図説 日本の湖

森 和紀・佐藤 芳徳 (著)

B5 判／ 176 ページ　ISBN：978-4-254-16066-6　C3044　定価 4,730 円（本体 4,300 円＋税）

日本の湖沼を科学的視点からわかりやすく紹介。〔内容〕I. 湖の科学（流域水循環，水収支など）／II. 日本の湖沼環境（サロマ湖から上甑島湖沼群まで，全国 40 の湖・湖沼群を湖盆図や地勢図，写真，水温水質図と共に紹介）／付表。

図説 日本の海岸

柴山 知也・茅根 創 (編)

B5 判／ 160 ページ　ISBN：978-4-254-16065-9　C3044　定価 4,400 円（本体 4,000 円＋税）

日本全国の海岸 50 あまりを厳選しオールカラーで解説。〔内容〕日高・胆振海岸／三陸海岸，高田海岸／新潟海岸／夏井・四倉／三番瀬／東京湾／三保ノ松原／気比の松原／大阪府／天橋立／森海岸／鳥取海岸／有明海／指宿海岸／サンゴ礁／他。

図説 日本の山 ―自然が素晴らしい山 50 選―

小泉 武栄 (編)

B5 判／ 176 ページ　ISBN：978-4-254-16349-0　C3025　定価 4,400 円（本体 4,000 円＋税）

日本全国の 53 山を厳選しオールカラー解説〔内容〕総説／利尻岳／トムラウシ／暑寒別岳／早池峰山／鳥海山／磐梯山／巻機山／妙高山／金北山／瑞牆山／縞枯山／天上山／日本アルプス／大峰山／三瓶山／大満寺山／阿蘇山／大崩山／宮之浦岳他